安全工程系列教材

矿山安全工程学

KUANGSHAN ANQUAN GONGCHENGXUE

梅甫定 李向阳 主编

中国地质大学出版社有限责任公司
ZHONGGUO DIZHI DAXUE CHUBANSHE YOUXIAN ZEREN GONGSI

图书在版编目(CIP)数据

矿山安全工程学/梅甫定,李向阳主编. —武汉:中国地质大学出版社有限责任公司,2013.8

ISBN 978-7-5625-3051-0

Ⅰ. ①矿…
Ⅱ. ①梅…②李…
Ⅲ. ①矿山安全-安全工程-高等学校-教材
Ⅳ. ①TD7

中国版本图书馆 CIP 数据核字(2013)第 020858 号

矿山安全工程学		梅甫定 李向阳 主编
责任编辑:徐润英	技术编辑:阮一飞	责任校对:戴 莹
出版发行:中国地质大学出版社有限责任公司(武汉市洪山区鲁磨路388号)		邮政编码:430074
电　　话:(027)67883511	传真:67883580	E-mail:mail:cbb@cug.edu.cn
经　　销:全国新华书店		http://www.cugp.cug.edu.cn
开本:787毫米×1 092毫米 1/16		字数:360千字　印张:14
版次:2013年8月第1版		印次:2013年8月第1次印刷
印刷:荆州鸿盛印务有限公司		印数:1—2 000 册
ISBN 978-7-5625-3051-0		定价:36.00元

如有印装质量问题请与印刷厂联系调换

《安全工程系列教材》编委会成员

主　编　赵云胜　国家安全生产专家组专家（第三届）

　　　　　　　　　中国地质大学教授　博士生导师

　　　　　魏伴云　国家安全生产专家组专家（第一、二届）

　　　　　　　　　中国地质大学教授　博士生导师

　　　　　刘如民　中国地质大学教授

委　员　（以姓氏笔画为序）

　　　　　丁新国　伍　颖　刘祖德　李列平

　　　　　陆愈实　何华刚　庞奇志　倪晓阳

　　　　　郭海林　梅甫定　鲁顺清

序 言

中国地质大学安全工程专业本科创办于 1986 年,1993 年 12 月获"安全技术及工程"硕士学位授予权,1998 年经湖北省学位办批准为湖北省重点学科,2002 年经批准与武汉安全环保研究院联合共建"安全技术及工程"博士点,2003 年经教育部批准在我校地质资源与地质工程一级学科下设安全工程博士点,2005 年经国务院学位委员会批准获"安全技术及工程"博士学位授予权,2011 年"安全技术及工程"二级学科博士点调整为"安全科学与工程"一级学科博士点,2012 年"安全科学与工程"一级学科博士点批准设立博士后科研流动站。

中国地质大学安全工程专业学科点有一支锐意进取的学术队伍,为培养高素质人才并承担重要科研课题提供了基本前提,本学科学术带头人在国家安全生产专家组等重要组织任职,多位教师在全国及地区性安全科学技术类学术团体任重要职务。近年来,实验设备与条件、图书资料及电子媒体逐步完善,保障了人才培养与科研的需要;教学质量提高,招生规模扩大,十余年来,毕业生分配渠道畅通;科研的层次与经费有了明显提高,取得了一批较高水平的成果;本学科与美国、俄罗斯、挪威以及中国港澳台地区开展了广泛的学术交流与合作。此外,我校主办了教育部主管、国内外公开发行的中文核心刊物《安全与环境工程》,成为环境与安全两个学科的重要学术交流平台。

中国地质大学安全工程系在安全工程教学中积累了较为丰富的经验。本次出版的安全工程系列教材既是为了满足我校安全工程本科教学的需要,也是为了与兄弟院校进行有益的交流,以进一步提高教学质量。

安全工程系列教材计划出版 10 本:《火灾与爆炸灾害安全工程学》、《安全系统理论与实践》、《安全人机工程学》、《安全管理》、《安全法规》、《工业通风与防尘》、《电气安全》、《道路交通安全技术》、《工业防毒技术》、《矿山安全工程学》。

本系列教材可用于安全工程本科教学,也可作为注册安全工程师培训和继续教育的参考书,还可供政府、企业等部门中安全生产领域的同仁参考。

中国地质大学安全工程系
2012 年 9 月

前　言

矿山安全工程学是一门以采矿工程科学与灾害科学相结合、以安全防治为目标的工程技术课程。本教材的特点是以采矿工程为基础,全面论述矿山主要灾害防治的基础理论和技术方法,充分反映近年来国内外矿山灾害治理的最新技术发展和较为成熟的科研成果;内容力求体现少而精、深入浅出以及煤与非煤相结合;适当阐述典型的应用技术,以求理论与实践相结合。

本教材分三部分共十章。综合部分包括绪论与采矿概论;矿山主要灾害防治部分介绍了瓦斯、火灾、水灾、矿压、尾矿库、露天矿边坡以及矿山职业危害的防治理论和技术;矿山安全现代化管理部分介绍矿山重大事故应急救援及救灾决策。

本书可供高等学校安全工程及有关专业做教材使用,也可供从事矿山工业科研、设计、管理及工程人员参考使用。

赵云胜教授作为本系列教材的主要组织者,对本书的编写工作给予了大力的支持。在教材编审过程中,安全工程系的所有教职员工以及武汉矿业人工程技术咨询有限公司给予了极大关心和热情帮助,在此特表示感谢。

近十余年来,我国矿山灾害治理的理论和技术得到了迅速发展,新技术、新装备及新经验不断出现,本次编写过程中参阅了国内外近年来发表的科技文献,为此特向文献作者们表示感谢。

由于编写时间仓促,作者水平有限,书中难免出现错误和不妥之处,恳请读者批评指正。

编　者
2012 年 9 月

目　　录

第一章　绪　论 ··· (1)

　　第一节　矿山安全生产现状 ··· (1)

　　第二节　矿山事故危害及特点 ·· (3)

　　第三节　矿山分类 ·· (7)

　　第四节　课程性质与课程内容 ·· (8)

第二章　采矿概论 ··· (10)

　　第一节　矿山地下开采 ··· (10)

　　第二节　矿山露天开采 ··· (39)

第三章　瓦斯灾害的机理及防治 ·· (50)

　　第一节　矿井瓦斯及其性质 ··· (50)

　　第二节　瓦斯爆炸防治技术 ··· (60)

　　第三节　煤(岩)与瓦斯(二氧化碳)突出及预防 ····················· (63)

　　第四节　瓦斯检测及监测 ·· (71)

第四章　矿井火灾的致因及防治 ·· (74)

　　第一节　矿井火灾的特点及分类 ······································· (74)

　　第二节　煤炭自燃机理 ··· (76)

　　第三节　矿井内因火灾防治技术 ······································· (81)

　　第四节　矿井外因火灾防治技术 ······································· (87)

　　第五节　矿井灭火 ··· (88)

第五章　矿井水灾的致因及防治 ·· (93)

　　第一节　发生矿井水灾的基本条件 ···································· (93)

第二节　地面防治水 …………………………………………………………………… (95)
　　第三节　井下防治水 …………………………………………………………………… (96)
　　第四节　矿井突水预兆 ………………………………………………………………… (102)

第六章　顶板灾害的致因及防治 ………………………………………………………… (105)

　　第一节　顶板事故的原因分析 ………………………………………………………… (105)
　　第二节　矿压基本知识 ………………………………………………………………… (107)
　　第三节　采煤工作面顶板控制 ………………………………………………………… (108)
　　第四节　巷道顶板事故控制 …………………………………………………………… (122)
　　第五节　冲击地压及其防治 …………………………………………………………… (129)

第七章　尾矿库安全技术 ………………………………………………………………… (135)

　　第一节　尾矿库工程概况 ……………………………………………………………… (135)
　　第二节　尾矿坝 ………………………………………………………………………… (142)
　　第三节　尾矿库病害的产生因素 ……………………………………………………… (148)
　　第四节　尾矿坝的安全治理 …………………………………………………………… (149)
　　第五节　尾矿库的安全管理 …………………………………………………………… (155)

第八章　露天矿边坡事故预防 …………………………………………………………… (163)

　　第一节　边坡稳定的基本概念 ………………………………………………………… (163)
　　第二节　影响边坡稳定性的因素 ……………………………………………………… (167)
　　第三节　边坡稳定性检测 ……………………………………………………………… (172)
　　第四节　不稳定边坡的治理措施 ……………………………………………………… (173)

第九章　矿山职业危害及其预防 ………………………………………………………… (180)

　　第一节　职业危害及职业病 …………………………………………………………… (180)
　　第二节　矿尘的危害及预防 …………………………………………………………… (181)
　　第三节　生产性毒物及预防 …………………………………………………………… (187)
　　第四节　噪声与振动控制 ……………………………………………………………… (189)
　　第五节　矿井热害防治 ………………………………………………………………… (190)

第十章　矿山重大事故应急救援及救灾决策 …………………………………………… (192)

　　第一节　矿山重大灾害事故及其特点 ………………………………………………… (192)

第二节　矿山事故应急救援预案……………………………………（194）

第三节　矿山事故应急处理原则……………………………………（200）

第四节　矿山灾变处理决策…………………………………………（202）

第五节　现场急救……………………………………………………（206）

主要参考文献……………………………………………………………（209）

第一章 绪 论

矿山安全工程学是一门以采矿工程科学与灾害科学相结合、以安全防治为目标的工程技术课程。矿山安全工程学以采矿工程为基础,全面论述了矿山主要灾害防治的基础原理和技术方法。

本章主要内容包括:矿山安全生产现状,矿山事故危害及特点,矿山的分类,矿山安全工程学的学科特点、任务及研究方法等。

第一节 矿山安全生产现状

我国的矿产资源十分丰富,目前已开发和利用的矿种有181种,资源总量占世界的12%。其中煤炭资源是我国的主要能源,约占一次能源构成的70%。近年来,我国采矿业的迅速崛起,有力地推动了国民经济的快速发展。

矿山开采是一个综合性的技术行业,涉及到地质、采矿、通风、运输、安全、机电和电气、爆破、环境保护及企业管理等多方面的内容。因受自然地理条件等因素的影响,矿山开采活动的空间和场所处在不断变化的过程中,工作环境和安全状况非常复杂,有的甚至十分恶劣,安全生产受到很大威胁。尤其是近年来,大量非公有制中小矿山企业的不断涌现,给矿山安全生产工作带来很大压力。这些企业规模小,开采技术落后,作业环境差,安全生产投入严重不足,加之企业安全管理混乱,职工素质低,安全意识薄弱,致使"三违"现象屡禁不止,伤亡事故频繁发生,给国家和人民生命财产造成了重大损失,给社会带来了不良影响。

我国矿山安全生产工作存在的问题是比较严峻的,主要表现在以下几个方面。

1. 事故多,伤亡大

据统计,从2001年到2004年,全国工矿商贸企业各类事故死亡人数从12 554人上升到16 497人,其中煤矿和非煤矿山事故死亡人数就占工矿商贸企业事故死亡人数的一半以上,如表1-1所示。

目前,我国各类生产安全事故起数和死亡人数总量仍然较大,平均每天约发生1 000起事故,约有200人在各类事故中死亡,需多措并举推动安全生产形势持续稳定好转。

国家"十二五"规划明确指出,我国煤矿安全生产总体目标为:到2015年,煤矿安全生产水平和事故防范能力、监察执法和群防群治能力、技术装备支撑保障能力、依法依规安全生产能力、事故救援和应急处置能力、从业人员安全素质和自救互救能力得到明显提高;事故总量、死亡人数继续下降,重特大事故得到有效遏制,职业危害防治工作得到加强,煤矿安全生产形势持续稳定好转,为实现全国煤矿安全生产状况根本好转打下坚实基础。我国煤矿安全生产具体目标如下:

煤矿事故死亡人数下降12.5%以上;

较大事故起数下降15%以上；
重大事故起数下降15%以上；
煤矿瓦斯事故起数下降40%以上；
煤矿瓦斯事故死亡人数下降40%以上；
特别重大事故起数下降50%以上；
煤炭百万吨死亡率下降28%以上。

国家"十二五"规划明确指出，我国非煤矿山安全生产总体目标为：到2015年非煤矿山生产安全事故死亡人数比2010年下降12.5%（年均下降2.6%）；提高安全生产准入门槛，取缔关闭非法生产和整顿不具备安全生产条件的非煤矿山，到2015年全国非煤矿山数量和尾矿库病库数量比2010年均下降10%以上，基本消除危、险尾矿库，对废弃尾矿库依法实施闭库或有效治理；加快推进安全标准化建设，到2013年非煤矿山安全标准化全部达到三级以上水平；到2015年80%大中型非煤矿山安全标准化达到二级以上水平；到2013年地下矿山建立完善安全避险"六大系统"；到2015年三等及以上尾矿库和部分位于敏感区的尾矿库安装在线监测系统，露天矿山全部采用机械铲装。

表1-1　2001—2004年工矿商贸企业事故死亡人数统计分析表

年代(年)	工矿商贸(人)	煤矿(人)	非煤矿山(人)	矿山所占比例(%)	工矿商贸增长率(%)	煤矿增长率(%)	非煤矿山增长率(%)	GDP增长率(%)
2001	12 554	5 670	1 932	61.3				7.3
2002	14 924	6 995	2 052	60.6	18.9	23.4	6.2	8.5
2003	17 315	6 434	2 890	53.9	16	−8	40.8	9.1
2004	16 497	6 027	2 699	52.9	−4.8	−6.3	−6.6	9.5
平均	15 323	6 282	2 393	57.2	7.85	1.57	9.93	8.6

2. 重大事故频繁，影响恶劣

2001年全国共发生一次死亡3人以上的重大事故约2 000多起，死亡约10 000人。其中一次死亡10人以上的特大事故140起，死亡2 556人，同比分别下降18.1%和27.8%；一次死亡30人以上的特别重大恶性事故16起，死亡707人，事故起数与2000年持平，死亡人数下降42.1%。性质恶劣、影响较大的是广西南丹"7.17"特大透水事故，死亡81人，隐瞒事故达半月之久；江苏徐州"7.22"小煤矿特大瓦斯爆炸事故，死亡92人；2001年11月中下旬山西连续发生5起小煤矿特大瓦斯爆炸事故，死亡100多人。

3. 事故隐患严重，治理难度大

据1996年劳动部初步调查和测算，国家级特大事故隐患1 000个，省市级重大事故隐患约1万多个，约需整改资金达百亿元。从近两年各地安全生产大检查报告中看出，一些省一次大检查就查出10万多个事故隐患，整改率达90%以上，而且每次检查隐患数量总是居高不下，整改率均非常高。这一方面说明一些地方深入开展安全大检查，工作力度明显增大，成绩较为突出；另一方面又恰恰反映了一些地方工作浮于表面，工作不扎实，夸大整改率而隐盖了本地区一些重、特大事故隐患的比重,以致重、特大事故隐患每次检查仍大量存在。尾矿库和采空区是目前非煤矿山安全生产中的两个重大隐患。

4. 经济损失惨重

伤亡事故频繁发生,给国家和人民群众的财产造成了很大的经济损失。据不完全统计,我国每年因事故造成的直接经济损失近百亿元。国际劳工组织对伤亡事故所造成的经济损失调查后认为,全世界事故造成的经济损失约占全球国民经济总产值(GNP)的4%左右。原国家经贸委安全生产局组织的《安全生产与经济发展关系的研究》得出的初步结论是,我国每年事故经济损失约占国民经济总产值GDP的1.5%,如果以此测算,我国每年由于事故造成的经济损失将在1 600亿元左右,约是当前统计数据的20倍。

5. 存在的主要问题

(1)大量中小型矿山企业无证开采、非法经营,片面追求经济效益,根本不具备基本的安全生产条件。

(2)少数地区、部门和业主对安全生产工作认识不高,责任心不强,不能正确处理安全与效益的关系,重效益、轻安全,安全生产仍然停留在口头上、会议上,对国家和省有关文件精神及要求贯彻不力,效果不明显。

(3)安全投入严重不足,重大事故隐患得不到及时治理,抗灾能力十分薄弱,尤其是乡镇、私营及三资企业由于制约机制不健全,安全投入少,重大事故隐患得不到有效治理。

(4)矿山开采作业场所条件差,特别是井下开采的矿山,作业地点受水、火、各种有毒、有害、易燃、易爆气体和破碎顶板的威胁;井下作业阴暗潮湿,粉尘危害大;开采技术复杂,生产环节多,工作场所不断移动,不安全因素增多。

(5)劳动者的安全素质偏低,特别是农民工、临时工、轮换工中普遍缺乏安全技术知识和安全法律法规知识,违章作业、冒险蛮干现象较为严重。

(6)安全监督管理机构不健全,人员少,力量不足,与当前严峻的安全生产形势及繁重的工作任务不相适应。

第二节 矿山事故危害及特点

矿山事故系指矿山企业生产过程中,由于危险因素的影响,突然发生的伤害人体(含急性中毒)、损坏财物、影响生产正常进行的意外事件。

根据矿山事故所造成的后果的不同,有生产事故、设备事故、人身伤亡事故和险肇事故(亦称未遂事故)等四种。人身伤亡事故,通常称为伤亡事故或工伤事故、工亡事故,又称为因工伤亡事故。对于矿山事故所造成的损失,必须按劳动保护政策和劳动保险条例进行补偿。因此,矿山事故的定义具有很强的政策性。它涉及企业的负担和职工的切身利益。为便于实施,目前是由国家矿山安全监察部门进行解释,并根据需要做出许多补充规定和说明。

一、矿山事故分类

矿山事故分类可按照事故发生原因、事故性质、事故伤害程度、事故严重程度和事故责任性质进行分类。

(一)按事故发生原因分类

(1)自然界因素,包括地震、山崩、海啸、台风等因素所引起的事故。

(2)非自然界因素,包括人的不安全行为、物的不安全状态、环境的恶劣、管理的缺陷以及对异常状态的处置不当等因素所引起的事故。

(二)按事故性质分类

(1)物体打击(指落物、滚石、锤击、碎裂、崩块、击伤等伤害,不包括因爆炸而引起的物体打击)。

(2)车辆伤害(包括挤、压、撞、倾覆等)。

(3)机械伤害(包括机械工具等的绞、碾、碰、割、戳等)。

(4)起重伤害(指起动设备或其操作过程中所引起的伤害)。

(5)触电(包括雷击伤害)。

(6)淹溺。

(7)灼烫。

(8)火灾。

(9)高处坠落(包括从架子上、屋顶坠落以及平地上坠入地坑等)。

(10)坍塌(包括建筑物、堆置物、土石方等的倒塌)。

(11)冒顶片帮。

(12)透水。

(13)放炮。

(14)火药房爆炸(指生产、运输、储藏过程中发生的爆炸)。

(15)瓦斯爆炸(包括煤粉爆炸)。

(16)锅炉爆炸。

(17)容器爆炸。

(18)其他爆炸(包括化学物爆炸,炉膛、钢水包爆炸等)。

(19)中毒(煤气、油气、沥青、化学、一氧化碳中毒等)和窒息。

(20)其他伤害(扭伤、跌伤、冻伤、野兽咬伤等)。

(三)按事故伤害程度分类

(1)轻伤。是指损失工作日低于105日的失能伤害。损失工作日系指被伤害者失能的工作时间。

(2)重伤。是指相当于分类标准规定损失工作日等于和超过105日的失能伤害。

(3)死亡。损失工作日等于6 000日。

(四)按事故严重程度分类

(1)轻伤事故。指一般伤害不太严重,休工在一个工作日以上的事故。

(2)重伤事故。指负伤者中有人重伤、轻伤而无人死亡的事故。

(3)死亡事故。指发生人员死亡的事故,又可分为两类,即重大伤亡事故,指一次事故死亡1~2人的事故;特大伤亡事故,指一次事故死亡3人或3人以上的事故。

(4)重大死亡事故。是指一次死亡3~9人的事故。

(5)特别重大事故。根据原劳动部对国务院34号令的解释,特大事故包括以下矿山事故:

①一次死亡50人及其以上,或一次造成直接经济损失1 000万元及其以上的事故;②其他性质特别严重、产生重大影响的事故。

(五)按事故责任性质分类

(1)责任事故。指由于有关人员的过失所造成的伤害事故。

(2)破坏事故。指为了达到某种目的而蓄意制造出来的事故。

(3)自然事故。指由于自然界的因素或属于未知领域的因素所引起的事故。它是当前人力尚不可抗拒的伤害事故。

二、事故危害及特点

各个矿井,甚至在同一矿井的不同时期,由于自然条件、生产环境和管理效能不尽相同,事故的发生具有偶然性。即使发生重大灾害事故,因主客观条件不同,其发生原因和发展过程各有其独特性,造成的后果也不尽相同。但总体而言,所有重大灾害事故都有以下共同的特征:

(1)突发性。重大灾害事故往往是突然发生的,它给人们心理上造成的冲击最为严重,往往使人措手不及,使指挥者难以冷静、理智地考虑问题,难以制定出行之有效的救灾措施,在抢救的初期容易出现失误,造成事故的损失扩大。

(2)灾难性。重大灾害事故造成多人伤亡或使井下人员的生命受到严重威胁,在正常的生产和建设中,对煤矿安全隐患应做到有患必除,有备无患,对主要灾害的严重性、波及范围和影响程度应有充分的估计。

(3)破坏性。重大灾害事故,往往使矿井生产系统遭到破坏,它不但使生产中断,井巷工程和生产设备损毁,给国家造成重大损失,同时,也给抢险救灾增加了难度。特别是通风系统的破坏,使有毒有害气体在大范围内扩散,会造成更多人员的伤亡。

(4)继发性。在较短的时间里重复发生同类事故或诱发其他事故,称为事故的继发性。例如,火灾可能诱发瓦斯煤尘爆炸,也可能引起再生火源;爆炸可能引起火灾,也可能出现连续爆炸;煤与瓦斯突出可能在同一地点发生多次突出,也可能引起爆炸。

(一)煤矿事故的主要特点

煤炭是我国的主要能源,为国民生产和人民生活提供了动力和便利。预计到21世纪中叶,煤炭在我国一次能源中仍占45%~50%,所以煤炭仍是事关国民经济可持续发展的基础产业。同时,伴随煤炭开采产生的安全问题一直为人们所关注。煤炭行业是我国工业生产中伤亡事故最严重的行业,每年煤炭事故死亡人数徘徊在六七千人。百万吨死亡率和死亡人数均远高于世界其他主要产煤国家。

煤矿的主要事故类型为顶板、瓦斯和运输事故。三类事故占事故总起数的82.94%和死亡总人数的81.58%。顶板事故的发生频率最高,占事故总起数的54.42%。火灾死亡事故的严重度最大,平均每起事故造成9.25人死亡。瓦斯事故的危害最严重,事故起数占17.10%,死亡人数占34.41%。

随着煤矿装备水平和管理水平的提高,自然灾害事故所占比例下降,生产性事故所占比例增大。

安全生产状况与煤炭产量成正比,即煤炭产量较高的省市或企业安全生产状况较好;产量越低,安全状况越差。

事故发生具有时间规律。在月份方面,3、4、5月是事故的高发月,在工作班次方面,日班发生的重大事故占46.55%。

采掘工作地点事故集中,以掘进工作面的危险性最大。在国有煤矿特大事故中,采掘工作面占76.92%,在重特大瓦斯事故中,掘进工作面占42.82%,采煤工作面占25%,但巷道事故比例也有增大趋势。

不同经济类型的煤矿安全生产的发展不平衡。国有重点煤矿产量占全国煤炭总产量的51.07%,事故起数与死亡人数仅分别占全国煤矿的11.88%和12.92%;国有地方煤矿产量占全国的18.91%,事故起数与死亡人数分别占全国的15.17%和14.62%;乡镇煤矿产量仅占全国的30.02%,而事故起数和死亡人数分别占到72.95%和72.45%。

不同地域的煤矿安全生产的发展不平衡。由于地质条件、技术条件和管理水平的差异,不同地域的煤矿安全生产水平差别较大。神东、兖州、大同等35家企业百万吨死亡率已控制在0.5以下,平顶山、开滦等16家企业在0.5~1.0之间,而南桐、鸡西、资兴、攀枝花等9家企业在10以上。重大事故多发生在辽宁、黑龙江、江西、河南、湖南和贵州,六省占总起数的54.84%;特大事故多发生在黑龙江、河北、山西、河南、四川等省市。

(二)非煤矿山事故的主要特点

近年来,我国的采矿业随着国民经济的发展而快速发展,但是我国金属非金属矿山整体安全状况较差,安全生产形势较为严峻。距最近几年的统计,非煤矿山事故每年死亡两千人左右,在工矿企业中仅次于煤矿,居第二位。这些事故的主要特点为:

(1)集体企业和个体、私营企业的事故起数和死亡人数所占比重大,分别占非煤矿山事故起数和死亡人数的66%和71.3%。

(2)有色金属、非金属矿采企业的事故起数和死亡人数所占比重大且上升明显,分别占非煤矿山企业事故的75.4%和76%。

(3)发生非煤矿山事故的类型主要是坍塌、透水、冒顶片帮和物体打击。

(4)发生非煤矿山事故的地区较为集中,主要集中在浙江、云南、广西、辽宁、江西、广东等地。

针对金属非金属矿山事故频发、安全生产形势趋于严峻的问题,国家近几年来采取了一系列措施进行专项整治,以国有大矿、尾矿库、火药库、毒品库、采矿场、选矿厂为重点,突出做好防垮塌、防爆破、防污染(中毒)、防透水、防冒顶工作,以遏制金属非金属矿山重、特大事故多发的势头。

三、矿山事故的预防

矿山事故预防措施可分为组织管理措施和技术措施两大类。

(一)组织管理措施

(1)矿山事故预防和安全技术措施计划的制定及其贯彻实施,其中最重要的是目标的设置、论证和评价。

(2)矿山法规与制度的制定和修订、监督和检查以及保证贯彻实施的步骤和措施。

(3)矿山安全组织机构的设置、职责的确立以及其成员的培训。

(4)全矿职工的安全教育等。

(二)技术措施

(1)现代安全技术革新成果的管理、扶植和推广应用。
(2)科研成果的开发和推广应用。
(3)现代管理科学技术的开发和应用。

应将系统分析和系统评价方法用于矿山事故的分析和预测等方面。此外,将人机工程、人-机-环境系统的分析方法用于分析采矿作业中关键性的单元作业,以降低采矿作业中的人为失误事故等,也属于上述应用范畴。

第三节 矿山分类

一、按矿种分类

矿山按矿种分为煤矿与非煤矿山。非煤矿山包括金属矿山和非金属矿山两大类。金属矿山的矿种有铁、锰、铜、铅、锌、铝土、镍、金、银等。非金属矿山的矿种主要应用于化工和建材行业,如磷、金刚石、石墨、自然硫、硫铁矿、水晶、刚玉、蓝晶石、盐矿、钾盐、镁盐、碘等。

二、按开采方式分类

矿山按开采方式分为地下开采矿山和露天开采矿山。由于露天开采方法的生产劳动条件一般来说比地下开采方法要好,矿产资源的回采率较高。因此,在经济效益相差不大的情况下,一般应尽量考虑采用露天开采方法。

三、按矿山规模分类

矿山的建设规模要根据技术上的可行性、经济上的合理性和市场需求,进行全面的研究后才能确定。根据国家计委、国家建委、财政部1978年4月颁布的《关于基本建设项目和大中型划分标准的规定》,并结合我国矿山建设的实际情况,一般矿山建设规模的类型划分如表1-2所示。

四、按矿山服务年限分类

矿山的服务年限根据各个矿山采矿场内的工业矿石储量和设计的建设规模,通过编制开采进度计划表来确定。一般情况下,以最佳经济效益来确定矿山建设规模后的开采年限,即为经济合理服务年限。对于重点矿山工程应结合矿山规模确定,一般矿山服务年限如表1-3所示。

表 1-2 矿山规模类型分类表

矿山类别	矿山规模类型($\times 10^4$ t/a)			
	特大型	大 型	中 型	小 型
黑色金属矿				
露天矿	>1 000	1 000~200	200~60	<60
地下矿	>300	300~200	200~60	<60
有色冶金矿				
露天矿	>1 000	1 000~100	100~30	
地下矿	>20	200~100	100~20	
化学矿				
磷矿		>100	100~30	
硫铁矿		>100	100~20	
建材矿				
石灰石矿		>100	100~50	<50
石棉矿		>1.0	1.0~0.1	<0.1
石墨矿		>1.0	1.0~0.3	<0.3
石膏矿		>30	30~10	<10

表 1-3 一般矿山服务年限表

矿山类型	特大型	大 型	中 型	小 型
服务年限(年)	>30	>25	>20	>10

第四节 课程性质与课程内容

一、课程性质

要学好一门课程,首先必须明确该课程的性质,牢牢把握研究方向、研究思路和课程定位,以集中精力取得事半功倍的效果。

矿山安全工程学是一门以矿山灾害防治为主的工程技术课,在矿业工程学科中占有重要的地位。其任务是贯彻党和国家的安全生产方针和有关技术政策、法规,应用各种技术措施消除各种不安全因素构成的事故隐患,预防事故的发生。该课程是应用多学科的理论、技术和方法来系统研究和解决矿山生产安全的有关问题,因此本书内容涉及面广、科技名词多、空间概念强、技术方案分析多,阅读时应引起注意。

二、课程内容

矿业作为国民经济的基础产业,为我国工业发展、国民经济的起飞和综合国力的增强做出了巨大的贡献。但是,由于我国矿山大多是地下作业,特别是煤矿地质条件复杂多变,经常受到瓦斯、矿尘、火、水等自然灾害的威胁。加之技术装备相对较落后、职工素质偏低等不利因素,矿山事故时有发生。

解决矿山安全问题,一是要坚决贯彻执行党和国家"安全第一、预防为主、综合治理"的安全生产方针,加强矿山法治管理;二是必须依靠科技进步、科技创新,大力发展矿山安全科学技术研究。通过掌握矿山灾害的基本性质、发生条件和规律,预测各种灾害或事故发生的可能性及其时空分布,采取相应的科学手段控制灾害。综上所述,本书将重点介绍矿山安全生产基本知识和矿山主要灾害的防治方法。

本教材分三部分共十章,综合部分包括绪论与采矿概论;矿山主要灾害防治部分介绍瓦斯、火灾、水灾、矿压、尾矿库、露天矿边坡以及矿山职业危害的防治理论和技术;矿山安全现代化管理部分介绍矿山重大事故应急救援及救灾决策。

第二章　采矿概论

第一节　矿山地下开采

地下开采是掘进井巷采出煤炭或其他矿产品的技术,具有投资少、适应性强、占地面积小等优点。地下开采需要开凿井筒通至地下、掘进巷道、布置采区和采煤工作面,安装机电设备,试运转后进行采煤;采煤工作面要及时支护,采煤之后的采空区要进行处理;采出的煤要运到地面。随着煤炭的采出,采煤工作面要不断移动,因此要边生产边掘进巷道,以保证采煤工作能够不断地进行。

为保证井下正常生产,必须有完善的运输、提升、通风、排水、动力供应、通讯、照明等生产系统;为保证安全生产,要防治矿井的水、火、瓦斯、矿尘及顶板等灾害。总之,要以开采为中心,同时搞好掘进、运输、提升、通风、排水、动力供应等生产环节及其相互间的配合。

一、地下开采概述

(一)开采范围

1. 矿区、矿田和井田

划归一个公司或矿务局开采的矿床叫矿区,划归一个矿山开采的矿床或其一部分叫矿田,划归一个矿井(坑口)开采的矿床或其一部分叫井田。一个矿区可包括一个或几个矿田,一个矿田可包括一个或几个井田。

矿区、矿田和井田绝大多数是按自然赋存条件划分的。生产中往往将一个大矿体或比较邻近的若干矿体划为一个井田进行独立开采。一般认为井田的走向长度为500～800m,深度为500～600m,开采较为经济合理。

2. 阶段和采区

在井田范围内开采倾斜和急倾斜矿床时,每隔一定的垂直高度要掘进与矿床走向一致的主要运输平巷,将井田沿垂直方向划分为一个个的矿段,这种矿段称为阶段或中段。阶段的长度等于井田边界沿走向的长度,阶段高度等于上下两个相邻阶段平巷间的垂直距离。缓倾斜矿床的阶段高度通常为20～30m,急倾斜矿床的阶段高度通常为50～60m,也有的高达80～120m。

阶段高度主要取决于矿体的赋存条件和使用的采矿方法。合理的阶段高度应在保证安全的前提下使开采每吨矿石的总费用最小,新阶段的准备时间最短。

在阶段范围内,沿矿体走向把阶段划分成若干采区或矿块。它是进行采矿工作的基本单元,一般都有采区运输、通风、联络等通道,可独立地完成全部回采工作。采区的范围是:沿倾斜方向以上下两个阶段平巷为界,沿走向以采区天井为界(有时以间柱中心线或假想的垂直分界线为界),采区的大小用采区长度、采区高度及采区的宽度尺寸表示。

(二)开采顺序

井田中阶段的开采顺序一般是由上而下,先采上部阶段,后采下部阶段,称为下行开采。在某些特殊条件下也可采用由下往上的回采顺序,即上行开采。

在阶段中,各采区沿走向的开采顺序是以主井或主平硐为标准的。主井或主平硐位于阶段的中部或附近时,则主井或主平硐把阶段划分为两翼,两翼可同时回采,也可以一翼采完后再采另一翼。前者称为双翼回采,后者称为单翼回采。主井或主平硐位于阶段的端部时,整个阶段均在主井或主平硐的一侧,此时阶段的回采称为侧翼回采。

在阶段的每翼中,采区沿走向的开采顺序是由主井或主平硐向井田边界方向回采,称为前进式回采;由井田边界向主井或主平硐方向回采,称为后退式回采。初期向井田边界前进式回采,当阶段采准完成后又从井田边界开始后退式回采时,称为联合式回采。

当开采相邻较近的矿体时,特别是开采平行矿脉群时,应先开采上盘的矿体,后开采下盘的矿体。

当把采区划分为若干矿房和矿柱后,先采矿房,后采矿柱,称为二步骤开采。而采区不划分矿房、矿柱时,阶段以采区为单位一次采完,称一步骤开采。

(三)开采步骤

地下矿山开采的主要步骤如下。

1. 开拓工作

开拓工作是指从地面掘进一系列井巷达到矿床,使矿床连通地面,形成行人、运输、通风、排水、供电、供风、供水等系统。

2. 采准工作

采准工作是指在已开拓完毕的矿床里,掘进采准巷道,将阶段划分成矿块作为回采的独立单元,并在矿块内创造行人、凿岩、放矿、通风等条件。采准系数是指每一千吨矿块采出矿石总量所需掘进的采准、切割巷道米数。

3. 切割工作

切割工作是指在已采准完毕的矿块内,为大规模回采矿石开辟自由面和自由空间。

4. 回采工作

回采工作包括落矿、矿石运搬和地压管理三项主要作业。

(1)落矿是以切割空间为自由面,用凿岩爆破方法崩落矿石。一般根据矿床的赋存条件、所采用的采矿方法及凿岩设备,选用浅孔、中深孔、深孔和药室等落矿方法。

(2)矿石运搬是指在矿块内把崩下的矿石运搬到阶段运输巷道,并装入矿车。运搬方法主要有重力运搬和机械运搬(电耙、装运机、汽车等)。

(3)地压管理是指在回采过程中或矿石采出后,为保证开采工作的安全,对采场、矿柱、巷道及上下盘围岩所发生的变形、破坏、崩落等地压现象采取必要的技术措施,控制地压和管理地压,消除地压所造成的不良影响。

二、矿床开拓

(一)概　述

为了开发地下矿床,首先需要从地表向地下掘进一系列井巷通达矿体,使地表与矿床之间形成完整的运输、提升、通风、排水、行人、供电、供水等生产系统,这些井巷的开掘工作称为矿床开拓。为开拓矿床而掘进的井巷称开拓井巷,所有的开拓井巷在空间的布置体系就构成了该矿床的开拓系统(图2-1)。

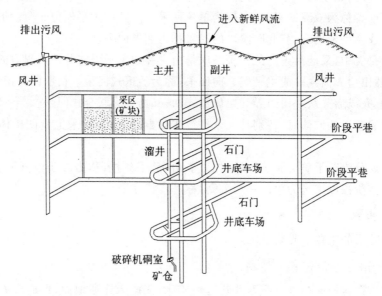

图 2-1　矿床开拓系统图

开拓井巷分为主要开拓井巷和辅助开拓井巷。凡属主要运输、提升矿石和矿内通风的井巷,均为主要开拓井巷;采矿时仅起辅助作用的井巷称为辅助井巷,如通风、充填巷道、专用安全出口、水泵站积水仓等。

矿床开拓的任务是在划分井田以后,确定主要开拓巷道和辅助开拓巷道的类型、位置和数量,计算基建总工程量和基建投资,安排基建进度,最终以最经济的手段和最短基建时间,提供一个有利于安全生产的采矿条件。矿床开拓方案的确定是关系到矿山总体布置和对矿山生产具有长远影响的重要决策,它必须符合生产安全、开拓工程量小、投资小、经营费用低、投产早和便于管理的原则。因此,对矿床开拓方案的决定通常有如下要求:

(1)选择井口和平硐位置时,应避开地表可能发生塌陷、滑坡、山洪冲击和有雪崩危害地区,井口与平硐标高一般应在历年最高洪水水位以上1~3m处。

(2)主要井巷口的位置应有足够的场地,以便布置各种建筑物、构筑物、安排调车场、堆放材料、排弃废石,不占和少占农田,并考虑到复田条件。

(3)井筒位置一般应在采空区岩石移动带以外,否则,应保留保安矿柱。金属矿床开采时的主要井巷一般应布置在矿体下盘岩石移动带以外,只有下盘工程地质条件恶劣时,才考虑将主要井巷布置在上盘或侧翼。

(4)主要井巷位置应尽量选在稳固岩层中,避开含水岩层、断层破坏带和溶洞发育带。确定主要井筒、平硐、长溜井位置时,应检查钻孔和地层剖面图。并且所选择的井巷位置应使地下与地表运输功最小和避免单向运输、避免地表与地下有反向运输。

(5) 按缩短井建时间和井巷工程量最小的原则,选择主要与辅助开拓巷道的位置与数量。对较长的井巷工程,一般应增加措施性工程,以缩短掘进时间。生产矿井至少有两个通往地表的安全出口,两个出口之间的距离不得小于 100m(煤矿为 30m),矿体走向长度超过 1 000m 时,应在两端增设安全出口。为防止加工厂对井口的污染及井口排出废风和废水对工业区以及生活区的污染,进风井口距采石场应大于 250m,距选厂应大于 300m,距回风井应大于 100m,并位于上述地点常年主导风向上侧。

(6) 在确定井巷断面时,先根据生产量决定设备容量及外形尺寸,考虑运输提升时的安全间隙。确定的断面尺寸,还应适合井巷内风流速度、各种管道的安装等。

(7) 位于地震区的矿山,应从地震部门取得震级与烈度资料,按有关抗震设计规范、规程设计井巷及有关建筑物与构筑物。特别是对安全出口需要慎重对待,在地震区,如竖井与斜井在技术经济比较中相差不大时,应优先选择斜井方案。在发生灾变时,斜井可以步行出入,比竖井优越。

(二) 开拓方法

开拓方法按井巷与矿床的相对位置可分为下盘开拓、上盘开拓和侧翼开拓。按井巷形式的不同可划分为平硐、竖井、斜井、斜坡道和联合开拓五大类。矿床开拓方法分类如表 2-1 所示。

表 2-1 矿床开拓方法分类表

	开拓方法	井巷型式	典型开拓方案
单一开拓法	平硐开拓	平硐	沿脉走向平硐开拓、垂直走向上盘平硐开拓、垂直走向下盘平硐开拓
	斜井开拓	斜井	脉内斜井开拓、下盘斜井开拓、侧翼斜井开拓
	竖(立)井开拓	竖(立)井	竖井分区式开拓、竖井阶段分区式开拓
	斜坡道开拓	斜坡道	直线斜坡道开拓、螺旋式斜坡道开拓、折返式斜坡道开拓
联合开拓法	平硐与井筒联合开拓	平硐与竖井或斜井,平硐与盲竖井或盲斜井	平硐与竖井开拓、平硐与斜井开拓、平硐与盲斜井开拓、平硐与盲竖井开拓
	明井与盲井联合开拓	明竖井或明斜井与盲竖井或盲斜井	明竖井与盲竖井开拓、明竖井与盲斜井开拓、明斜井与盲竖井开拓、明竖井与盲斜井开拓
	平硐、井筒与斜坡道联合开拓	平硐、斜井、竖井与斜坡道	平硐与斜坡道开拓、斜井与斜坡道开拓、竖井与斜坡道开拓

(三) 平硐开拓

由地表掘进水平巷道(平硐)直接通到矿体进行开采,以平硐作为主要开拓巷道的开拓方法叫平硐开拓。巷道约有 3‰ 到 7‰ 的坡度。

平硐是行人、设备材料运输、矿碴运输和管线排水等设施的通道,同时还是矿井通风的主要巷道。因此,平硐必须设有人行道、排水沟、躲避硐室和各种管线铺设的空间,以满足安全和实现多种功能的需要。主平硐运输可以是有轨的,也可以是无轨的,有轨运输又分为单轨和双轨两种。无轨运输一般均用单车道布置,其中设有错车场。

平硐开拓适用于开采赋存于侵蚀基准面以上山体内的矿体,具有建设速度快、简便经济、安全可靠和管理方便等特点。根据平硐与矿床的相对位置不同,可分为以下几种开拓方法。

1. 垂直矿体走向下盘平硐开拓法

当矿脉和山坡的倾斜方向相反时,则由下盘掘进平硐通达矿脉开拓矿床,这种开拓方法叫做下盘平硐开拓法,如图 2-2 所示。

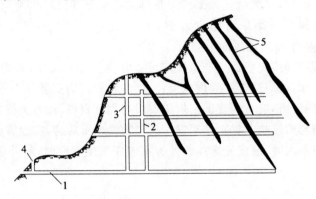

图 2-2　下盘平硐开拓法
1.主平硐;2.主溜井;3.辅助竖井;4.入风井;5.矿脉

2. 垂直矿体走向上盘平硐开拓法

当矿脉与山坡的倾斜方向相同时,则由上盘掘进平硐通达矿脉开拓矿床,这种开拓方法叫做上盘平硐开拓法,如图 2-3 所示。

采用下盘平硐开拓法或上盘平硐开拓法时,平硐通达矿脉,可对矿脉进行补充勘探。我国各中小型脉状矿床广泛采用这种开拓方法。

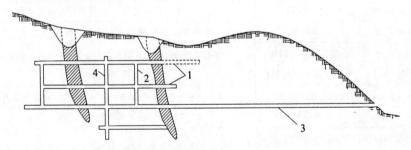

图 2-3　上盘平硐开拓法
1.阶段平硐;2.溜井;3.主平硐;4.辅助盲竖井

3. 沿矿体走向平硐开拓法

当矿脉侧翼沿山坡露出,平硐可沿脉走向掘进,成为沿脉平硐开拓法,如图 2-4 所示。平硐一般设在脉内,但当矿脉厚度大且矿石不够稳固时,则平硐设于下盘岩石中。

平硐开拓时主要应注意以下安全问题:

(1)当矿石有黏结性或围岩不稳固时,矿石可采用竖井、斜井下放或用无轨自行设备经斜坡道直接将矿石运往地表。

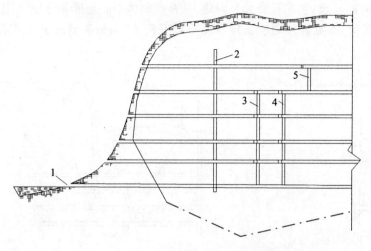 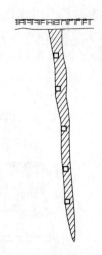

图 2-4 脉内沿脉平硐开拓法
1.主平硐；2.辅助盲竖井；3、4.主溜井；5.溜井

(2) 主平硐排水沟的通过能力，应保证平硐水平以下矿床开采时水泵在 20 小时内正常排出一昼夜涌水量。主平硐水沟坡度一般为 3‰~5‰。

(3) 平硐人行道，有效净高不得小于 1.9m。有效宽度应满足：人力运输的巷道不小于 0.7m；机车运输的巷道不小于 0.8m；无轨运输的巷道不小于 1.2m；带式运输机运输的巷道不小于 1.0m。

(4) 平硐出口位置不受山坡滚石、山崩和雪崩等危害，其中出口标高应在历年最高洪水位 1m 以上，以免洪水淹没，同时也应稍高于驻矿仓卸矿口的地面标高。

(四) 竖井开拓

对矿体埋藏在地表以下倾角大于 45°或倾角小于 45°且埋藏较深的矿体，常采用竖井开拓。当开采深度超过 800m，年产量 80 万 t 以上时，无论矿床倾角如何，应优先考虑竖井开拓。

使用竖井开拓时，通常用主井和副井分别承担提升矿石、废料、物料、人员和通风任务。根据具体条件，除主副井以外，经常还另设通风井、辅助提升井和安全出口等。

按竖井与矿体的相对位置，竖井开拓可分为下盘竖井、上盘竖井、侧翼竖井和穿过矿体(矿脉)竖井四种布置方案。

1. 下盘竖井开拓

在矿体下盘围岩布置竖井的称为下盘竖井开拓，它用阶段石门通达矿体。下盘竖井开拓对井筒保护条件较好，一般不需留保安矿柱。缺点是石门随开采深度而增长，尤其矿体倾角变小时，下部石门则更长，使开拓量增加。

下盘竖井开拓适用于急倾斜矿体的开拓。若矿体倾角等于或小于下盘岩石移动角，竖井应布置在地表表土层移动角之外；若矿体倾角大于岩石移动角，则竖井应布置在下盘岩体移动范围之外，如图 2-5 所示。

2. 上盘竖井开拓

在矿体上盘围岩中布置竖井的称为上盘竖井开拓，从竖井掘石门通至矿体。上盘竖井开拓上部阶段石门较长,基建时间较长,初期投资大。因此,只有在矿体上盘地形条件较好,工业场地便于布置,投资省,运费低,下盘岩体地质条件较复杂或有河流、湖泊等情况下才考虑使用,如图2-6所示。

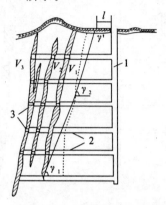

图 2-5 下盘竖井开拓法

1.下盘竖井;2.阶段石门;3.沿脉巷道;γ_1、γ_2.下盘岩石移动角;γ'.表土层移动角;l.下盘竖井至岩石移动界线的安全距离

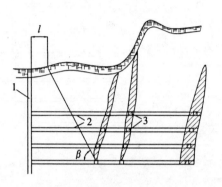

图 2-6 上盘竖井开拓图

1.上盘竖井;2.石门;3.沿脉巷道;l.上盘竖井至岩石移动界线的安全距离;β.上盘岩石移动角

3. 侧翼竖井开拓

将竖井布置在矿体的一侧称为侧翼竖井开拓。采用这种开拓方式,其井下各阶段巷道的掘进和井下运输线路只能是单向的,掘进及运输线路较长,掘进速度受到一定的影响。通常适用于下列情况:

(1)上下盘岩体工程地质条件复杂,破碎带、流砂层较厚难以通过,无法设置竖井,而侧翼工程地质条件较好。

(2)上下盘地表工程及工业场地布置受地形条件限制,而侧翼有较合适的工业场地。

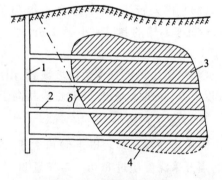

图 2-7 侧翼竖井开拓法

1.侧翼竖井;2.阶段巷道;3.矿体;4.地质储量界线;δ.矿体走向端部岩石移动角

(3)选矿厂及尾矿设施宜放在侧翼,地下矿石运输和地表矿石流向一致。

(4)矿体倾角较缓,走向长度较短,掘进量小,运输费用较低,如图2-7所示。

竖井开拓时主要应注意以下安全问题:

(1)主副井宜布置在矿体厚度大的中央下盘,尽可能集中布置,不占用或少占用农田。井口标高应高出当地历史最高洪水位1m以上。在中央或主副井之间布置破碎系统时,主副井间距应在50~100m之间。应避免压矿,并布置在开采后地表移动区之外20m远的地方。

(2)提升竖井作为安全出口时,必须设有提升设备和梯子间。梯子和梯子间平台等构件要有足够的强度,并要考虑防锈蚀措施。

(3)位于地震区的竖井出口,当井深超过300m时,每隔200m左右应在井筒附近设一休息室(硐),并与梯子间平台相通。当设计地震烈度为8~9度时,处于表土段的井筒直至基岩内

5m，必须用双层钢筋混凝土作井颈；靠近井口的各种预留硐口（压力管硐、水管硐、通讯硐）应尽量错开布置，避免在同一水平截面或竖直面内将井壁削弱过多，必要时井壁需进行加固。

(4)井筒有淋水时，马头门以上 1～2m 处须设积水圈。

(5)深井地温随深度的增加而增加，必须采取降温措施，井筒断面应考虑制冷管道的敷设和增加备用管道的位置。

(五)斜井开拓

斜井开拓适用于开采倾斜或缓倾斜矿体，特别是埋藏较浅的倾角为 20°～40°的层状矿体。该法具有施工简便、投产快、工程量少和投资少等优点，在中、小型矿山应用较为广泛。斜井井筒的倾角根据矿体产状、矿山规模和使用的提升设备确定，一般不大于 45°。

按斜井与矿体的相对位置，通常有三种开拓方式：

(1)脉内斜井开拓。斜井布置在矿体内的称为脉内斜井开拓。它适用于厚度不大、沿倾斜方向变化不大、产状比较规整的矿体。此法主要具有投资少、投产快、在基建期即可回收部分副产矿石等优点，如图 2-8 所示。

(2)下盘脉外斜井开拓。斜井布置在矿体下盘围岩中的称为下盘脉外斜井开拓。它具有不需留保安矿柱、斜井倾角不需改变、井筒维护条件和提升条件较好等优点，如图 2-9 所示。

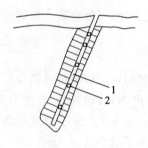
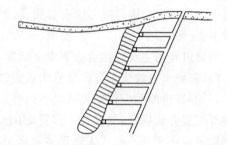

图 2-8 脉内斜井开拓　　　　　　图 2-9 下盘脉外斜井开拓
1.脉内斜井；2.沿脉巷道

(3)侧翼斜井开拓。在矿体的一侧布置斜井的称为侧翼斜井开拓。因地表地形条件所限，在矿体下盘不宜或不可能布置斜井，或因矿石运输方向的要求，在矿体一翼布置斜井。

斜井开拓时主要应注意的安全问题如下：

(1)下盘斜井必须与矿体保持一定的距离，其距离应根据矿体下盘变化确定，一般应大于 15m。脉内斜井必须在井筒两侧留保安矿柱 8～15m。

(2)斜井倾角大于或等于 12°时，斜井一侧须设人行台阶；倾角大于 15°时，应加设扶手；大于 30°时，应设梯子。斜井人行道必须符合下列规定：人行道的有效宽度不小于 1.0m；人行道的有效净高不小于 1.9m；运输物料的斜井，人行道与车道之间应设坚固的隔墙。

(3)矿车组斜井井筒一般应取同一角度，中途不宜变坡；特殊情况下斜井下段倾角可大于上段倾角 2°～3°。

(六)斜坡道开拓

斜坡道开拓是采用无轨运输方式的开拓方法。采场与地表通过斜坡道直接连通，矿石、矿碴可用无轨运输设备直接由采场运至地面，人员、材料和设备等可通过斜坡道上下运输，十分方便,从而简化了采矿工序,如图 2-10 所示。

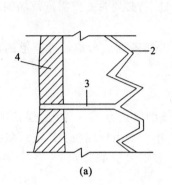 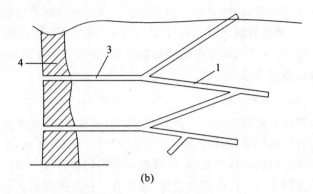

图 2-10 斜坡道开拓示意图
(a)螺旋斜坡道;(b)折返斜坡道
1.折返道;2.螺旋道;3.石门;4.矿体

目前国内不少小矿山采用拖拉机和农用汽车运输铁矿石时,一般也采用简易的斜坡道开拓。斜坡道的宽度和高度根据运输设备确定,一般多为 3m×3m～4m×5.5m。坡度一般为 10%～15%。其运输路线布置有直线式、折返式和螺旋式三种,一般直线式和折返式斜坡道使用较多。

斜坡道开拓主要应注意以下安全问题:

(1)斜坡道须设错车道和信号闭锁装置;错车道的长度和宽度应视行驶设备尺寸而定。

(2)斜坡道断面应根据无轨设备的外形尺寸和运行速度、斜坡道用途、支护形式、风水管和电缆等布置方式确定,并符合下列规定:①人行道宽度不应小于 1.2m;②无轨设备与支护之间的间隙不应小于 0.6m;③无轨设备顶部至巷道顶板的距离不应小于 0.6m。

(3)斜坡道坡度应根据采用的运输设备类型、运输量、运输距离和服务年限经技术经济比较确定。用于运输矿石时,其坡度不大于 12%;运输材料设备时,其坡度不大于 20%。

(4)斜坡道的弯道半径应根据运输设备类型和技术规格、道路条件、行车速度及路面结构确定,一般应符合下列规定:①通行大型无轨设备的斜坡道干线的弯道半径不小于 20m,中间联络道或盘区斜坡道的弯道半径不小于 15m;②通行中小型无轨设备的斜坡道的弯道半径不小于 10m。

(5)斜坡道路面结构应根据其服务年限、运输设备的载重量、行车速度和密度合理确定,一般采用混凝土路面。

(6)斜坡道应设置排水沟,并需定期清理,以保证水流畅通。

(七)联合开拓

用上述任意两种或两种以上的方法对矿床进行开拓称为联合开拓法。它取决于矿体赋存条件、地形特征、勘探程度、开采深度、机械化程度等因素。联合开拓主要适用于下列条件:

(1)受地形或矿石和围岩条件限制,矿床需用平硐或井筒或斜坡道联合开拓。

(2)由于矿床浅部和深部是分期勘探和分期开拓的,当开拓深部时,不宜再延深原有井筒,因而,另用其他主要开拓巷道开拓深部,形成联合开拓。

(3)矿床上部和下部的储量或矿体位置变化很大,不可能用一种方式开拓。

(4)改建或扩建老矿山,保留原有开拓系统,且增加新的开拓井巷,而形成联合开拓。

常用的联合开拓法有平硐竖井(明井或暗井)、平硐斜井(明井或暗井)、斜坡道竖井、斜坡道斜井、平硐斜坡道以及平硐、竖井或斜井与斜坡道联合开拓等。

1. 平硐与井筒联合开拓

平硐与井筒联合开拓有下列形式:

(1)平硐上部的矿石有黏结性或自燃性,或因矿石与围岩均不稳固,因而平硐上部不宜使用溜井放矿,主平硐上部的矿石经竖井或斜井将矿石下放到平硐。

(2)平硐下部各阶段的矿石经井筒提升到主平硐水平,从平硐运出,如图2-11所示。

(3)竖井或斜井的井口标高大于工业场地的标高,因此,地下的矿石提升到一定高度转入平硐运出地表。

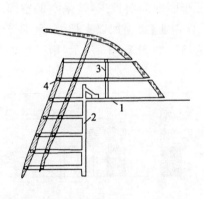

图2-11 平硐与盲竖井联合开拓法
1.主平硐;2.盲竖井;3.溜井;4.沿脉巷道

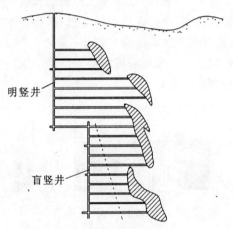

图2-12 明竖井与盲斜井联合开拓法

2. 明井与盲井联合开拓

明井与盲井联合开拓的形式与应用条件为:

(1)由于探矿不足,浅部按已探明的储量建了明竖井开拓。在继续探明深部后,深部用盲井开拓,形成明井与盲井联合开拓,如图2-12所示。

(2)当继续探矿后发现深部矿石储量减少,或矿体距明井太远,延深原来主井筒不合适,因而,深部改用小型盲竖井(斜井)联合开拓。

(3)深部矿体倾角变缓,延深原有井筒则阶段石门太长,因而,另用盲斜井联合开拓。

3. 平硐、井筒与斜坡道联合开拓

由于无轨运输设备的发展,斜坡道开拓方法逐渐增多,因而也形成平硐与斜坡道联合开拓,或井筒与斜坡道联合开拓方案。

(1)主平硐与盲斜坡道联合开拓。平硐上部各阶段使用溜井下放矿石。平硐水平以下各阶段的矿石用卡车经盲斜坡道运到主平硐,再沿主平硐一直运到地表。

(2)斜井与斜坡道联合开拓。上部各阶段采用斜井开拓,用串车、箕斗提升矿石,或用带式输送机运输。深部矿体或边缘矿体采用盲斜坡道开拓。深部各阶段或边缘的矿石用坑内卡车经斜坡道运到斜井井底破碎硐室,破碎后经斜井运出地表。

(3)竖井与斜坡道联合开拓。竖井与斜坡道联合开拓有:用竖井提升矿石,斜坡道用于辅助作业,如大中型矿井,地下无轨设备较多,为了出入方便和运送人员、材料、设备,斜坡道可直通地表;对于某些深矿井,竖井提升能力有富余,深部矿体变缓变小,储量不大,延深主井在经济上不合理,则下部改为斜坡道开拓。

三、矿井开采

(一)煤矿开采

1. 采煤工艺

煤矿开拓和掘进必需的巷道之后,形成了进行采煤作业的场所称为采煤工作面,又称"回采工作面"、"采场"。采煤工作面的长度一般在120~200m。最初形成的沿采煤工作面始采线掘进,以供安装采煤设备的巷道,称为开切眼。随着工作面的向前推进,被采空的空间越来越大,而采煤工作面通常只需4~6m的工作空间进行采煤作业,必须加以支护,多余部分空间就要依次废弃。采煤后废弃的空间称为采空区,又称"老塘",如图2-13所示(沿工作面推进方向所作的剖面)。

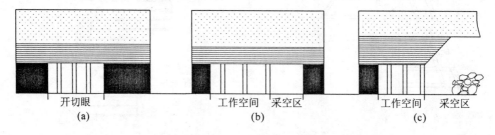

图 2-13 工作面和采空区
(a)开切眼;(b)在开切眼附近;(c)正常回采区

采煤工作空间内可用多种破落煤炭的方法,回采工作需要有多项工序来完成。采煤工作面各工序所用方法、设备及其在时间、空间上的相互配合称为采煤工艺。在一定时间内,按照一定的顺序完成回采工作各项工序的过程,称为回采工艺过程。回采工艺过程包括破煤、装煤、运煤、支护和处理采空区五道主要工序。这些工序按破煤、装煤、运煤、移输送机、支护、处理采空区的顺序依次进行。

按不同的破煤与支护方法,回采工艺可分为爆破采煤工艺、普通机械化采煤工艺和综合机械化采煤工艺。爆破采煤工艺又称"炮采",指在长壁工作面用爆破方法破煤和装煤、人工装煤、输送机或溜槽运煤和单体支柱支护采空区的采煤工艺。普通机械化采煤是用浅截式滚筒采煤机落煤、装煤,利用可弯曲刮板输送机运煤,使用单体液压支柱和铰接顶梁组成的悬臂式支架支护的采煤方法。综合机械化采煤是指采煤的全部生产过程,包括落煤、装煤、运煤、支护、顶板控制以及回采巷道运输等全部实现机械化的采煤方法。

2. 开采方法

采煤工艺与回采巷道布置及其在时间上、空间上的相互配合叫做采煤方法。不同的采煤工艺和回采巷道的布置方式,就形成不同的采煤方法。采煤方法虽然种类较多,但归纳起来,基本上可以分为壁式和柱式两大体系。前者占95%,后者占5%。

(1)壁式体系采煤法。根据煤层厚度不同,对于薄及中厚煤层,一般采用一次采全厚的单一长壁采煤法;对于厚煤层,一般是将其分成若干中等厚度的分层,采用分层长壁采煤法。按照回采工作面的推进方向与煤层走向的关系,壁式采煤法又可分为走向长壁采煤法和倾斜长壁采煤法两种类型。长壁工作面沿煤层走向推进的采煤方法,即为走向长壁采煤法;长壁工作面沿煤层倾斜推进的采煤方法,即为倾斜长壁采煤法,如图 2-14 所示。

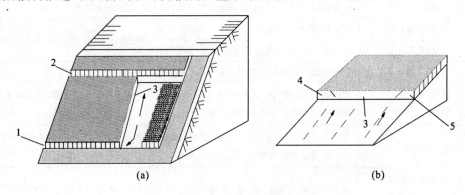

图 2-14 壁式采煤法
(a)走向长壁采煤法;(b)倾斜长壁采煤法
1、2. 区段运输、回风平巷;3. 采煤工作面;4、5. 条带运输、回风斜巷

(2)柱式体系采煤法。分为房式、房柱式及巷柱式三种类型。房式及房柱式采煤法的实质是在煤层内开掘一些煤房,煤房与煤房之间以联络巷相通。回采在煤房中进行,煤柱可留下不采,或在煤房采完后再回采煤柱。前者称为房式采煤法,后者称为房柱式采煤法。

(二)非煤矿山开采

1. 采矿方法分类

采矿方法就是根据矿床赋存要素和矿石与围岩的物理学性质等因素所确定的矿石开采方法。它包括采区的地压控制、结构参数、回采工艺等。金属矿床由于赋存条件复杂,矿石和围岩物理学性质差异很大,以及其他因素等,故采矿方法种类繁多。

采矿方法分类应满足下列基本要求:①分类应反映采矿方法最主要的特征;②分类应简单明了,防止庞杂和繁琐,但要包括国内外目前应用的主要采矿方法;③分类必须反映采矿方法的实质,作为选择和研究采矿方法的基础。

为了便于认识各种采矿方法的特殊本质,了解各种采矿方法的适用条件及发展趋势,研究和选择合理的采矿方法,需将繁多的采矿方法择其共性加以归纳分类。根据回采时地压的管理方法不同,采矿方法划分为三大类:空场采矿法、充填采矿法、崩落采矿法,如表 2-2 所示。

(1)空场采矿法。将采区划分为矿房、矿柱,分两步骤回采采区,先采矿房后采矿柱,回采矿房时采场呈空场状态,依靠矿柱和矿岩自身的稳固性控制地压。

(2)充填采矿法。在矿房或采区中,随着回采工作面的推进,用人工支撑的方法来控制地压和形成工作场地。

(3)崩落采矿法。随着矿石被采出,有计划地自然崩落或强制崩落矿体顶部的覆盖岩石或上下盘岩石来充填采空区,以控制采区地压和处理采空区。地表允许崩落是使用本采矿法的必要前提之一。

表 2-2 地下矿山采矿方法的分类及其使用条件

类别	组别		适 用 条 件
空场采矿法	全面采矿法		矿岩稳固,矿体倾角不大于30°,厚度一般不大于3~5m
	房柱采矿法		矿岩稳固,矿体为水平或缓倾斜,厚度一般不大于3~5m
	留矿采矿法		矿岩稳固,矿体为急倾斜、薄或中厚矿体,矿石具不结块、不自燃和不氧化的性质
	分段采矿法		矿岩稳固,矿体为倾斜、厚度为中厚至厚矿体
	阶段采矿法		矿岩稳固,矿体为倾斜或缓倾斜,厚和极厚的矿体
充填采矿法	非胶结充填法	干式充填法	围岩不稳固的倾斜或急倾斜的薄或中厚矿体
		水力充填法	上向水平分层充填法适用于中厚、厚矿体,矿石较稳固,矿石价值高;下向水平分层充填法适用于矿岩均不稳固的贵重、稀有金属
	胶结充填法		围岩不稳固,地表不允许陷落的贵重金属矿体,根据充填料不同,又可分为块石胶结充填法和尾砂胶结充填法
崩落采矿法	单层崩落法(即长、短壁崩落采矿法)		围岩不稳固、矿石较稳固的缓倾斜、薄和极薄的矿体,矿石价值较高,地表允许陷落
	分层崩落法		地表允许陷落、矿岩不稳固的急倾斜中厚矿体,矿石贵重、价值高
	无底柱分段崩落法		地表允许陷落、矿体中等稳固、围岩不稳固的厚矿体
	有底柱分段崩落法		地表允许陷落、矿体中等稳固、围岩不稳固的中厚至厚矿体
	阶段崩落法		地表允许陷落、矿体中等稳固、围岩不稳固的厚至极厚矿体

2. 空场采矿法

空场采矿法适用于矿岩中等以上稳固、矿岩接触面较明显、形态较稳定的矿体。其特点是将矿体沿走向划分成矿房和矿柱,分两步骤回采;矿房回采时,采空区顶板主要依靠矿岩自身的稳固性和矿(岩)柱来支撑;矿房回采完毕后,有计划地回采矿柱或不采矿柱,并及时处理采空区。空场采矿法的优点是成本低,生产能力和劳动生产率高。缺点是采空区留下大量矿柱,且回采困难,采空区需处理。

空场采矿法可分为分层(单层)空场法、分段空场法和阶段空场法(阶段矿房法)。分层空场法又分为全面采矿法、房柱采矿法和留矿采矿法。

(1)全面采矿法。全面采矿法一般用于开采矿石和围岩都稳固的缓倾斜薄及中厚矿体,该方法的基本特点是:在划分的盘区或矿块内,布置沿矿体走向或逆倾斜方向全面推进的回采工作面,也可沿阶段的走向不划分矿块,回采工作面沿走向连续推进。回采过程中形成的采空区,依靠围岩自身的稳固性与回采过程中不采的贫矿或夹石形成的不规则矿柱共同维护。如果开采价值贵重或品位高的矿石,也可架设混凝土支柱、木柱或木垛等代替矿柱,以减少矿石损失。

全面采矿法对矿体的形状和倾角适应性较强,矿块的采准和切割工作简单,工程量小,通风良好,回采工艺也不复杂,采矿成本比较低。主要缺点是:采空区顶板暴露面积大,不够安全,而且当矿体厚度大时,顶板的观察和处理较困难。因此,这种采矿方法主要适用于水平及缓倾斜、矿石和围岩均稳固、品位不富或价值不高的薄及中厚矿体。如果对采场顶板采用锚杆加固,在顶板岩石不太稳固的条件下也可采用全面采矿法。

(2)房柱采矿法。房柱采矿法主要用于开采矿石和围岩都稳固的水平和缓倾斜矿体。根据矿体倾角的大小,将井田划分成矿块或盘区,在矿块或盘区内交替布置矿房和矿柱,回采矿房时,留规则的连续或间断矿柱支撑顶板,这就是房柱采矿法的基本特征,并因此而得名。它与房柱采煤法很相似。如果矿房顶板不够稳固时,还可辅以锚杆、配合矿柱加强对顶板的支护效果。房柱采矿法既可用于薄矿体,也可用来开采厚矿体和极厚矿体。因此,房柱采矿法在围岩的稳固性和矿体的厚度方面,比全面采矿法的应用范围更广,所以在国内外金属矿、非金属矿中都有应用,如图2-15所示。

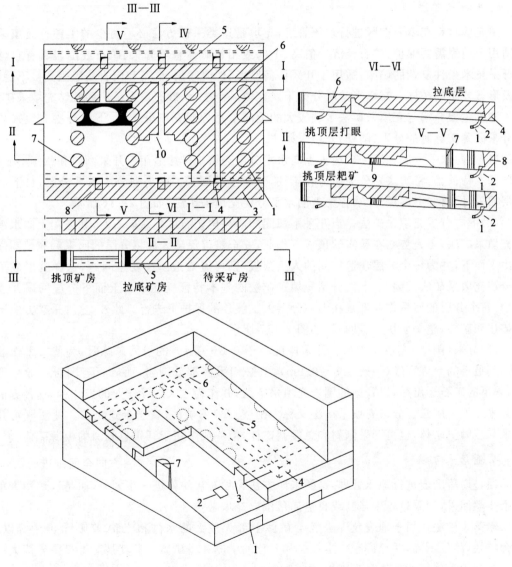

图2-15 房柱采矿法

1.运输巷道;2.放矿溜井;3.切割平巷;4.电耙硐室;5.上山;6.联络平巷;7.矿柱;8.电耙绞车;9.凿岩机;10.炮孔

房柱采矿法主要适用于矿石和围岩都稳固、倾角在30°以下、矿石价值不高或品位较低的矿体。国外一些开采缓倾斜矿体的矿山在开采上述矿床时,由于采用机械化设备完成采、装、运和采场支护等作业,房柱采矿法的应用比重高达 80%~90%,说明它是一种很有发展前途的采矿方法。

(3)留矿采矿法。留矿采矿法在空场采矿法中是开采薄及极薄矿脉的重要方法,至今仍然广泛应用。留矿采矿法的基本特征是:回采工作自下而上分层进行,每次崩落的矿石只放出 1/3 左右,其余暂时留在矿房中,作为工人继续回采作业的工作台,待矿房全部采完后,再全部放出。留矿采矿法与急倾斜煤层的仓储式采煤法较为相似。这种采矿方法根据其是否在采场内对采下的矿石进行分选,有普通留矿法和选别留矿法之分。

3. 充填采矿法

用充填材料充填采空区进行地压管理,充填是这类采矿方法必不可少的工序。充填采矿法适用于地表需要保护、矿石经济价值高、上部或相邻矿体暂不开采、矿石或围岩具有自燃性和开采技术条件复杂的矿床;适用于开采任何厚度、任何倾角,矿石和围岩从稳固到极不稳固,以及形态复杂的矿体。充填采矿法分为干式充填采矿法、水砂充填采矿法和胶结充填采矿法。

这里主要介绍与充填采矿法区别较大的上向水平分层充填采矿法、下向分层充填采矿法和开采极薄矿脉时的分采(削壁)充填采矿法。

(1)上向水平分层充填采矿法。上向水平分层充填采矿法适用于开采倾斜和急倾斜矿体,它的基本特征是:将矿块划分为矿房和矿柱,分两步骤回采。矿房划分成水平分层,自下而上逐层回采,同时向上逐层充填,称为上向水平分层充填采矿法,如图 2-16 所示。

(2)下向分层充填采矿法。当开采不稳固的高品位矿石或贵重矿石时,如采用上向水平分层充填采矿法,工人势必在暴露的顶板下作业,安全难以保障。如将分层的回采和充填顺序改为由上而下,并为每个分层建造牢固的人工顶板,则可有效地解决安全问题,这样就形成了下向分层充填采矿法。因此,下向分层充填采矿法的基本特征就在于自上而下分层回采并逐层充填,每个分层的回采作业都是在上一分层人工假顶的保护下进行。此外,这种采矿方法不划分矿房和矿柱,整个矿块一步回采,如图 2-17 所示。

(3)分采(削壁)充填采矿法。开采厚度小于 0.3~0.4m 的极薄矿脉时,为使回采作业空间达到最小的允许宽度(一般 0.8~0.9m),就必须采掘部分围岩,而矿石与围岩一般分别回采,采下的矿石运出后,以开掘的围岩充填采空区,并作为工人继续作业的工作台,这种方法称为分采充填采矿法。分采充填采矿法又称为削壁充填采矿法,属于干式充填。此法既可开采水平和缓倾斜矿体,也可开采倾斜和急倾斜矿体,但一般多用于开采急倾斜的极薄矿体。

4. 崩落采矿法

通过崩落围岩进行地压管理,这类采矿方法无须对矿块作进一步划分,而是以矿块为单元一个步骤回采,回采过程中强制或自然崩落围岩充填采空区。

崩落采矿法适用于地表允许陷落,矿体上部无较大的水体和流砂,矿石价值中等以下,不会结块,品位不高,并允许有一定损失和贫化的中厚和厚矿体。尤其是对上盘围岩能大块自然冒落和中等稳固的矿体最为理想。

常用的崩落采矿法有单层崩落采矿法、有底柱分段崩落采矿法、无底柱分段崩落采矿法及阶段崩落采矿法。单层崩落采矿法与单一走向长壁全部垮落采煤法很相似。

(1)有底柱分段崩落采矿法。有底柱分段崩落采矿法主要用于开采急倾斜中厚以上矿体。它的基本特征是:将矿块沿倾斜方向划分成分段,每个分段下部都设出矿底部结构(有底柱),

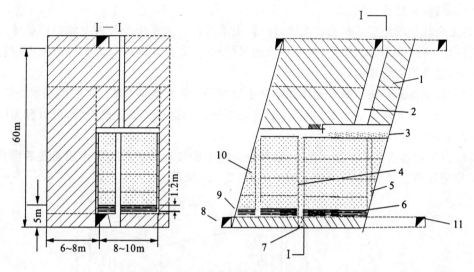

图 2-16 上向分层水力充填采矿法
1.顶柱;2.充填井径;3.矿石堆;4.人行滤水井;5.放矿溜井;6.主副钢筋;7.人行滤水井通道;8.上盘运输巷道;9.穿脉巷道;10.充填体;11.下盘运输巷道

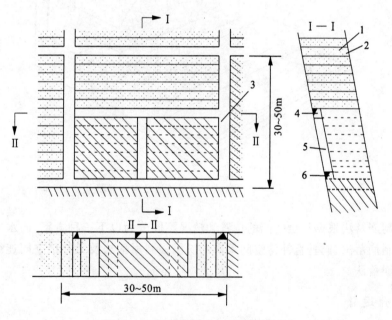

图 2-17 下向分层水力充填采矿法
1.人工假顶;2.尾砂充填体;3.矿块天井;4.分层切割平巷;5.溜矿井;6.运输巷道;7.分层采矿巷道

采下的矿石自崩落废石层下从分段底部结构放出,废石随矿石放出而充填采空区。

由于落矿方式的不同可以分为水平深孔落矿有底柱分段崩落法和垂直深孔落矿有底柱分段崩落法两种。水平深孔落矿有底柱分段崩落法矿块结构明显,每个块段均有独立的出矿、通风、行人及运送材料设备的完整系统,在崩落层下部一般要开掘补偿空间,以进行自由空间爆破。垂直深孔落矿有底柱分段崩落法矿块结构不明显,矿块之间没有十分明确的界限,它落矿采用挤压爆破,并且连续回采。

(2)无底柱分段崩落采矿法。无底柱分段崩落采矿法主要用于开采急倾斜厚矿体。它的基本特征是:将矿块划分为分段,分段不设底部结构(无底柱),落矿和出矿等回采工作都在巷道中进行,崩落围岩管理地压。

(3)阶段崩落采矿法。阶段崩落采矿法主要用于开采急倾斜厚矿体。它的基本特征是:不划分分段,而是沿阶段全高落矿,崩落围岩管理地压。根据落矿方式的不同,可以分为阶段自然崩落法和阶段强制崩落法两种。

阶段自然崩落法又称矿块崩落法,其特征是整个阶段上的矿石在大面积拉底后借助自重与地压作用逐渐自然崩落,并能破成碎块,如图2-18所示。

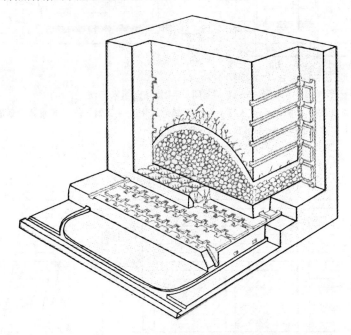

图2-18 阶段自然崩落法结构示意图

阶段强制崩落法根据补偿空间的位置和情况不同分为以下三种方案:向水平补偿空间落矿的阶段强制崩落法、向垂直补偿空间落矿的阶段强制崩落法及无补偿空间连续回采挤压爆破阶段强制崩落法。

四、提升运输

地下矿山生产过程中,矿石和废石从采掘作业面运送到矿仓、选厂或废石场,各种设备、器材运送到作业地点以及作业人员上下班,都离不开运输和提升工作。提升运输是矿山开发中不可缺少的重要环节,对矿山的安全和生产至关重要。

矿山运输提升的方式是根据矿床的开采方法、开拓方式及经济技术条件确定的,而主要运输提升设备的选用又影响开采、开拓方案的确定。地下矿山根据运输提升井巷的不同分为平巷运输、斜井提升和竖井提升。

(1)平巷运输。平巷运输按动力不同可分为人力推车和机械运输;按运输设备不同可分为机车运输、无极绳运输等;机车运输又可分为内燃机车运输、架线式电机车运输和蓄电池电机车运输。

(2)斜井提升。斜井提升按设备不同可分为斜井轨道提升和斜井胶带输运机提升;斜井轨道提升又可分为斜井箕斗提升和斜井串车提升。

(3)竖井提升。竖井提升按提升容器的不同可分为罐笼提升、箕斗提升以及建井时用的吊桶提升;按提升机的不同可分为单绳缠绕式提升和多绳摩擦式提升;按提升方式不同可分为双罐笼提升、单罐笼提升及单罐笼平衡锤提升等。

(一)矿山运输

矿山运输方式有轨道运输、运输机运输、井下卡车运输和架空索道运输。对于煤矿而言,其运输方式主要有轨道运输、皮带运输;对于地下金属矿山主要使用轨道运输。

1. 轨道运输

轨道运输是地下开采矿山主要的运输方式,在露天矿场的运输中也占有重要的地位。轨道运输的主要设备有轨道、矿车、牵引设备和辅助机械设备等。

矿车按用途分为运货矿车、人车和专用矿车(如炸药车、水车)以及运送设备器材的材料车和平板车等,运货的矿车主要有固定车厢式、翻斗式、侧卸式和底卸式等。

牵引设备,在斜巷(斜坡)中主要用绞车(卷扬机)通过钢丝绳牵引(提升)车辆。在平巷和坡度很小的坡道主要用机车;少数矿山在平巷(坡)和斜巷(坡)还使用了无极绳牵引设备。

辅助机械设备主要有翻车机、推车机、爬车机、阻车器等。这些设备对于提高运输提升系统的生产效率、减轻劳动强度和实现运输机械化具有重要作用。

(1)轨道。铺设轨道是为了减少车辆运行的阻力。轨道铺设应牢固而平稳,并且有一定的弹性,以缓和车辆运行的冲击,延长轨道和车辆的使用年限。轨道线路应力求成直线,坡度合乎要求,同时尽量保持平坦一致,弯道的曲率半径应尽量大些,以利于行车。轨道主要由钢轨、轨枕、道床和连接件等组成。

1)钢轨。钢轨的作用是承托和引导运行的车辆,它直接承受车辆的作用力,并将它传递到轨枕上去。中、小型矿山常用的钢轨规格有 8kg/m、11kg/m、15kg/m、18kg/m 和 24kg/m 等。钢轨越重,强度越大,稳定性越好。

2)轨枕。轨枕的作用是承受钢轨传来的载荷,并将它传递到道床上。常用轨枕有木质和钢筋混凝土两种。轨枕的规格取决于轨型及轨距,轻轨枕木厚度一般为 100mm 和 120mm,长度为轨距的 1.8~2.0 倍,轨枕间距一般为 0.7~0.9m。

3)道床。道床的作用是承受轨枕传来的压力,并把它均匀地分布到路基底板上。道碴的材料是碎石,其块度为 20~40mm。在水平或倾角 10°以下的轨道线路,轨枕下面的道碴厚度不得少于 100mm,道碴应埋没轨枕的 2/3。

4)连接件。轨道连接件的作用是在纵向把钢轨接在一起,并将钢轨固定在轨枕上。钢轨之间用鱼尾板及螺栓连接。钢轨与轨枕的连接是通过道钉钉入轨枕后用钉头将轨底紧紧压在轨枕上面或用埋入轨枕的螺栓及螺帽、压板将轨底压紧。

5)轨距。轨距是指直轨道上两根钢轨轨头内侧的距离。矿山窄轨运输的标准轨距为 600mm、762mm 和 900mm,其中 600mm 最为普遍。

(2)弯道。

1) 曲线半径。车辆在弯道上行驶时,由于离心力作用和轮缘与轨道间的阻力作用,增加了运行的困难。离心力和弯道阻力与车辆运行速度、弯道半径和车辆轴距等因素有关,因此最小曲线半径应根据运行速度和轴距来确定。一般当行车速度小于 1.5m/s 时,弯道的曲线半径不小于轴距的 7 倍;速度大于 1.5m/s 时,曲线半径不小于轴距的 10 倍。

2) 轨道加宽。车辆通过弯道时,如轨距和直道相同,则轮缘就会挤压钢轨,阻力增大,车轮甚至挤死在轨道上,或造成脱轨事故。因此,在弯道上必须加宽轨距。

3) 外轨抬高。车辆在弯道上运行时,由于离心力的作用,使车轮向外轨挤压,加剧轮缘与钢轨的磨损,增加运行阻力,甚至出现翻车事故。为了平衡离心力,在弯道处要将外轨抬高。

(3) 道岔。为了使车辆由一条线路驶向另一条线路,需在线路交叉处铺设道岔。道岔的类型很多,一般可分为单开道岔(向右或向左)、渡线道岔、菱形道岔和对称道岔等,如图 2-19 所示。

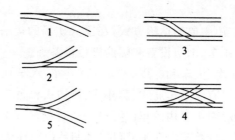

图 2-19 道岔形式
1.右向道岔;2.左向道岔;3.渡线道岔;4.菱形道岔;5.对称道岔

单开道岔由岔尖、基本轨、转辙机构、辙岔、过渡轨、护轮轨组成。岔尖是一端刨刷成尖形的钢轨,与基本轨的工作边紧贴。通过操作转辙机构来移动岔尖的位置,从而实现车辆的转线运行。

(4) 矿车。矿车是井下轨道运输的主要设备。按照卸载方法不同,分为固定车箱式矿车、V 型翻斗车、前倾式矿车、侧卸式矿车和底卸式矿车。

根据生产的要求,按容积(或载重吨位)制造一系列大小不同的各式矿车。固定车箱式矿车坚固耐用,自重小,容积为 0.5~4m³,应用最广。它的缺点是卸载时要推进翻笼,因此只能在固定地点卸载。

V 型翻斗车卸载方便,主要用来运废石,将废石提至地面后,可在废石场卸载线上任一地点卸载。缺点是行驶不够稳定,载重量不能太大,容积为 0.5~1.2m³。

侧卸式矿车在车的一侧有一滑轮,在卸载处滑轮经过导轨使侧帮打开卸载。这种矿车卸载方便迅速,列车不必解体,近年来使用它的矿山日益增多。缺点是侧帮活门易漏粉矿,矿车容积为 1.7~4.3m³。

前倾式矿车容积一般都很小,载重 1t 左右,主要用于小型矿山人力运输,它在轨道尽头的翻车装置上卸载。

底卸式矿车的车底一端是活的,在卸载处车底一端的滑轮经过一段下凹的曲轨使车底打开卸载。这种矿车卸载方便,清扫车箱容易,漏粉矿少,是近年来出现的一种新型矿车,大型矿山常用。

将一定数量的矿车用连接器连在一起组成列车。矿车连接器由铁环和插销组成。大型矿车有的采用自动连接器。除运载矿石和废石的矿车外,还有专门运送材料的材料车、运送人员的人车以及炸药车等辅助运输车辆。

(5)电机车。井下运输用的电机车有架线式和蓄电池式两种。架线式电机车由受电弓子将电流自架空导线通入电机车的电动机,利用轨道做回路返回。这种电机车一般是用直流电做电源,因此要在地下设变流所将交流电变成直流电(个别矿山也有用交流电机车的)。这种电机车结构简单,运转维护容易,运输费用低。它的缺点是只能在架线的巷道中运行,弓子受电与架线接触处经常发生火花,不能用于有瓦斯爆炸危险的矿山。

蓄电池电机车由本身附带的蓄电池供电,每工作一班要回到充电站更换蓄电池。它不需架线也不产生火花,但设备费和运输费用高,因此只用于有瓦斯爆炸危险的矿山,或在运距不大、未安架线的临时巷道中做辅助运输。

(6)轨道运输的辅助设备。为了提高提升和调车场的生产效率,减轻工人劳动强度,实现运输机械化,常在装车站、井底车场和地面运输轨道中设置翻车机、推车机、爬车机、阻车器和限速器等辅助设备。

2.运输机运输

(1)胶带输送机运输。胶带输送机是以胶带兼作牵引机构和承载机构的连续运输设备。它可运送矿石、废矿、粉末状物料和成件物品,具有结构简单、噪音小、生产效率高等优点,因此在矿山广泛应用,如图2-20所示。

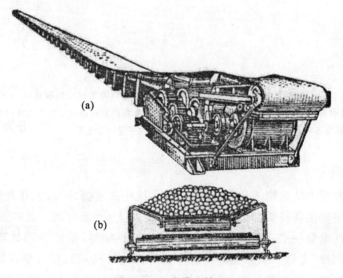

图 2-20 胶带运输机
(a)胶带运输机;(b)皮带运输机的机身断面图

(2)刮板运输机。刮板运输机又叫链板运输机,主要用于回采工作面的运输,也可用于采区巷道和掘进工作面的运输。可沿水平巷道,也可沿倾斜巷道运输。沿倾斜向上运输时,倾角不超过35°,沿倾斜向下运输时,倾角不超过25°。

3.井下卡车运输

井下卡车运输是一种柴油无轨运输,国外地下矿山已广泛使用。据有关资料统计,美国、澳大利亚等国家无轨运输占总产量的80%以上。由于地下矿山无轨装、运、卸设备的发展,推动了世界地下矿山无轨化。近年来我国无轨运输也有很大发展。

4. 架空索道运输

架空索道是通过架设在空中的钢丝绳来运输货物的。在地形复杂的金属矿山,索道可以直接跨越较大的河流和沟谷,翻越陡峭的高山,因而可以缩短两点间的运输距离,减少基建的土石方工程量,并且无须构筑桥梁涵洞。架空索道在矿山主要用来运输矿石,也可用来运送废石、材料等物品,如图2-21所示。

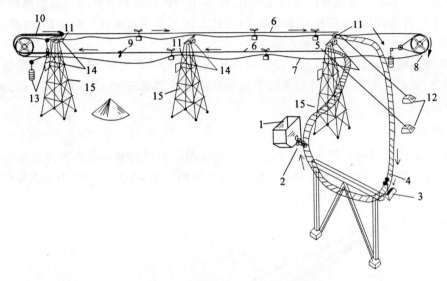

图2-21 双绳式架空索道示意图

1.矿仓;2.给矿溜槽;3.矿斗;4.调车钢轨;5.行车钢丝绳与调车钢丝绳联接点;6.行车钢丝绳;7.牵引钢丝绳;8.主动摩擦轮;9.卸载拨动杠杆;10.弯曲钢轨;11.扇形托绳座;12.行车钢丝绳的锚绳基础;13.行车钢丝绳配重;14.牵引钢丝绳托轮;15.支架

(二)矿井提升

矿井提升即井筒中的运输工作,是全矿运输系统中的重要环节,尤其是竖井和斜井开拓的矿山。提升设备主要供各种矿山的竖井及斜井作升降人员、提升或下放矿石、废石、材料、设备和工具等用。其耗电量一般占矿井总耗电量的20%～40%,是地下开采矿山的四大设备之一,有地下矿山"咽喉"之称。矿井提升设备由提升机、提升容器、提升钢丝绳、井架、天轮以及装卸载附属设备组成。矿井提升机的工作是使罐笼或箕斗在矿井中以高速作往复运动,要求提升机运行准确,安全可靠。否则,一旦发生事故,不仅会使全矿生产陷于停顿,而且有可能造成人身伤亡事故(尤其是运送人员)。矿井提升机由机械和电气装置组成,如图2-22所示。

提升设备可从不同角度进行分类:

(1)按用途划分,可分为主井提升设备和副井提升设备。主井提升设备主要用于提升煤炭或矿物;副井提升设备主要用于提升矸石,升降人员、设备,下放材料等。

(2)按提升容器划分,可分为箕斗提升设备和罐笼提升设备。箕斗提升设备用于主井提升;罐笼提升设备用于大型矿井的副井提升,也可兼作小型矿井的主井提升。

第二章　采矿概论

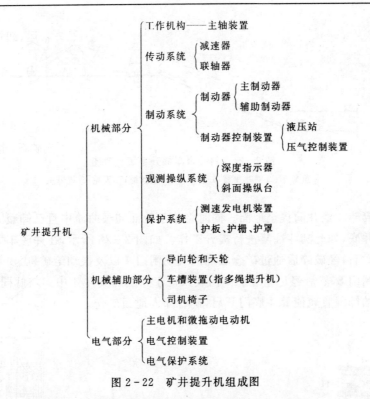

图 2-22　矿井提升机组成图

(3)按提升机类型划分,可分为缠绕式提升设备和摩擦式提升设备。

(4)按井筒倾角划分,可分为立井提升设备和斜井提升设备。

图2-23为竖井普通罐笼提升设备示意图。罐笼2位于井底车场进行装载,另一罐笼则正处于地面卸载水平。两条提升钢丝绳5的一端接罐笼,另一端绕过位于井架6上的天轮4以相反的方向缠绕并固定在提升机3的两个卷筒上,启动提升机后,位于井底且已装载完毕的重载罐笼经井筒1被提升至地面,同时位于地面卸载水平且已卸载完毕的空载罐笼被下放,如此往复完成提升工作。

斜井有箕斗提升、台车提升、串车提升三种容器,与竖井提升容器的区别在于斜井提升设备的容器有轮子在轨道上运行。图2-24为斜井串车提升系统示意图,图2-25为竖井箕斗提升设备示意图。井下开采的矿石通过阶段运输平巷运到位于井底车场硐室1中的翻车器卸入井下矿仓2内,再通过装载设备的闸门3将矿石装入停于井底的箕斗4中,此时另一箕斗7位于地面井架6的卸载曲轨8中。翻卸的矿石可通过地面矿仓9运走,两条提升钢丝绳14,一端与箕斗相连,另一端则绕过井架上的两个天轮11而引至提升机房13,且以相反方向缠绕在提升机12的两个卷筒上,起动提升机,可将位于井底已装

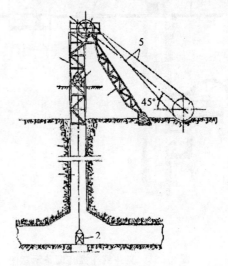

图 2-23　竖井普通罐笼提升设备示意图
1.井筒;2.罐笼;3.提升机;4.天轮;5.钢丝绳;
6.井架;7.井架斜撑

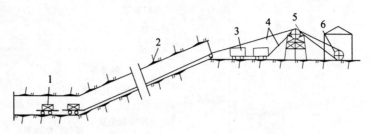

图 2-24 斜井串车提升系统示意图
1.重矿车;2.斜井井筒;3.空矿车;4.钢丝绳;5.天轮;6.提升机

载完毕的重载箕斗 4 经井筒提至地面。同时将位于地面卸载曲轨中且已卸载完毕的空载箕斗经井筒下放至井底,如此箕斗往复进行提升工作。如图 2-26 所示,在井底车场卸载站底卸式矿车 6 卸下的矿石,经破碎后通过矿仓底部的气动闸门 7 以及振动给矿机、皮带运输机等运至箕斗记重装矿闸门 8,然后经记重装矿闸门装入位于井底的箕斗 4 中。与此同时,另一箕斗借安装在井塔上的卸载直轨使箕斗底门开启,矿石卸入地面矿仓。

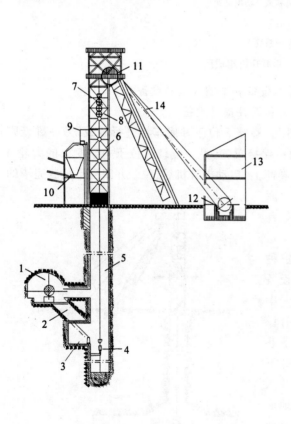

图 2-25 竖井箕斗提升设备示意图
1.井底车场硐室;2.井下矿仓;3.闸门;4.箕斗;5.井筒;6.井架;7.箕斗;8.卸载曲轨;9.地面矿仓;10.闸门;11.天轮;12.提升机;13.提升机房;14.钢丝绳

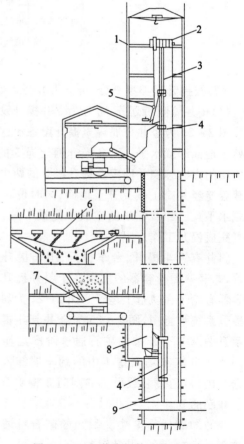

图 2-26 竖井多绳箕斗提升设备示意图
1.井塔;2.多绳摩擦式提升机;3.首绳;4.底卸式箕斗;5.卸载直轨;6.底卸式矿车;7.闸门;8.记重装矿闸门;9.尾绳

五、矿井通风

矿井通风是矿山企业持续、安全、正常、高效生产的先决条件。矿井通风的基本任务是不断地向井下作业地点供给足够数量的新鲜空气,稀释和排出各种有毒、有害、放射性和爆炸性气体以及粉尘,调节气候条件,确保作业地点良好的空气质量,创造一个安全、舒适的工作环境,保证矿工的安全和健康,提高劳动生产率。

矿井通风系统是指向矿井各作业地点供给新鲜空气,排除污浊空气的通风网络、通风动力及其装置和通风控制设施(通风构筑物)的总称。矿井通风系统与井下各作业地点相联系,对矿井通风安全状况具有全局性影响,是搞好矿井通风防尘的基础工程。无论新设计的矿井还是生产矿井,都应把建立和完善矿井通风系统作为搞好安全生产、保护矿工安全健康、提高劳动生产率的一项重要措施。矿井通风系统按服务范围分为统一通风和分区通风;按进风井和回风井在井田范围内的布局分为中央式(中央并列式和中央分列式)、对角式(两翼对角式和分区对角式)通风和混合式通风。此外,阶段通风网络、采区通风网络和通风构筑物也是通风系统的重要构成要素,防止漏风、提高有效风量率是矿井通风系统管理的重要内容。

(一)统一通风和分区通风

一个矿井构成一个整体的通风系统称为统一通风。一个矿井划分为若干个独立的通风系统,风流互不干扰,称为分区通风。拟定矿井通风系统时,首先要考虑采用统一通风还是分区通风。

统一通风,全矿一个系统,进风排风比较集中,使用的通风设备也较少,便于集中管理,对于开采范围不太大、采掘顺序正规、生产工作集中、控制设施好、管理水平高的矿井,特别是深矿井,采用全矿统一通风比较合理。

分区通风具有风路短、阻力小、漏风少、费用低以及网路简单、风流易于控制、有利于较少风流串联和合理进行风量分配等优点,因此在一些矿体埋藏较浅且分散的矿山或矿井开采浅部矿体的时期得到了广泛应用。但是,由于分区通风需要具备较多的进排风井,它的推广使用就受到一定的限制。是否适合分区通风,主要看开凿通达地表的通风井巷工程量的大小或有无现成的其他井巷可供利用。一般来说,在下述条件下,采用分区通风比较有利:

(1)矿体埋藏较浅且分散,开凿通达地表的通风井巷工程量较小,或有现成的井巷可供利用。

(2)矿体埋藏较浅、走向长、产量大,若构成一个通风系统,风路长,漏风大,网路复杂,风量调节困难。

(3)开采围岩或矿石有自然发火危险的规模较大的矿井。

分区通风不同于在一个矿区内因划分成几个井田开拓而构成的几个通风系统。分区通风的各系统处于同一开拓系统之中,井巷间存在一定的联系。分区通风也不同于多台风扇机在一个通风系统中联合作业。分区通风的各系统不仅各具独立的通风动力,而且还各有完整的进回风井巷,各系统之间相互独立。实行分区通风应合理划分通风区域。通常将矿量比较集中、生产上密切相关的地段划在一个通风区域内。

(二)进出风井的布置

每一通风系统至少有一个可靠的进风井和一个可靠的回风井。在一般情况下,均以罐笼提升井兼作进风井,箕斗井和箕斗、罐笼混合井则不做进风井。这是因为装卸矿过程中产生大量粉尘能造成风流污染的缘故。排风井通常均为专用,因为排风风流中含有大量的有毒气体和粉尘。根据进风井的相对位置,可分为以下三种布置方式:

(1)中央式通风。进风井和出风井大致位于井田走向的中央,而且彼此靠近,一般相距30~50m,如图2-27所示。这种方式由于漏风严重等缺点,现场采用不多,仅在矿体埋藏较深,或受地形、地质条件限制,在矿田两翼不宜开掘风井时,可考虑采用。

(2)对角式通风。进风井位于矿体中央,出风井位于矿体走向两翼,即两翼对角式;或者进风井在矿体一翼,出风井在矿体另一翼,即单翼对角式,如图2-28所示。由于这种布置方式具有风流线路短、风压损失小、漏风少、排出的污风距工业场地较远等优点,在我国矿山中广泛使用。

(3)混合式通风。进出风井由三个以上井筒组成,并按中央式和对角式混合布置,如图2-29所示。它适用于矿体走向长、多矿体、多井筒的矿山。

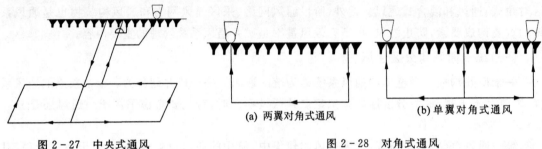

图2-27 中央式通风　　　　　图2-28 对角式通风

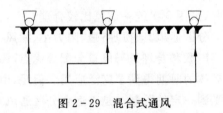

图2-29 混合式通风

进风井与回风井的布置形式虽可归纳为上述几类,但由于矿体赋存条件复杂,开拓、开采方式多种多样,在矿井设计和生产实践中,要结合各矿具体条件,因地制宜,灵活运用,而不要受上述类别的局限。

(三)矿井通风网路

矿井中风流的引进、分布、汇集和排出是通过许多彼此连接的井巷进行的。风流通过的井巷所组成的巷道网称为通风网路。由于井下各种井巷纵横交错,通风网路的连结形式十分复杂。但最基本的形式有以下三种:

(1)串联通风网路。两条或两条以上的井巷首尾相连接,中间没有分岔的连接形式称为串联通风网路。串联网路中,各条巷道通风量相等,不能调节;通风总阻力较大,前段巷道的污风流经后面的巷道,污染作业环境。因此,各工作面之间应尽量避免串联通风。

(2)并联通风网路。两条或两条以上的井巷在同一点分开,又在另一点汇合,中间无交叉巷道的连接形式称为并联通风网路。在并联网路中,通风总风阻比任一分支巷道的风阻小;各分支巷道的风流是独立的,通风效果好,可以进行风量调节。因此,矿井中应尽量采用并联通风网路。

(3)角联通风网路。在两并联巷道之间,另有一条或几条巷道相连通所构成的网路称为角联通风网路。在该网路中,由于对角巷道的风流方向不稳定,有时可能无风,给通风管理工作造成困难。因此,应尽量避免角联通风网路。

(四)矿井通风动力

为了将地面新鲜空气不断输送到井下,并克服井巷阻力而流动,使工作面获得所需风量,矿井通风系统中必须有足够的通风动力。矿井通风的动力有两种:自然风压(称自然通风)和扇风机风压(即机械通风)。

1. 自然通风

(1)基本概念。凡是利用自然条件产生通风压力促使矿井空气在井巷中流动的通风方法称为自然通风。自然通风形成的原因主要是由于风流流过井巷时与岩石发生了热量交换,使得进、回风井里的气温出现差异,使进、回风井空气重率不同,因而两个井筒底部的空气压力不相等,其压差就是自然风压。在自然风压的作用下风流不断流过矿井形成自然通风。

由于自然通风是因为进、回风井空气重率的不同形成的,因此自然通风受地面空气温度变化的影响很大。在冬季,由于地面温度低,进风井空气重率大,风流由进风井向出风井方向流动(正方向);夏季则风流方向相反(负方向);在春秋季节,由于地表与井内空气温差不大,自然风压很小,有时可能造成风流停滞现象。在高山地区,因昼夜温差大,风流方向可能昼夜间发生改变。正因为自然风压的大小及风流方向极不稳定,所以矿井不能采用单一的自然通风,而应采用机械通风。

对于装有通风动力的矿井,上述自然通风风压依然存在。若设通风动力在回风侧抽出式或在进风侧压入式工作,当炎热季节温度很高的地面空气流入进风井巷以后,其热量虽然不断传给岩石,但最终仍然形成进风井里的空气重率还小于回风井里的空气重率,进风井空气柱的重量比回风井的还轻,这时自然风压的方向就与通风动力的通风方向相反,形成阻力,通风动力不仅要克服井巷通风阻力,还要克服反向的自然风压。在冬季,情况正好相反,自然风压能够帮助通风动力去克服井巷通风阻力。

(2)自然通风的特性。实践表明,自然通风对矿井有效通风的作用,有时表现为积极的一面,有时却表现为消极的一面。因此,要深入认识矿井自然通风的特点和规律,以便能够更好地利用和控制自然通风。

根据现有的研究和认识,自然通风的规律和特点如下:

1)影响自然风压的因素

①地表气温的变化。由于矿区地形、开拓方式和矿井深度的不同,以及是否采用主扇通风,地表气温变化对自然风压的影响程度也有所不同。对于山区平硐开拓的矿井,或者井筒开拓的浅矿井,自然风压受地表气温变化的影响较大,因而自然风压的变化较大,一年之间自然风压的大小和方向一般表现为如图2-30所示的变化;特别是平

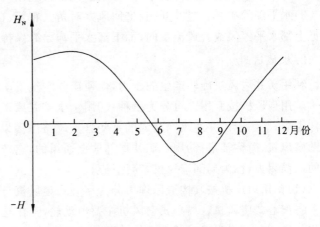

图2-30 自然风压的变化

硐开拓的矿井,在夏秋季节有时一日数变,甚至还受天气变化的影响。

在侵蚀基准面以下竖井开拓的深矿井,由于地温随深度增加而增加,地面空气进入矿井后与岩体发生热交换,地表气温的影响就比较小了,从而自然风压大小一年内虽有变化,大体方向一般不太可能变化,特别是有主扇通风的情况下。

②矿井深度。可以近似地认为,自然风压的大小与矿井深度成正比。深达 1 000 余米的矿井,"自然通风能"约占总通风能的 30%。有一个 1 000m 深的矿井,主扇运转时风量为 90m^3/s,而当主扇停止运转时自然通风量仍达 20~65m^3/s。

③地面大气压。由于地面大气压变化不大,从而它对自然风压的影响也很小。

④矿井内空气的成分和湿度。各种气体的气体常数是不同的。按照道尔顿定律,可以算出含有不同气体成分的空气气体常数,由此可以算出它对空气密度的影响。但在一般情况下,这种影响很小,在计算自然风压时可不予考虑。空气湿度的影响一般也不予考虑。但是,在深矿井中,从回风井排出空气时,空气常呈过饱和状态,空气中含有不少液态水分,排走这些水分必然要消耗附加的能量。如果矿井没有主扇,这份能量消耗就有赖于空气做的功(即自然通风能),从而削弱了原可用于全矿通风的风压。

⑤扇风机工作的影响。主扇工作对自然风压大小的影响甚小,一般予以忽略。但是,在主扇反风时,人为地形成了新的风流方向,原来的进风井成为回风井;若在冬季,由于岩体热量传给空气,使原进风井内气温增高,这种温差关系(两井筒内)既已形成,即使主扇停止运转,自然风流仍能保持主扇反风时的方向。也就是说,主扇反风能形成一个与原来自然风压方向相反的新的自然风压。

⑥风量的影响。冬季,如果风量增大,进风井冷空气增多,进风井内平均气温略有降低,那么自然风压少许增大;夏季则相反。但是,对于一般矿井这种影响不大,为计算简便,可忽略不计,而认为自然风压不随风量而变。

2)矿井有几个水平,各个水平皆有各自的自然风压。当没有主扇而是自然通风时,各水平的自然通风量取决于各自水平的自然风压和相关的风阻;即使上部水平原已采完和封闭,而后一旦偶然开启,也不会出现用主扇通风式时的那种上部短路现象而显著影响下部水平的通风量。当有主扇通风时,各个水平的自然风压将与主扇共处于矿井通风网络中联合作业,全矿井巷及其各个水平的通风流状况(风向与风量大小),应作具体分析才能了解。

3)水平深的矿井。竖井开拓、进回风井对角式布置、自然通风时,由于进风气温的变化,故常见上部水平停风或者风流反向,而下部水平却始终保持一定的风流方向。

2. 机械通风

利用矿井扇风机旋转产生的压力,促使矿井空气流动的通风称为机械通风。

矿用扇风机按其用途可分为三种:①用于全矿井或矿井某一翼(区)的,称为主力扇风机,简称主扇;②用于矿井通风网路内的某些分支风路中借以调节其风量、帮助主扇工作的,称为辅助扇风机,简称辅扇;③用于矿井局部地点通风的,它产生的风压几乎全部用于克服它所连接的风筒阻力,称为局部扇风机,简称局扇。

(1)矿用扇风机按其构造原理可分为离心式扇风机与轴流式扇风机两大类。

①离心式扇风机。离心式扇风机主要由动轮(工作轮)、螺旋形机壳、吸风管和锥形扩散器组成。有些离心式扇风机还在动轮前面装设具有叶片的前导器(固定叶轮)。前导器的作用是使气流进入动轮入口的速度发生扭曲(前导器叶片给风机导向),以调节扇风机产生的风压。

动轮是由固定在主轴上的轮毂和其上的叶片所组成;叶片按其在动轮出口处安装角的不同,分为前倾式、径向式和后倾式三种。工作轮入风口分为单侧吸风和双侧吸风两种。

②轴流式扇风机。轴流式扇风机主要由工作轮、圆筒形外壳、集风器、整流器、前流线体和环行扩散器所组成。集风器是一个壳呈曲面形、断面收缩的风筒。前流线体是一个遮盖动滑轮轮毂部分的曲面圆锥形罩,它与集风器构成环形入风口,以减小入口对风流的阻力。工作轮是由固定在轮轴上的轮毂和等距安装的叶片组成。叶片的安装角 θ 可以根据需要来调整。一个动轮与其后的一个整流器(固定叶轮)组成一段。为提高产生的风压,有的轴流扇风机有两段动轮。

当动轮叶片(机翼)在空气中快速扫过时,由于翼面(叶片的凹面)与空气冲击,给空气以能量,产生了正压力,空气则从叶道流出;翼背牵动背面的空气而产生负压力,将空气吸入叶道,如此一吸一推造成空气流动。空气经过动轮时获得了能量,即动轮的工作给风流提高了全压。

整流器用来整流由动轮流出的旋转气流以减少涡流损失。环形扩散器是轴流式风机的特有部件,其作用是使环状气流过渡到柱状(风硐或外扩散器内的)空气流,使动压逐渐变小,同时减小冲击损失。

(2)根据扇风机安装位置不同,主要扇风机的工作方式可以分为抽出式、压入式和混合式三种。

①抽出式。扇风机安装在出风井井口附近。在扇风机的作用下,整个通风系统的空气压力低于地面大气压力,矿井内空气呈负压状态,称为负压通风,如图2-31所示。

适用条件:回风段易于维护,与地表沟通的通道少的充填法矿井;矿体埋藏较深或回采后采空区易于密闭及覆盖岩层厚、透气性不强的崩落法矿井;贯通地表的运输平硐多,不宜多处安装自动风门的矿井;矿石围岩有自燃发火危险的矿井。

②压入式。扇风机安装在进风井井口附近。在扇风机作用下,整个通风系统的空气压力大于地面大气压,矿井内空气呈正压状态,属正压通风,如图2-32所示。

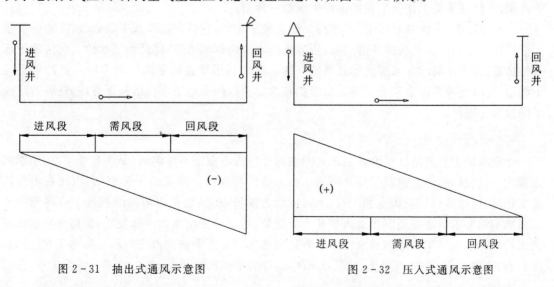

图2-31 抽出式通风示意图　　　　图2-32 压入式通风示意图

适用条件:回风段与地表沟通多,难于密闭和维护,如平硐开拓的钨矿及由露天转地下的矿井;进回风井口高差大,及高海拔平硐溜井开拓的矿井;矿体埋藏较浅,回采区有大量井巷通地表或覆盖岩层较薄、透气性强的崩落法矿井；矿体端部勘探不清,只能用临时性回风小井以及受地形条件限制,无适当位置设回风井和主扇的矿井；矿岩节理裂隙发育的含铀金属矿井。

③混合式。两台或两台以上的扇风机,一台为压入式,一台为抽出式,如图2-33所示。

适用条件：矿井主要漏风段在需风段,而进回风段均易密闭和维护;不允许风流经由崩落采空区漏风的矿井;矿井的进、回风段漏风都很大,为了使矿井风压分布均匀,降低高风压区段的风压以减少漏风;通风线路长,矿岩节理裂隙发育的含铀金属矿井。

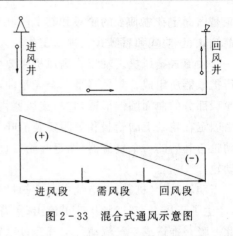

图2-33 混合式通风示意图

六、矿井防水和排水

(一)矿井防水

如果只用加强排水的方法来治理矿井水患,很显然是一种比较消极的办法,有时还可能造成地表水与井下水的往复循环,正确的途径是贯彻以防为主、防排结合的方针。井下涌水的发生,必须具备水源和涌水通路两个条件,因此一切防水措施都应从消除水源及杜绝涌水通路两方面着手。矿井防水可分为矿床疏干、地面防水、地下防水。

1. 矿床疏干

矿床疏干是借助巷道、疏水钻孔等手段,在基建前或基建过程中,即采矿之前就先降低地下水位,以保证采掘工作安全和正常而采取的一种措施。

疏干方法有：①深井泵疏干法(亦称为地表疏干法)。它是在需要疏干的地段,在地面钻凿大口径钻孔安装深井泵或深井潜水泵,依靠孔内水泵的排水工作,降低地下水位。它适用于疏水性良好、含水丰富的含水层。②巷道疏干法。它是利用垂直地下水流动方向布置的若干疏干巷道,有时还经常配合从疏干巷道钻凿的疏水钻孔以降低地下水位的疏干方法,这种方法疏干的效果比较好。

2. 地面防水

地面防水主要是防止汇水面积不大的坡面径流或小型季节性河流(旱季流量很小,雨季水量骤增)的洪水,实际上也就是防洪问题。由于防洪与农田水利关系十分密切,因此在考虑防洪工程时,应注意保护农田水利工程,不占或少占农田,在满足矿山防洪的前提下应尽量考虑农田水利的要求。防止地表水进入矿井十分重要,特别是在雨季山洪暴发时,突然而来的大量洪水均能沿着与井下相连的通路注入矿井造成水灾。在雨季前后都应对所有防水工程进行详细检查,在洪水期,要发动群众,组织防汛队伍,准备必要的防洪器材。

3. 地下防水

地下防水的任务是预防突然涌水,限制和阻挡地下水进入矿井。使用防渗帐幕来解决整个矿山防治地下水问题已取得了成功,这就是我国矿山防水工作的新途径。为了在发生水灾的情况下能与水源隔绝,应在适当的地点构筑防水门或防水墙。防水门设置在既要防水又要运输行人的巷道内,防水墙设置在需要永久截水的地方。

(二)矿井排水

矿井排水方式可分为自流式和扬升式两种。自流式排水是利用平硐自然排水。扬升式排水是借助水泵将水排至地面,可分为固定式和移动式两种,井下水泵房一般都是固定式的。只有在掘进竖井和斜井时,才将水泵吊在专用的钢丝绳上,随掘进面前进而移动。

矿井排水系统可分为独立排水系统、接力排水系统和集中排水系统,如图 2-34 所示。对于独立排水系统,每个水平设水泵房直接排水,如图 2-34(a);对于接力排水系统,下水平水排至上水平直至排到地表,如图 2-34(b);对于集中排水系统,各水平的水汇集在一起再排至地表,如图 2-34(c)。

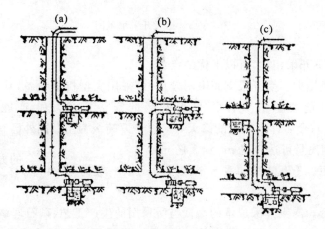

图 2-34 矿井排水系统图

七、其他系统

矿井其他系统有供风系统、供水系统、供配电系统、地面生产系统以及监测监控系统等。

第二节 矿山露天开采

一、露天开采概述

(一)露天开采的特点

由于矿床赋存条件的不同,矿床开采按处理围岩的方法分为地下开采(围岩不采出)和露天开采(围岩采出)两类。而露天开采又分为机械开采和水力开采两类。

机械开采的露天矿是用一定的采掘运输设备,在敞露的空间里进行开采作业。为了采出矿石,需将矿体周围的岩石及其覆盖岩层剥离掉,通过露天沟道或地下井巷把矿石和岩石运至地表(图 2-35)。搬移岩土的生产过程称为剥离,开采矿石的生产过程称为采矿。露天开采是剥离和采矿的总称。

水力开采是利用水枪的高压水射流冲采矿石并用水力冲运。此法多用于开采松散砂矿床。

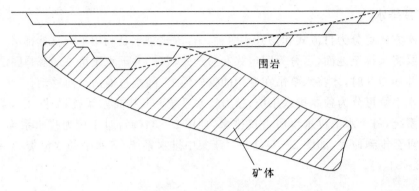

图 2-35 露天开采示意图

露天开采与地下开采相比，有以下优缺点：

(1)矿山生产规模大。受开采空间限制较小，可采用大型机械设备，从而大大提高开采强度和矿石产量。目前我国五大露天采煤矿区的露天矿单坑生产能力均在 800 万～1 500 万 t/年(原煤)，今后计划兴建的露天煤矿以千万吨级为主。国外已有年产原矿 5 000 万 t/年的露天矿，年剥离量可达 1 亿 m^3 到 3 亿 m^3。

(2)建设周期短。千万吨级的露天矿区建设周期一般为 3～4 年，移交到达产期需 1～3 年。

(3)开采成本低。露天开采成本的高低与所采用的生产工艺、矿石埋藏条件、矿岩运距、开采单位矿石所需剥离的岩土数量等有关。据统计，世界露天开采成本约为地下开采成本的 1/2。目前我国露天采煤成本为地下采煤成本的 1/3～1/2。

(4)劳动生产率高。据统计，世界露天采矿劳动生产率是地下开采的 5～25 倍，我国露天采煤的劳动生产率为地下开采的 5～10 倍。

(5)吨矿投资低。据我国东北地区及晋陕蒙地区投资估算及统计，露天矿单位吨煤投资比地下矿井平均单位投资低 20%～30%。

(6)资源采出率高。由于露天开采的特点，露天开采时资源回收率较高，一般达 95%以上，还可以顺便采出伴生矿物。据我国 1989 年统计，全国矿井煤炭资源平均回收率为 32%，集体煤矿为 10%左右，而露天矿回收率一般均在 95%以上。

(7)木材、金属、电力的消耗少。据我国露天煤矿的资料统计，露天开采吨煤消耗的木材为矿井开采的 1/13，消耗的金属材料比矿井开采少 61%，电力消耗节省 67%。

(8)作业安全，劳动条件好。露天矿百万吨死亡率仅为国有重点煤矿矿井的 1/30。能开采易燃、多水、超级瓦斯等采用井工开采较困难的矿床。

(9)占用土地多。露天矿剥离物排弃往往占用很多的土地和耕地。

(10)对环境污染较大。露天开采作业过程中排出的粉尘较高；汽车运输排出的一氧化碳逸散到大气中；排弃物淋滤出的废水中有害成分污染江湖和农田等。

(11)受气候影响大。严寒、风雪、酷暑、暴雨等都会影响露天矿的正常生产。

(12)对矿床赋存条件要求严格。露天开采范围受到经济条件限制，只能开采矿体厚度大，且埋藏相对较浅的矿床。

(二)露天开采技术的发展

我国现有露天矿生产采用的开采程序都比较单一,主要采用缓工作帮、全境界开采方式。铁矿和煤矿绝大多数采用工作线呈平行走向分布、垂直走向推进的纵向开采方式,少数露天铁矿采用工作线沿走向推进横向开采方式;有色矿山采用部分纵向开采、部分横向开采方式;少数金属露天矿采用分期开采和分区开采。

露天矿开拓的核心问题是运输方式。目前采用的开拓方法主要有铁路运输、公路运输、铁路与公路联合运输、平硐溜井、汽车箕斗联合运输、汽车破碎机带式输送机运输等。

穿孔是坚硬矿岩露天矿的主要生产环节之一。目前我国金属矿山主要采用孔径 250mm 的牙轮钻和孔径 200mm 的潜孔钻,部分矿山使用孔径 310mm 的牙轮钻和孔径 250mm 的潜孔钻。在矿岩硬度比较大的露天矿,有用牙轮钻更新现有潜孔钻的趋势。

在我国露天开采铁矿石、有色金属矿石和冶金辅助原料矿石的技术发展较快,化工及建材系统多数属中小型露天矿。近年来,我国露天矿在爆破技术和新型炸药研制方面取得较大进展。在爆破技术方面推广应用大区微差爆破、压碴爆破、减震爆破和光面爆破。在露天矿基建剥离时,成功地进行了万吨级大爆破和数十次百吨级和千吨级的大爆破,掌握了在各种复杂条件下进行松动爆破、抛掷爆破及定向爆破的技术。在炸药加工方面,成功研制出了多种铵油炸药、多孔粒状铵油炸药、乳化炸药和防水浆状炸药。

我国今后露天开采技术的发展方向是开采规模大型化、工艺设备大型化、工艺连续化和半连续化、开拓方式多样化和强化开采,并且扩大电子计算机、系统工程等学科在露天矿设计、规划和生产中的应用,便于选择最优方案,并使生产管理现代化。

二、露天矿台阶构成要素

根据矿床埋藏的地形条件,露天矿分为山坡露天矿和凹陷露天矿。它们是以露天开采境界封闭圈划分的。封闭圈以上为山坡露天矿,封闭圈以下为凹陷露天矿。露天开采所形成的采坑、台阶和露天沟道的总和称为采矿场。

露天开采时,通常是把矿岩划分成一定厚度的水平分层,自上而下逐层开采,并保持一定的超前关系,在开采过程中各工作水平在空间上构成了阶梯状,每个阶梯就是一个台阶或称为阶段。台阶是露天采矿场的基本构成要素之一,是进行独立剥离和采矿作业的单元体。台阶构成要素如图 2-36 所示。

台阶朝向采空区一侧的倾斜面叫做台阶坡面。它与水平面的夹角叫做台阶坡面角。台阶上部平台与坡面的交线叫坡顶线。台阶下部平台与坡面的交线叫坡底线。台阶上部平台与下部平台间的垂线高度叫台阶高度。

开采时,将工作台阶划分成若干个条带逐条顺序开采,每一个条带叫做采掘带。各台阶上部平盘和下部平盘是相对的,一个台阶的上部平盘同时又是其上一个台阶的下部平盘。台阶通常是用开采该台阶的下部平盘(即装运设备站平盘)的标高表示,故常把台阶叫做某水平。

三、露天矿采场构成要素

露天矿采场构成要素如图 2-37 所示。由结束开采工作的台阶平台、坡面和出入沟组成的露天采场的四周表面称为露天矿场的非工作帮或最终边帮(图 2-37 中的 AC、BF)。位于

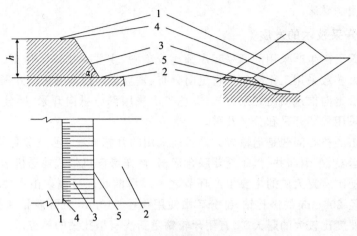

图 2-36 台阶构成要素

1.台阶上部平盘；2.台阶下部平盘；3.台阶坡面；4.台阶顶线；5.台阶坡底线；α.台阶坡面角；h.台阶高度

矿体下盘一侧的边帮叫做底帮，位于矿体上盘一侧的边帮叫做顶帮，位于矿体走向两端的边帮叫做端帮。

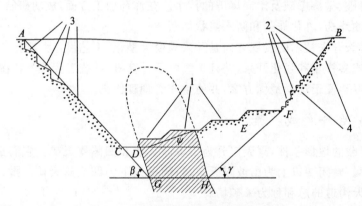

图 2-37 露天矿采场构成要素示意图

1.工作平盘；2.安全平台；3.运输平台；4.清扫平台

  由正在进行开采和将要进行开采的台阶所组成的边帮叫露天矿场的工作帮（图 2-37 中的 DF）。工作帮的位置是不固定的，它随开采工作的进行而不断改变。通过非工作帮最上一个台阶的坡顶线和最下一个台阶的坡底线所作的假想斜面，叫做露天矿场的非工作帮坡面或最终帮坡面（图 2-37 中的 AG、BH）。该帮坡面是代表露天矿场边帮的最终位置，在分析研究问题时，用它代替边帮的实际折线，可使问题简化并保证足够的精确性。最终边帮坡面与水平面的夹角叫做最终帮坡角或最终坡面角（图 2-37 中的 β、γ）。

  通过工作帮最上一个台阶坡底线与最下一个台阶的坡底线所作的假想斜面，叫做工作帮坡面（图 2-37 中的 DF）。工作帮坡面与水平的夹角叫做工作帮坡角（图 2-37 中的 ψ）。工作帮的水平部分叫做工作平盘（图 2-37 中的 1）。即台阶构成要素中的上部平盘和下部平盘，它是作为安装设备进行穿孔爆破、采装和运输工作的场地。

  最终帮坡角和工作帮坡角在露天矿设计和生产中具有十分重要的意义，其大小直接影响露天开采境界和露天矿的生产能力。

最终帮坡面与地表的交接线为露天矿场的上部最终境界线(图 2-37 中 A、B 点)。最终帮坡面与露天矿场底平面的交线为下部最终境界线(图 2-37 中的 G、H 点)。上部最终境界线所在水平与下部最终境界线所在水平的垂直高度为露天矿场的最终深度。

非工作帮上的平台,按其用途不同可分为安全平台、运输平台和清扫平台。安全平台(图 2-37 中的 2)是用作缓冲和阻截滑落的岩石,同时还用作减缓最终帮坡角,以保证最终边帮的稳定性和下部水平的工作安全。宽度一般为台阶高度的 1/3。运输平台(图 2-37 中的 3)是作为工作台阶与出入沟之间运输联系的通路。它设在与出入沟同侧的非工作帮和帮沟上,其宽度由所采用的运输方式和线路数目决定。清扫平台(图 2-37 中的 4)是用作阻截滑落的岩石,并用清扫设备进行清扫,它又起安全平台的作用。每隔 2~3 个台阶在四周的边帮上设一清扫平台,其宽度依所采用的清扫设备而定。

四、露天矿山剥采比

露天开采与地下开采相比,重要特点之一是要进行大量的剥离。为了采出矿石,需要剥离一定数量的岩石。剥离的岩石量与采出矿石量之比,即每采一吨矿石所需剥离的岩石量叫做剥采比。其单位可用 t/t、m^3/m^3(或 t/m^3)表示。剥采比在露天开采设计、采掘计划编制以及指导日常矿山采剥生产中是一个重要的参数。

露天矿设计和生产中常用的剥采比有平均剥采比、分层剥采比、生产剥采比、境界剥采比和经济合理剥采比等。

在露天矿开采设计中,通常采用境界剥采比不大于经济合理剥采比的原则来确定露天矿合理开采的深度(平均剥采比也不应大于经济合理剥采比)。

五、露天开采步骤

露天开采的必要前提是有适宜的矿床。矿床是否适于露天开采,最好在地质勘探的初期做出评价。适宜露天开采的矿床,经过进一步勘探提出满足露天矿设计要求的地质报告(包括围岩的工程地质资料和水文地质资料),经批准后,才可由设计部门进行设计。

露天矿经过详细设计,设计书经主管部门审查批准后,才能进行建设。此后的露天矿建设和生产的一般步骤如下:

(1)地面准备。把交通线、输电线引入矿区,在进行开采的地区清除或迁移天然和人为的障碍物,如树木、村庄、沼泽、厂房、道路、水渠、坟地等。

(2)矿区隔水和疏干。截断通过开采地区的河流或把它改道,疏干地下水,使水位低于要求的水平。

(3)矿山基建工程。包括开拓沟道,建立地面到开采水平的道路;建立工作线,进行基建剥离以揭露开采的矿体;建立运输线、排土场、桥梁等;建设地面工业设施和必要的民用建筑。

(4)日常生产。矿山基建工程在开辟了必要的采剥工作线,保证达到一定采矿能力时即可移交生产。一般地,再经一段时间,才能达到设计生产能力。已经开采过的地区要按规定进行复土造田。

露天矿区的建设和生产是十分复杂的工程项目。土地的购置,设备的采购、安装和调试,人员的培训,组织管理机构的建立,以及复土造田等,牵涉面很宽,相互间联系密切。为了缩短工期,节约资金,全面、周密的统筹十分必要。

露天矿经较长时间的生产后,可能需要进行改建,以提高产量或进行技术改造。改建中,可能要扩大开采境界,改变工艺系统、设备类型和规格,所有这些也十分复杂,需做出详细的设计研究,并有效地组织实施。

六、露天开采生产工艺

(一)露天开采生产工艺

1.露天矿床开拓

露天矿床开拓就是建立地面与露天采场各工作水平之间的运输通道(即出入沟或井巷),以保证露天采场正常的运输联系,及时准备出新水平。

露天矿床开拓与运输方式有密切的关系。开拓方式的选择正确与否,直接影响矿山基建工程量、基建投资、投产与达产时间、矿山生产能力、生产成本等重要指标。

露天矿开拓运输方式可分为公路运输开拓、铁路运输开拓、公路-铁路联合运输开拓、公路(或窄轨铁路)-斜坡提升联合运输开拓、公路(或窄轨铁路)-平硐溜井联合运输开拓、公路-破碎站-胶带机联合运输开拓、自溜-斜坡卷扬提升运输开拓七种。

2.露天矿的开采方式

露天矿的开采方式是指在露天矿合理的大境界(或最终境界)范围内,采剥顺序在时间、空间条件的发展变化形式。我国露天矿(特别是金属露天矿)的开采方式随开采设备和技术的发展而不断改革。20世纪50年代一般采用全境界(不分期)开采方式,存在建设周期长、投资大等弊端。60~70年代,凡具备条件的矿山普遍采用分期开采方式。这样矿山可由小到大、先富后贫、先易后难,并使矿山初期建设速度加快,经济效益明显改善,由于矿山在过渡期剥离洪峰值往往很高,导致矿山设备、供电、人员及成本陡增,给生产管理带来很多不利因素。70年代以后,设计和可行性研究中提出了在分期过渡开采中采用陡帮扩帮新工艺和扩帮开采(多分期开采)新工艺,这样进一步解决了分期过渡开采特别是全境界开采方式中存在的一些弊端。

我国金属露天矿开采方式大体分为全境界(不分期)开采方式和分期开采方式两大类。而分期开采又分为分期过渡开采(分期时间长)、扩帮开采(或称分期开采,其分期时间短)和分区开采。

3.穿孔工作

穿孔工作是露天矿开采的首要工序,其工作好坏直接影响矿山的爆破、采装和运输工作。在整个露天开采过程中,穿孔费用约占生产总费用的10%~15%。穿孔工作一直是我国露天开采工作的薄弱环节,自从20世纪60年代末开始使用牙轮钻以后,穿孔工作才获得了新的进展。在国外,绝大部分露天矿山广泛使用牙轮钻。在我国,目前露天开采中使用的穿孔设备主要有牙轮钻、潜孔钻、钢绳冲击式穿孔机、凿岩台车等,其中牙轮钻使用最广,潜孔钻机次之,钢绳冲击式穿孔机已逐渐淘汰,凿岩台车在某些特定条件下使用。

4.爆破工作

爆破工作是露天矿山开采工作的又一重要工序,其目的是为采装、运输和破碎提供矿岩。矿山爆破费用一般约占矿山总成本的15%~20%。因此,爆破工作的好坏不但直接影响采装、运输和粗破碎的设备效率,而且影响矿山总成本。露天开采中使用的爆破方法主要有浅眼爆破法、深孔爆破法、硐室爆破法、药壶爆破法、外复爆破法、多排孔微差爆破法和多排孔微差挤压爆破法等。

5. 采装工作

采装工作是露天矿开采全部生产过程的中心环节。其他工艺过程,如穿孔爆破、运输、废石排弃等,都是围绕采装工作展开的。采装工艺及其生产能力在很大程度上决定着露天矿开采方式、技术面貌、开采强度和最终的经济效果。

采装工作所用的机械设备有单斗挖掘机、前装机、索斗机、轮斗挖掘机、链斗挖掘机等。金属露天矿由于矿岩比较坚硬,目前国内外都以单斗挖掘机和前装机为主。采装技术发展的趋势是大型化和连续化,因此,随着爆破技术和挖掘机制造的进步,大型轮斗式挖掘机在金属矿山的应用是很有发展前途的。

6. 运输工作

露天矿运输是露天开采的主要工序之一。运输系统的投资约占矿山总投资的 40%~60%。运输成本和劳动量分别占矿山总成本和劳动量的一半。由此可见,露天矿运输在露天开采中占有十分重要的地位。

露天运输的基本任务,是将采场采出的矿石送到选矿厂、破碎站或储矿场,同时把剥离岩土运送到排土场,并将生产过程中所需的人员、设备和材料运送到工作地点。

露天开采运输方式可分为人力运输和机械运输、有轨运输和无轨运输。大中型露天矿采场采用的运输方式主要有自卸汽车运输、铁路运输、带式运送机运输、斜坡箕斗提升运输、斜坡卷扬运输、架空索道运输、联合运输(汽车-铁路联合运输、自卸汽车-斜坡箕斗联合运输)。

(二)露天矿开采生产工艺系统

露天矿的生产就是要进行剥离和采矿作业,把剥离出的废石和采掘出的有用矿物分别移运至排卸地点进行排卸。排卸废石的地点叫做排土场。采矿与剥离作业过程的总体称为生产工艺,主要包括矿岩准备、矿岩采掘和装载、矿岩移运、排卸等环节。

(1)矿岩准备。采掘设备能直接从整体中采落的松散岩土,无须这一生产环节;其余矿岩都要在采掘前做好准备。矿岩准备常用的方法是穿孔爆破。个别情况下,也有用机械的方法松碎矿岩,或用水使岩土松软。

(2)矿岩采掘和装载。采掘和装载主要由挖掘机或其他设备来完成,这是露天开采的核心环节。

(3)矿岩移运。即把剥离物运到排土场,有用矿物运往规定的卸载点。矿岩移运是联系露天矿各生产环节的纽带,所需设备多,消耗动力、劳力多,是日常生产管理中变化最频繁的环节。

(4)排卸。即剥离物的排弃。有用矿物向破碎、选矿厂的受料仓卸载。排土场占地面积大,应引起充分注意。

上述各工艺环节所使用的设备是有联系的,可用"生产工艺系统"一词来反映采、运、排各环节所用设备的特征。

根据露天矿使用的采、运、排设备特征,生产工艺系统的分类如表 2-3 所示。

表 2-3 主要工艺系统分类

序号	工艺系统名称	各环节的主要设备		
		采掘、装载	运输	排土
1	间断工艺系统	单斗机械铲 吊斗铲 前装机 推土机 铲运机	铁道运输(准轨及窄轨) 汽车运输 箕斗、矿车提升(下放)运输 溜井(溜槽)运输 铲运机	单斗铲 推土犁 推土机 前装机 铲运机
2	连续工艺系统	轮斗铲 轮斗铲	胶带运输机 运输排土桥	胶带排土机 —
3	半连续工艺系统	轮斗铲-铁道-推土犁 单斗铲-移动破碎机-胶带-排土机 单斗铲-汽车-半固定、固定破碎机-胶带-排土机		
4	倒推工艺系统	剥离:剥离挖掘机直接倒推 剥离挖掘机和倒退挖掘机配合作业 采矿:单斗、轮斗铲-相应运输设备		
5	水采工艺系统	水枪 采砂船	泥泵-管道	水力排土

1. 间断工艺系统

在间断工艺系统中,采装设备有单铲机、前装机、铲运机、推土机等,其中单铲机在国内外应用最普遍。露天矿用的单斗铲主要是履带式正向机械铲。

间断工艺生产系统所采用的排土方式主要有推土犁排土、机械铲排土和推土机排土。推土犁排土是我国铁路运输矿山广泛采用的排土方式。排土犁是在轨道上运行的一侧带有犁板的机械。机械铲排土的工序与排土犁相似,在国外露天矿中得到广泛应用,在我国部分露天矿中也取得了较好的效果。推土机排土主要和自卸汽车运输相配合,其作业过程比较简单,包括汽车卸载、推土机排落汽车卸载时的残碴土、平整场地和公路等。

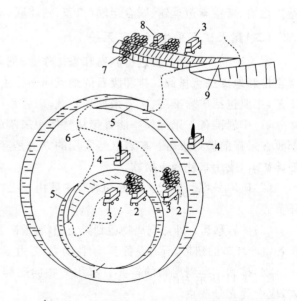

图 2-38 单斗铲-汽车-推土机间断工艺系统
1.露天矿;2.单斗铲;3.自卸汽车;4.穿孔机;5.倾斜坑道;
6.工作面道路;7.排土场;8.推土机;9.排土场干线

完整的间断生产工艺系统如单斗铲-汽车-推土机配套的系统,如图 2-38 所示。

2. 连续工艺系统

连续工艺系统是 20 世纪 30 年代发展起来的。我国有部分矿区使用这种工艺系统。连续工艺系统中,采装用铲土链斗铲或轮斗挖掘机,运输用胶带输送机,排土用排土机。

轮斗挖掘机-胶带运输机-推土机连续工艺系统如图 2-39 所示。

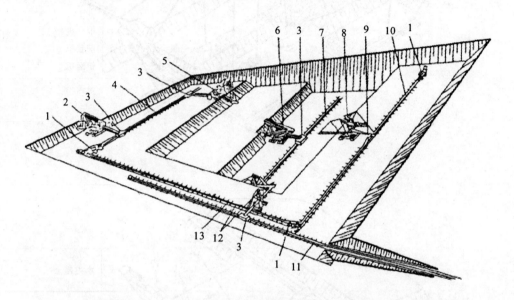

图 2-39 轮斗挖掘机-胶带运输机-推土机连续工艺系统
1.胶带机驱动站;2.剥离轮斗挖掘机;3.装载漏斗;4.剥离台阶胶带机;5.链斗铲;6.采矿轮斗挖掘机;7.采矿台阶胶带机;8.悬臂排土机;9.卸料斗;10.排土胶带机;11.采矿干线胶带机;12.爬坡胶带机;13.剥离端帮胶带机

3. 半连续工艺系统

连续工艺系统与间断工艺系统相比具有效率高、生产能力大等优点,但适用范围较窄,一般仅能用于岩性松软的露天矿山。为了改善中硬及硬岩露天矿山开采的技术经济效果,随着胶带输送机和移动破碎设备的发展,形成了将间断工艺系统和连续工艺系统相结合的半连续工艺系统。图 2-40 所示为单斗铲-移动破碎机-胶带输送机-排土机配套的半连续工艺系统。

4. 倒推工艺系统

当存在水平或近水平埋藏的不太厚的矿体,而覆盖层又较薄时,可以采用向内部排土场进行倒推的开采工艺进行剥离工作,简称倒推工艺。这时采矿工作可用单斗铲、链斗铲进行。这种工艺系统投资省、成本低,有条件时应尽量使用。

图 2-41 所示为吊斗铲站在剥离台阶顶部直接倒推,用前装机及汽车进行采矿的倒推工艺系统。

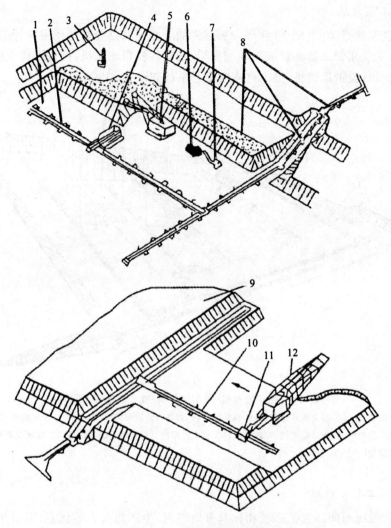

图 2-40 半连续工艺系统
1.露天采场;2.工作面胶带输送机;3.钻机;4.移动式破碎机;5.机械铲;6.大块;7.破碎大块重锤;8.干线胶带输送机;9.排土场;10.排土胶带输送机;11.卸料车;12.悬臂排土机

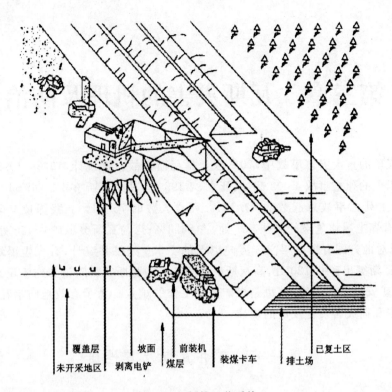

图 2-41 倒推工艺系统

第三章 瓦斯灾害的机理及防治

在我国煤矿的重大灾害事故中,70%以上是瓦斯事故。据统计,1990—1999 年全国煤矿共发生 3 人以上的死亡事故 4 002 起,共死亡 27 495 人,其中瓦斯事故 2 767 起,共死亡 20 625 人,占 3 人以上死亡事故总起数的 69.14%、死亡人数的 75.01%。我国现有国有重点煤矿 657 处,其中有煤尘爆炸危险的矿井 567 处,占 86.3%;煤与瓦斯突出矿井 130 处,高瓦斯矿井 180 处。根据对地方国有煤矿年产 3 万吨以上的 1 650 处矿井统计,有煤尘爆炸危险的矿井 700 处,煤与瓦斯突出矿井 120 处,高瓦斯矿井 700 处。瓦斯灾害防治工作不论是过去还是将来,一直是煤矿安全工作的重点,也是煤矿安全工作的难点。为了有效地防治瓦斯灾害,有必要了解和掌握瓦斯灾害发生发展的规律。

第一节 矿井瓦斯及其性质

一、瓦斯性质

矿井瓦斯是指井下以甲烷为主的各种气体的总称。其成分主要为甲烷(约占有害气体的 80%左右),其他为二氧化碳、氮气及少量硫化氢、氢气、稀有气体等。从狭义上讲,矿井瓦斯即指甲烷。

矿井瓦斯是亿万年以前,在地壳的运动下将森林、植物等有机物质埋入地下与空气隔绝,在水、地热和厌氧细菌的长期作用下生成煤炭,并伴生大量的瓦斯。其化学反应过程如下:

$$4C_6H_6O_5 \xrightarrow[\text{细菌作用}]{\text{隔绝空气}} 7CH_4 + 8CO_2 + 3H_2O + C_9H_6O$$
（纤维质） （沼气） （类烟煤）

$$C_6H_{10}O + H_2O \xrightarrow[\text{细菌作用}]{\text{隔绝空气}} 3CO_2 + 3CH_4$$

据计算,生成一吨煤可伴生 1 000m³ 以上的瓦斯。但是,由于煤层及岩层的透气性和地下水的运动等原因,大量的瓦斯已渗漏至地表,少量留存在煤层中。

甲烷是一种无色、无味、无嗅并在一定条件下可以燃烧爆炸的气体,难溶于水,扩散性较空气高。甲烷无毒,但不能供呼吸。当井下混合气体中甲烷浓度较高时,氧气的浓度则相对降低,人会因缺氧而窒息。甲烷比空气轻,它的密度是空气密度的 0.554 倍。因此甲烷易在巷道的顶部、顶板冒落空洞处、由下向上施工的掘进工作面和其他较高的地方积聚。

瓦斯在煤尘中的附存形式主要有游离状态和吸附状态两种状态,如图 3-1 所示。游离状态也叫自由状态,即瓦斯以自由气体的状态存在于煤体或围岩的裂隙和孔隙内,其分子可自由运动,并呈现压力。吸附状态,即瓦斯分子浓聚在孔隙壁面上(吸着状态)或煤体微粒结构内(吸收状态)。吸附瓦斯量的大小与煤的性质、孔隙结构特点以及瓦斯压力和温度有关。

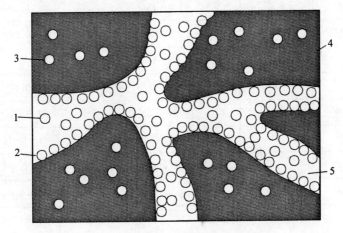

图 3-1 煤矿瓦斯赋存状态示意图
1.游离瓦斯;2.吸着瓦斯;3.吸收瓦斯;4.煤体;5.空隙

煤层中瓦斯的存在状态不是固定不变的,而是处于不断交换的动态平衡状态。当温度与压力条件变化,平衡随着变化。例如,当压力升高或温度降低时,部分瓦斯由游离状态转化为吸附状态,这种现象叫做吸附。反之,如果温度升高或压力降低时,一部分瓦斯就由吸附状态转化为游离状态,这种现象叫做解吸。在现代开采深度条件下,煤层内的瓦斯主要是以吸附状态存在,游离状态的瓦斯仅占总量的10%左右。

二、瓦斯参数

表征瓦斯的参数主要有瓦斯压力、煤层透气性、瓦斯含量、瓦斯涌出量等。

(一)煤层瓦斯压力

煤层瓦斯压力是指煤孔隙中所含游离瓦斯的气体压力,即气体作用于孔隙壁的压力。煤层瓦斯压力随深度增加而成正比例增加,用公式表示为:

$$P = P_0 + m(H - H_0) \quad (3-1)$$

式中:P——在深度 H 处的瓦斯压力(MPa);

P_0——瓦斯风化带 H_0 深度的瓦斯压力(MPa),取 0.15~0.2MPa;

H_0——瓦斯风化带深度(m);

H——距地表垂深(m);

m——瓦斯压力梯度(MP/m),一般在 0.007~0.001 2MP/m 之间变化。

(二)煤层透气性

煤层透气性是煤层对于瓦斯流动的阻力,通常用透气性系数表示,单位为 $m^2/(MPa^2 \cdot d)$,相当于 0.025mD(毫达西)。煤层透气性系数受多种地质因素的影响,变化较大。透气性系数越大,瓦斯在煤层中流动越容易。部分矿井煤层实测透气性系数如表 3-1 所示。

表 3-1 部分矿井煤层实测透气性系数

矿井	煤层	透气性系数[m²/(MPa²·d)]	mD
抚顺龙凤煤矿	本层	140~150	3.5~3.75
北票三宝煤矿	9B	0.039	0.975E-3
鹤壁六矿	大煤	1.2~1.8	0.03~0.045
阳泉一矿	3	0.019	0.475E-3
红卫矿坦家冲	6	0.24~0.47	(0.6~1.18)E-2
中梁山北矿	K1	0.64~0.68	(1.61~1.70)E-2
六枝大用煤矿	7	0.0862	2.15E-3
焦作朱村煤矿	大煤	0.55~3.6	0.013~0.09

(三)煤层瓦斯含量

煤层瓦斯含量是指煤层在自然条件下单位体积或质量所含有的瓦斯量,单位为 m^3/m^3 或 m^3/t。煤的瓦斯含量包括游离瓦斯和吸附瓦斯两部分。煤层瓦斯含量的大小,主要取决于煤层瓦斯的运移条件和保存瓦斯的自然条件。

1. 煤的吸附特性

煤体中瓦斯含量的多少与煤的变质程度有关,一般情况下,随煤变质程度加深,瓦斯的生成量就越大;同时,其孔隙率也就越高,吸附瓦斯的能力越强。

2. 煤层露头

煤层如果有或曾经有过露头长时间与大气相通,瓦斯含量就不会很大。因为煤层的裂隙比岩层要发育,透气性高于岩层,瓦斯能沿煤层流动而逸散到大气中去。反之,如果煤层没有通达地表的露头,瓦斯难以逸散,它的含量就较大。

3. 煤层倾角

当埋藏深度相同时,煤层倾角越小,瓦斯含量越大。这是因为岩层的透气性比煤层低,瓦斯顺层流动的路程随倾角减小而增大的缘故。

4. 煤层的埋藏深度

煤层的埋藏深度越深,煤层中的瓦斯向地表运移的距离就越长,散失就越困难。同时,深度的增加也使煤层在压力的作用下降低了透气性,也有利于保存瓦斯。在近代开采深度内,煤层的瓦斯含量随深度的增加而呈线性增加。

5. 围岩透气性

煤系岩性组合和煤层围岩性质对煤层瓦斯含量影响很大。如果煤层的顶底板围岩为致密完整的低透气性岩层,如泥岩、完整的石灰岩,则煤层中的瓦斯就易于保存下来,煤层瓦斯含量就高;反之,围岩若是由厚层中粗粒砂岩、砾岩或裂隙溶洞发育的石灰岩组成,则瓦斯容易逸散,煤层瓦斯含量就小。

6.地质构造

地质构造是影响煤层瓦斯含量的最重要因素之一。在围岩属低透气性的条件下,封闭型地质构造有利于瓦斯的储存,而开放型地质构造有利于瓦斯的排放。同一矿区不同地点瓦斯含量的差别,往往是地质构造因素造成的结果。

7.水文地质条件

虽然瓦斯在水中的溶解度很小,但是如果煤层中有较大的含水裂隙或流通的地下水时,经过漫长的地质年代,也能从煤层中带走大量瓦斯,降低煤层的瓦斯含量。而且,地下水还会溶蚀并带走围岩中的可溶性矿物质,从而增加煤系地层的透气性,有利于煤层瓦斯的流失。

(四)矿井瓦斯的涌出

在采掘过程中,采掘空间附近的煤、岩层会受到不同程度的破坏,使原有的瓦斯平衡状态受到破坏,而沿煤、岩层的孔隙、裂隙涌入采掘空间。矿井瓦斯的涌出形式按其涌出特点,可分为普通涌出和异常涌出两种类型。

普通涌出是指由采动影响的煤、岩层以及由采落的煤、矸石向井下空间均匀地放出瓦斯的现象,又称"瓦斯涌出"。这种涌出是均匀的、缓慢的、经常性的。它是矿井瓦斯主要的涌出形式,煤矿日常所进行的瓦斯管理工作,主要是针对这部分瓦斯。

异常涌出包括瓦斯喷出、煤(岩)与瓦斯突出两种形式。瓦斯喷出是指从煤体或岩体裂隙中大量瓦斯异常涌出的现象,简称"喷出"。瓦斯喷出一般持续时间较短。煤(岩)与瓦斯突出是指在地应力和瓦斯的共同作用下,破碎的煤、岩和瓦斯由煤体或岩体内突然向采掘空间抛出的异常的动力现象,简称"突出"。煤(岩)与瓦斯突出持续时间极短,一般为数秒或数十秒。它会给矿井生产和人员安全造成严重危害。

1.瓦斯涌出量

矿井瓦斯涌出量是指涌入矿井风流中的瓦斯总量。

①绝对瓦斯涌出量

绝对瓦斯涌出量是指单位时间涌出的瓦斯量,单位为 m^3/min 或 m^3/d,可用下式计算:

$$Q_{CH_4}=Q\times\frac{C}{100} \qquad (3-2)$$

式中:Q_{CH_4}——矿井绝对瓦斯涌出量(m^3/min);

Q——矿井总回风量(m^3/min);

C——回风流中的平均瓦斯浓度(%)。

②相对瓦斯涌出量

相对瓦斯涌出量是指矿井在正常生产条件下平均每产一吨煤所涌出的瓦斯量,单位是 m^3/t,可用下式计算:

$$q_{CH_4}=\frac{1\,440\times Q_{CH_4}\times N}{A} \qquad (3-3)$$

式中:q_{CH_4}——矿井相对瓦斯涌出量(m^3/t);

Q_{CH_4}——矿井绝对瓦斯涌出量(m^3/min);

A——矿井月产煤量(t);

N——矿井的月工作天数;

1 440——一昼夜的分钟数(min)。

必须指出,采用瓦斯抽放的矿井,在计算瓦斯涌出量时,应包括抽放的瓦斯量。

2. 影响瓦斯涌出量的因素

矿井瓦斯涌出量受到诸多因素的影响,这些因素大体可以分为两类,即自然因素和开采技术因素。

(1)自然因素

1)煤层和围岩的瓦斯含量。它是决定瓦斯涌出量多少最重要的因素。开采煤层的瓦斯含量越高,其涌出量就越大。若开采煤层附近有瓦斯含量大的煤层或岩层,由于采动影响,这些煤层或岩层中的瓦斯就会不断地流向开采煤层的采空区。在此情况下,开采煤层的瓦斯涌出量可能大大超过它的瓦斯含量。

2)开采深度。在瓦斯带内,随着开采深度的增加,相对瓦斯涌出量增大,这是因为煤层和围岩的瓦斯含量随深度的增加而增加的缘故。

3)地面大气压力的变化。井下采空区或坍冒处积存有大量的瓦斯,在正常的情况下,这些地点积存的瓦斯与井巷风流处于相对平衡状态,瓦斯均衡地泄入风流中。当地面大气压突然下降时,井巷风流的压力也随之降低,这种平衡状态就被破坏,因而引起瓦斯涌出量增加。

(2)开采技术因素

1)开采顺序。首先开采的煤层(或分层)瓦斯涌出量大,是由于受采动影响,邻近煤层(或未采的其他分层)的瓦斯沿裂隙涌入的缘故。

2)采煤方法与顶板管理。机械化采煤,煤的破碎较严重,瓦斯涌出量高;水力采煤,水包围着采落的煤体,阻碍其中的瓦斯涌出,瓦斯涌出量较少,但湿煤中残余瓦斯含量增大;采空区丢失煤炭多、回采率低的采煤方法,采区瓦斯涌出量大。

采用全部陷落法管理顶板,由于能够造成顶底板更大范围的松动,以及采空区存留大量散煤等原因,其瓦斯涌出量比采用充填法管理顶板时要高。

3)开采速度和产量。当开采速度不高时,矿井的绝对瓦斯涌出量与开采速度或矿井产量成正比,而相对瓦斯涌出量则变化较小。当开采速度较高时,相对瓦斯涌出量中来自开采煤层和邻近煤层的涌出量反而相对减少,使得相对瓦斯涌出量降低。

4)生产工序。瓦斯从煤层暴露面(煤壁和钻孔)和采落的煤炭内涌出的特点是,初期涌出的强度大,随着时间的增长而下降(图3-2)。所以落煤时瓦斯涌出量总是大于其他工序。

5)风量变化。当风量突然增大或减小时,会引起瓦斯涌出量的变化,使瓦斯涌出量发生扰动。因此,对煤层群开采和综采放顶煤工作面的采空区以及煤巷的冒顶孔洞等积存大量高浓度瓦斯的地点,必须密切注意在增加风量时瓦斯涌出量所呈现的动态变化,防止因其峰值持续时间较长而引发瓦斯事故。

总之,影响矿井瓦斯涌出量的因素很多,应通过实际观测,找出其主要因素及影响规律,以制定和采取有针对性的防治措施。

三、矿井瓦斯等级

矿井瓦斯涌出量的大小和涌出形式的不同,不仅对矿井安全生产影响程度不同,而且它还直接影响矿井供风标准、电气设备选型及瓦斯管理制度等。因此,有必要根据矿井瓦斯涌出量和涌出形式划定矿井瓦斯等级,以便实行有针对性的、切实有效的瓦斯管理,确保矿井安全生

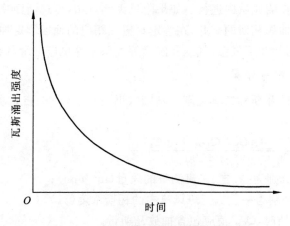

图 3-2　瓦斯从暴露面涌出的变化规律

产。

(一)矿井瓦斯等级划分

根据矿井相对瓦斯涌出量、矿井绝对瓦斯涌出量和瓦斯涌出形式划分为：

(1)低瓦斯矿井。矿井相对瓦斯涌出量小于或等于 $10m^3/t$ 或矿井绝对瓦斯涌出量小于或等于 $40m^3/min$。

(2)高瓦斯矿井。矿井相对瓦斯涌出量大于 $10m^3/t$ 或矿井绝对瓦斯涌出量大于 $40m^3/min$。

(3)煤(岩)与瓦斯(二氧化碳)突出矿井。矿井在采掘过程中,只要发生过一次煤(岩)与瓦斯(二氧化碳)突出,该矿井即定为煤(岩)与瓦斯(二氧化碳)突出矿井。

《煤矿安全规程》规定,每年必须对矿井进行瓦斯等级和二氧化碳涌出量鉴定,并报省(自治区、直辖市)负责煤炭行业管理的部门审批,并报省级煤矿安全监察机构备案。

(二)矿井瓦斯等级鉴定

1. 鉴定的条件

矿井瓦斯等级的鉴定工作应在正常生产条件下进行。按每一矿井的全矿井、煤层、一翼、水平和采区分别计算月平均日产 1 吨煤瓦斯涌出量;在测定时,应采取测定中的最大值作为确定瓦斯等级的依据。

2. 鉴定时间

根据矿井生产和气候的变化规律,选择瓦斯涌出量较大的一个月份进行鉴定工作,一般为 7 月份或 8 月份。

3. 鉴定内容与测定要求

矿井瓦斯鉴定时,应在鉴定月份的上、中、下三旬中各选一天(间隔 10 天),分三班(或四班)进行测定。测定前必须做好组织分工和仪表校准等准备工作。

测定内容包括在矿井、煤层、一翼、水平和采区的回风巷内,在每一测点处测定风量、风流中的瓦斯和二氧化碳浓度。每班应测定三次,取其平均值作为该班的测定结果。如果进风流中含有瓦斯,鉴定地区的瓦斯涌出量应为进回风流中瓦斯量之差。

测定地点应选择在测风站内进行。如果附近无测风站,可选断面规整、无杂物堆积的平直巷道段作为观测站。抽放瓦斯的矿井,在鉴定日应在相应的地区测定抽放瓦斯量。

在鉴定月中,地面和井下气温、气压和湿度等气象条件也应记录,以备参考。

4. 测定数据的整理与计算

每一测点所得的瓦斯和二氧化碳等基础数据可按表3-2格式填写。表中三班平均瓦斯涌出量按下式计算:

$$Q_{CH_4} = \frac{Q_1 C_1 + Q_2 C_2 + Q_3 C_3}{3 \times 100} \tag{3-4}$$

式中:Q_1、Q_2、Q_3——分别为一、二、三班测得的风量(m^3/min);

C_1、C_2、C_3——分别为一、二、三班风流中的瓦斯浓度(%)。

测定地区抽放瓦斯时,Q_{CH_4}值应包含抽放瓦斯量。

5. 瓦斯等级鉴定报告

在鉴定月上、中、下旬进行测定的3天中,选取瓦斯涌出量最大一天的瓦斯涌出总量值作为计算瓦斯相对瓦斯涌出量的依据,按式(3-3)计算出矿井相对瓦斯涌出量。根据《煤矿安全规程》关于矿井瓦斯等级划分的规定,即可确定出该矿井瓦斯的等级。

表3-2 瓦斯和二氧化碳测定基础数据表

____局(公司)____矿____井____煤层____翼____水平____采区____年__月

气体名称	旬别	日期	第一班			第二班			第三班			三班平均涌出量($m^3\cdot min^{-1}$)	瓦斯抽放量($m^3\cdot min^{-1}$)	瓦斯涌出总量($m^3\cdot min^{-1}$)	月工作天数(d)	月产煤量(t)	备注
			风量($m^3\cdot min^{-1}$)	浓度(%)	涌出量($m^3\cdot min^{-1}$)	风量($m^3\cdot min^{-1}$)	浓度(%)	涌出量($m^3\cdot min^{-1}$)	风量($m^3\cdot min^{-1}$)	浓度(%)	涌出量($m^3\cdot min^{-1}$)						
瓦斯	上																
	中																
	下																
二氧化碳	上																
	中																
	下																

四、瓦斯爆炸及其危害

(一)瓦斯爆炸过程

瓦斯和空气混合后,在一定条件下,遇高温热源发生氧化反应,并伴有高温及压力上升的现象,称为瓦斯爆炸。处于爆炸浓度极限内的瓦斯空气混合气体,首先在点火源处被引燃,形成厚度仅有0.01~0.1mm的火焰层面向未燃的混合气体中传播,瓦斯燃烧产生的热使燃烧波前方的气体膨胀,产生一个超前于燃烧波的压缩波(冲击波),压缩波作用于未燃气体使其温度升高,从而使火焰的传播速度进一步增大,这样就产生压力更高的压缩波,从而获得更高的火焰传播速度,最终形成依靠压缩波本身高压产生的温度就能点燃瓦斯的爆轰波。

(二)瓦斯爆炸危害

矿井一旦发生瓦斯爆炸,危害是十分严重的,主要表现在以下两个方面。

1. 高温高压及冲击

由于瓦斯爆炸是激烈的氧化放热反应,井下爆炸地点及其附近的温度可达1 850℃以上,压力可达0.74MPa以上,促使爆源附近的气体以极大的速度(每秒数百米以上)向外冲击,造成人员伤亡、巷道和机电设备严重破坏。

此外,爆炸时产生的高温很可能引燃井下可燃物,造成矿井火灾。爆炸时产生的冲击会将煤尘扬起,使空气中煤尘浓度增加,若煤尘具有爆炸性,煤尘浓度又处在爆炸浓度范围内,加之又有高温热源,将会引发煤尘爆炸,使灾害更为严重。

2. 爆炸后产生大量有毒有害气体

据分析,瓦斯爆炸后的气体成分为:O_2占6%~10%,N_2占82%~88%,CO_2占4%~8%,CO占2%~4%。由上述数据可以看出,爆炸后空气中氧的含量会大为减少,并产生大量的一氧化碳,这将造成人员窒息及中毒。在瓦斯爆炸所造成的人员伤亡中,绝大部分是因一氧化碳中毒和缺氧窒息所致。

(三)瓦斯爆炸的条件

引起瓦斯燃烧与爆炸必须具备三个条件:①一定浓度的甲烷;②一定温度的引火源;③足够的氧气。

1. 瓦斯浓度

(1)瓦斯爆炸浓度极限。试验证实,在新鲜空气中瓦斯浓度低于5%时,混合气体无爆炸性,遇高温火源后只能在火焰外围形成稳定的燃烧层;当浓度在5%~16%时,混合气体有爆炸性;当瓦斯浓度高于16%时,混合气体无爆炸性,也不燃烧,如有新鲜空气供给时,可以在混合气体与空气的接触面上进行燃烧。

上述结论说明,瓦斯只有在一定浓度范围内才有爆炸性,这个浓度范围称为爆炸浓度极限。其最低爆炸浓度(5%)称为爆炸下限;最高爆炸浓度(16%)称为爆炸上限。

当瓦斯浓度为9.5%时,化学反应最完全,爆炸威力最大。瓦斯浓度在7%~8%时最容易爆炸,这个浓度称最优爆炸浓度(图3-3)。

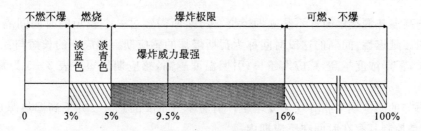

图3-3 瓦斯爆炸浓度极限示意图

(2)影响瓦斯爆炸极限的因素。瓦斯爆炸的极限并不是固定不变的,它受到许多因素的影响,其中重要的有:

1)其他可燃气体的混入。在瓦斯和空气的混合气体中,如果有一些可燃性气体(如硫化氢、乙烷等)混入,则由于这些气体本身具有爆炸性,不仅增加了爆炸气体的总浓度,而且会使瓦斯爆炸下限降低,从而扩大了瓦斯爆炸的极限。表3-3为常见的几种可燃气体的爆炸极限。经计算表明,这些可燃性气体的混入都能使瓦斯爆炸极限扩大。因此,当井下发生火灾或可能产生其他可燃性气体时,即使平时瓦斯涌出量不大的矿井、采区或工作面,也可能发生瓦斯爆炸,对此应引起特别注意。

2)爆炸粉尘的混入。煤尘能燃烧,有的煤层本身还具备爆炸性,在300℃~400℃时,能挥发出可燃气体。因此,煤尘的混入会使爆炸下限下降。

3)惰性气体的混入。瓦斯和空气的混合气体中混入惰性气体将使氧气浓度降低,阻碍活化中心的形成,可以缩小瓦斯的爆炸极限,降低瓦斯爆炸的危险性。

2.引燃温度

引燃温度是指点燃瓦斯所需要的最低温度,一般为650℃~750℃,它的高低与瓦斯的浓度有关。甲烷爆炸极限随环境温度的变化如表3-4所示。

表3-3 煤矿中常见可燃气体的爆炸极限

气体名称	化学符号	爆炸下限(%)	爆炸上限(%)
甲烷	CH_4	5.0	16.0
乙烷	C_2H_6	3.2	12.5
丙烷	C_3H_8	2.4	9.5
氢气	H_2	4.0	75.2
一氧化碳	CO	12.5	75.0
硫化氢	H_2S	4.3	45.5
乙烯	C_2H_4	2.8	28.6
戊烷	C_5H_{12}	1.4	7.8

瓦斯与高温热源接触时并不是立即燃烧、爆炸,而需经过一个较短的时间间隔,此现象称为瓦斯的引燃延迟性,间隔的这段时间称为瓦斯爆炸的感应期。感应期的长短与瓦斯浓度、引燃温度有关,瓦斯浓度越高,感应期越长;引燃温度越高,感应期越短。表3-5为瓦斯爆炸的感应期。

瓦斯爆炸的感应期对指导煤矿安全生产有着十分重要的意义。井下高温热源是不可避免的,但关键是控制其存在时间在感应期内。

表 3-4 甲烷爆炸极限随环境温度的变化

环境温度(℃)	甲烷爆炸界限(%)	
	下限	上限
20	6.00	13.40
100	5.45	13.50
200	5.05	13.80
300	4.40	14.25
400	4.00	14.70
500	3.65	15.35
600	3.35	16.40

表 3-5 瓦斯爆炸的感应期

瓦斯浓度(%)	火源温度(℃)						
	775	825	875	925	975	1 075	1 175
	感应期(s)						
6	1.08	0.58	0.35	0.20	0.12	0.039	
7	1.15	0.60	0.36	0.21	0.13	0.041	0.010
8	1.25	0.62	0.37	0.22	0.14	0.042	0.012
9	1.30	0.65	0.39	0.23	0.14	0.044	0.015
10	1.40	0.68	0.41	0.24	0.15	0.049	0.018
12	1.64	0.74	0.44	0.25	0.16	0.055	0.020

3. 氧含量

正常大气压和常温时,瓦斯爆炸极限与氧浓度关系如图 3-4 所示。氧浓度降低时,爆炸下限变化不大(BE 线),爆炸上限则明显降低(CE 线)。氧浓度低于 12% 时,混合气体就失去爆炸性。爆炸三角形对火区封闭或启封以及惰性气体灭火时判断有无瓦斯爆炸危险均有一定的参考意义,我国已利用其原理研制出煤矿气体可爆性测定仪。

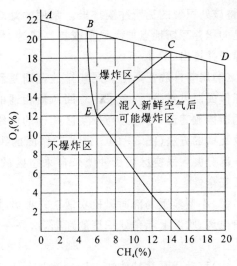

图 3-4 科瓦德爆炸三角形

第二节 瓦斯爆炸防治技术

从瓦斯爆炸的条件可以看出,瓦斯源的控制是防止灾害发生最容易控制的因素;其次是火源因素的控制;第三是空气中的氧含量,但对该因素当前还没有有效的控制方法。根据长期生产实践,瓦斯爆炸防治的主要技术措施可归纳为三个方面,即防止瓦斯积聚和超限;防止瓦斯引燃;防止瓦斯爆炸灾害扩大。

一、防止瓦斯积聚和超限

瓦斯积聚是指局部空间(体积不超过 $0.5m^3$)瓦斯浓度超过 2% 的现象。这是瓦斯爆炸灾害防治的难点。

(一)加强矿井通风

合理、可靠的矿井通风系统可保证井下各工作地点有足够的风量和适当的风速,以冲淡和排除瓦斯、粉尘及其他有毒有害气体,使瓦斯浓度降至爆炸界限以下并符合《煤矿安全规程》的有关规定。因此,加强矿井通风,建立完善的矿井通风系统是防止瓦斯积聚最基本和最有效的技术措施。

(二)及时处理局部积存瓦斯

生产中容易积聚瓦斯的地点有采煤工作面上隅角、顶板冒落的空洞、风速低的巷道中的顶板附近、停风的盲巷、采煤工作面接近采空区边界及采煤机附近等。对于这些地点积聚的瓦斯要及时处理,严防造成事故。

1.采煤工作面上隅角瓦斯积聚的处理

(1)挂风障引导风流法。当采煤工作面上隅角瓦斯浓度超限不多时,可在其附近的支柱和支架上悬挂风帘,引导一部分风流流经工作面上隅角,将该处积聚的瓦斯冲淡排出。常用的处理方法是向积存瓦斯地点加大风量或提高风速,将瓦斯稀释并排出(图 3-5)。

(2)尾巷排放瓦斯法。尾巷排放瓦斯是利用与工作面回风巷平行、与采区总回风道相通的专用瓦斯排放巷道,通过其与采空区相连的联络巷排放瓦斯的方法(图 3-6)。进入工作面的风流分为两部分,一部分冲淡工作面涌出的瓦斯;另一部分漏入采空区用于冲淡来自采空区的瓦斯,使上隅角的瓦斯积聚点移到 20m 以外,提高了安全性。

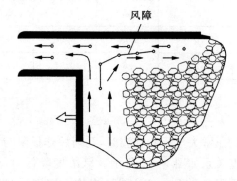

图 3-5 引导风流带走上隅角的瓦斯

(3)小型液压局部通风机吹散法。该方法在工作面安设小型液压通风机和柔性风筒,向上隅角供风,吹散上隅角处积聚的瓦斯,这是一种较为安全可靠的处理工作面上隅角瓦斯积聚的方法。

(4)移动式泵站抽放法。该方法是利用可移动的瓦斯抽放泵通过埋设在采空区一定距离内的管路抽放瓦斯,从而减小上隅角处的瓦斯浓度(图 3-7)。移动泵设在工作面回风巷和采区总回风巷的交叉处(处于新鲜风流中),抽放管沿工作面回风巷布置,抽出的瓦斯排至采区回风巷。

2. 采煤机附近瓦斯积聚的处理

处理这类积聚的瓦斯,主要采取以下措施:

(1)加大风量。综采工作面在采取煤层注水湿润煤体和采煤机喷雾降尘措施后,可适当加大风速,但风速不得超过 5m/s。

(2)延长采煤机在生产班中的工作时间或

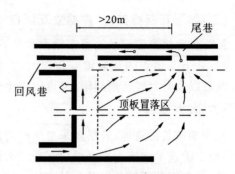

图 3-6 尾巷排放瓦斯法

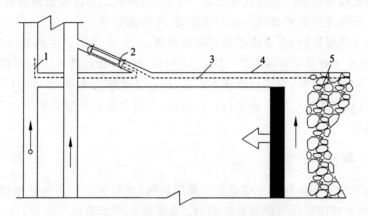

图 3-7 工作面移动泵抽放系统布置图
1.排放口;2.移动泵;3.抽放管;4.回风巷;5.采空区

每昼夜增加一个生产班次,使采煤机以较小的速度和截深采煤,以降低瓦斯涌出量和减少瓦斯涌出量的不均衡性。

(3)当采煤机附近(或工作面中其他部位)出现局部瓦斯积聚时,可安装小型局部通风机或水力引射器,吹散排出积聚的瓦斯。

3. 顶板附近瓦斯层状积聚的处理

在巷道周壁不断涌出瓦斯的情况下,如果巷道内的风速太小,吹不散瓦斯,瓦斯就能浮存于巷道顶板附近,形成一个比较稳定的带状瓦斯层,称之为瓦斯层状积聚。层厚由几厘米到几十厘米,层长由几米到几十米,层内瓦斯浓度由下向上逐渐增大,是瓦斯爆炸的根源之一。预防和处理的方法有:

(1)加大巷道的平均风速,使瓦斯与空气充分地紊流混合。一般认为,防止瓦斯层状积累的平均风速不得低于 0.5~1m/s。

(2)加大顶板附近的风速。如在顶梁下面加导风板将风流引向顶板附近;或沿顶板铺设风筒,每隔一段距离接一短管;或铺设接有短管的压气管,将积累的瓦斯吹散;在集中瓦斯源附近装设引射器。

(3)将瓦斯源封闭隔绝。如果集中瓦斯源的涌出量不大,可采用木板和黏土将其填实隔绝;或注入砂浆等凝固材料,堵塞较大的裂隙。

(三)加强瓦斯检查,推广建立瓦斯自动检测监控系统

瓦斯自动检测监控系统可在地面和井下同时对矿井各地点的瓦斯浓度进行昼夜检测和监控,一旦井下某地点的瓦斯浓度超限时,会立即自动报警,并同时切断该区域内的供电电源。这样既可以及时发现瓦斯超限,又可以避免因供电线路和机电故障而引燃瓦斯。

(四)瓦斯抽放

瓦斯抽放是指将煤、岩层及采空区中的瓦斯,采用专用设施(钻孔或专门巷道、管路、瓦斯泵等)抽出的技术措施。根据抽放瓦斯的来源,瓦斯抽放可以分为本煤层瓦斯预抽、邻近层瓦斯抽放、采空区瓦斯抽放以及几种方法的综合抽放。

反映瓦斯抽放难易程度的指标有煤层透气性系数、钻孔瓦斯流量衰减系数、百米钻孔瓦斯涌出量。反映瓦斯抽放效果的指标有瓦斯抽放量、瓦斯抽放率。

当煤层瓦斯含量很高时,会造成矿井瓦斯涌出量很大,矿井风流中的瓦斯浓度容易超限。此时,仅采用通风方法冲淡和排除瓦斯,不仅经济上不合理,而且技术上也很困难。而瓦斯又是一种很有价值的自然资源,它不仅可用作燃料,而且又是制造炭黑、工业塑料等的化工原料。因此,对瓦斯含量较高的煤层开采前进行瓦斯抽放,不仅利于矿井安全生产,而且变害为利,充分利用了自然资源。

二、防止瓦斯引燃

防止瓦斯引燃的原则是杜绝一切非生产高温热源,而对生产中可能产生的高温热源要加强管理和控制,防止或限定其引燃瓦斯的能力。常采取的措施有以下几种。

1. 严加明火管理

按照《煤矿安全规程》规定:严禁烟火进入井下;井下严禁使用灯泡取暖和使用电炉;井下禁止随意拆卸敲打撞击矿灯;井口房、瓦斯抽放站及通风机房周围20 m内禁止使用明火;井下焊接时,应严格遵守有关规定;严格井下火区的管理等。任何人发现井下火灾时,应立即采取一切可能的办法直接灭火,并迅速报告矿调度室,以便处理。

2. 严格爆破制度

有瓦斯爆炸危险的煤层中,采掘工作面只准使用煤矿许用炸药和瞬发电雷管,在使用毫秒延期电雷管时,最后一段的延期时间不得超过130ms。打眼、爆破和封泥都必须符合《煤矿安全规程》的规定。严禁裸露爆破和一次装药分次爆破。

3. 消除电器火花

井下使用的电气设备及供电网路都必须符合《煤矿安全规程》的有关要求。要保证电气设备的防爆性能完好,使用"三专两闭锁",消除电器火花的产生。

4. 严防摩擦火花发生

由于机械化程度的不断提高,机械摩擦、冲击火花引起的燃烧危险增加了,为防止由此而发生瓦斯爆炸事故,采取的措施有:禁止使用磨钝的截齿;截槽内喷雾洒水,在摩擦发热的部件上安设过热保护装置(如液压联轴器上的易熔合金塞);温度检测报警断电装置;利用难引燃性合金工具;在摩擦部件的金属表面溶敷活性小的金属(如铬),使形成的摩擦火花难以引燃瓦斯等。

5．防止静电火源出现

矿井中使用的如塑料、橡胶、树脂等高分子聚合材料制品，其表面电阻应低于其安全限定值。

三、限制瓦斯爆炸范围扩大

在煤矿生产过程中，如能严格执行《煤矿安全规程》的有关规定，认真采取防止瓦斯积聚和防止瓦斯引燃的措施，瓦斯爆炸事故是可以避免的。一旦某地点发生瓦斯爆炸，应尽量使事故限制在局部地点并缩小其波及范围，使灾害所造成的损失降到最低程度。常采取的措施有：

(1)实行分区通风，各水平、各采区和各工作面都应有独立的进、回风系统。
(2)通风系统力求简单，不用的巷道要及时封闭。
(3)装有通风机的井口必须设置防爆门，防止爆炸波冲毁通风机而影响矿井救灾和恢复生产。
(4)矿井主要通风机必须装有反风设备，要能在 10min 内改变巷道中的风流方向。
(5)在连接矿井两翼、相邻采区、相邻煤层之间的巷道中，设置岩粉棚或水槽棚，以防止瓦斯爆炸火焰的传播和煤层参与爆炸。
(6)编制周密的预防和处理灾害计划。

第三节　煤(岩)与瓦斯(二氧化碳)突出及预防

一、煤(岩)与瓦斯(二氧化碳)突出的机理

煤矿地下采掘过程中，在极短的时间内(几秒到几分钟)，从煤、岩层内以极快的速度向采掘空间喷出大量煤(岩)和瓦斯的现象，称为煤(岩)与瓦斯突出，简称瓦斯突出或突出。它是矿井瓦斯的异常涌出形式，也是一种致因和规律都很复杂的动力现象。它所产生的高速瓦斯流(含煤粉或岩粉)能摧毁井下巷道及设施，破坏通风系统，造成人员窒息，煤流埋人，甚至引起瓦斯燃烧和爆炸事故。因此，它是煤矿井下最严重的灾害之一。

煤与瓦斯突出有以下基本特征：
(1)突出的煤向外抛出距离较远，具有分选现象；
(2)抛出的煤堆积角小于煤的自然安息角；
(3)抛出的煤破碎程度高，含有大量的煤块和手捻无粒感的煤粉；
(4)有明显的动力效应，破坏支架，推倒矿车，破坏和抛出安装在巷道内的设施；
(5)有大量的瓦斯(二氧化碳)涌出，瓦斯(二氧化碳)涌出量远远超过突出煤的瓦斯(二氧化碳)含量，有时会使风流逆转；
(6)突出孔洞呈口小腔大的梨形、倒瓶形以及其他分岔形等。

解释突出的起因和突出过程中各主要因素的作用及相互关系的理论叫做机理。突出是十分复杂的自然现象，迄今为止，人们对于突出过程中煤岩体破坏与发展机制的认识还停留在定性与假说性阶段，对于突出过程中哪些因素起主要作用以及与其他因素间的作用机理还把握不准，故而只能对某些突出现象给予解释，还不能形成统一完整的理论体系。目前这些关于煤与瓦斯突出机理的假说有单因素作用假说、地压主导作用假说、化学本质作用假说、综合作用

假说等。在众多的假说中,多数人公认的是综合作用假说。该假说认为,煤与瓦斯突出是地压、瓦斯压力和煤(或岩体)的物理力学性质综合作用的结果。其中,地压是发动突出的因素,是破坏煤体的主要动力;瓦斯压力是完成突出过程的主要因素,是抛出煤体并进一步破碎煤体的主要动力;而煤的物理力学性质决定了突出发生、发展的难易程度,起着阻碍突出的作用。

突出煤体经历着能量的积聚过程,使之逐渐发展到临界破坏甚至过载的脆弱平衡状态。突出的发展过程一般可划分为以下四个阶段:

(1)准备阶段。该阶段的特点是:在工作面附近的煤壁内形成高的地应力与瓦斯压力梯度。即在有利的约束条件下,煤内地应力梯度急剧增高,能够叠加着各种地应力,形成很高的应力集中,积聚着很大的变形能;同时由于孔隙裂隙的压缩,使瓦斯压力增高,瓦斯内能也增大。在这个阶段,会显现多种有声的与无声的突出预兆。准备阶段的时间可在很大范围内变化,也可在几秒钟内完成(如在震动放炮或顶板动能冲击条件下)。

(2)激发阶段。该阶段的特点是地应力状态突然改变,即极限应力状态的部分煤体突然破坏、卸载(卸压)并发生巨响和冲击;向巷道方向作用的瓦斯压力的推力由于煤体的破裂,顿时增加几倍到十几倍,伴随着裂隙的生成与扩张,膨胀瓦斯流开始形成。大量吸附瓦斯进入解吸过程而参与突出。大量的突出实例表明,工作面的多种作业都可以引起应力状态的突变而激发突出。例如各种方式的落煤、打眼、刨柱窝、修整工作面煤壁等都可以人为激发突出,而且统计表明,应力状态变化越剧烈,突出的强度越大。因此,震动放炮、一般爆破均容易引发突出的工序。

(3)发展阶段。该阶段具有两个互相关联的特点:一是突出从激发点起向内部连续剥离并破碎煤体;二是破碎的煤在不断膨胀的承压瓦斯风暴中边运送边粉碎。前者是在地应力与瓦斯压力共同作用下完成的,后者主要是瓦斯内能做功的过程。煤的粉化程度、游离瓦斯含量、瓦斯放散初速度、解吸的瓦斯量以及突出孔周围的卸压瓦斯流,对瓦斯风暴的形成与发展起着决定作用。在该阶段中煤的剥离与破碎不仅具有脉冲的特征,而且有时是可轮回的过程。这可以从突出物的多轮回堆积特征中得到证实,也可以从突出过程实测记录中找到依据。

(4)终止阶段。突出的终止有以下两种情况:一是在剥离和破碎煤体的扩展中遇到了较硬的煤体或地应力与瓦斯压力降低不足以破坏煤体;二是突出孔道被堵塞,其孔壁由突出物支撑建立起新的拱平衡或孔洞瓦斯压力因其被堵塞而升高,地应力与瓦斯压力梯度不足以剥离和破碎煤体。但是,这时突出虽然停止了,而突出孔周围的卸压区与突出的煤涌出瓦斯的过程并没有停止,异常的瓦斯涌出还要持续相当长的时间。

地应力、瓦斯压力和煤强度在突出过程中各个阶段所起的作用可以是不同的。在通常情况下,突出的激发阶段,破碎煤体的主导力是地应力(包括重力应力、地质构造应力、采动引起的集中应力以及煤吸附瓦斯引起的附加应力等)。因为地应力的大小通常比瓦斯压力高几倍,而在突出的发展阶段,剥离煤体靠地应力与瓦斯压力的联合作用,运送与粉碎煤炭是靠瓦斯内能。根据对若干典型突出实例的统计数据进行计算,在突出过程中瓦斯提供的能量比地应力弹性能高3~6倍以上。压出和倾出时煤体的最初破碎的主导力也是地应力。

在极少数突出实例中也可以看到瓦斯压力为主导力发动突出的现象,这时需要很大的瓦斯压力梯度与非常低的煤强度。突出煤的重要力学特征是强度低和具有揉皱破碎结构,即所谓"构造煤",这种煤处于约束状态时可以储存较高的能量,并使透气性锐减形成危险的瓦斯压力梯度;而当处于表面状态时,它极易破坏粉碎,放散瓦斯的初速度高、释放能量的功率大。因此,当应力状态突然改变或者从约束状态突然变为表面状态时容易激发突出。

地应力在突出过程中的主要作用为:①激发突出;②在发展阶段中与瓦斯压力梯度联合作用对煤体进行剥离、破碎;③影响煤体内部裂隙系统的闭合程度和生成新的裂隙,控制着瓦斯的流动、卸压瓦斯流和瓦斯解吸过程,当煤体突然破坏时,伴随着卸压过程、新旧裂隙系统连通起来并处于开放状态,顿时显现卸压流动效应,形成可以携带破碎煤的有压力的膨胀瓦斯风暴。

瓦斯在突出过程中的主要作用为:①在某些场合,当能形成高瓦斯压力梯度(如 2MPa/m)时,瓦斯可独立激发突出。在自然条件下,由于有地应力配合,可以不需要这样高的瓦斯压力梯度就可以激发突出;②发展与实现突出的主要因素。在突出的发展阶段中,瓦斯压力与地应力配合连续地剥离破碎煤体使突出向探部传播;③膨胀着的具有压力的瓦斯风暴不断地把破碎的煤运走、加以粉碎,并使新暴露的突出孔壁附近保持着较高的地应力梯度与瓦斯压力梯度,为连续剥离煤体准备好必要条件。从这个意义上说,突出的发展或终止将取决于破碎煤炭被运出突出孔的程度,及时而流畅地运走突出物会促进突出的发展,反之突出孔被堵塞时,突出孔壁的瓦斯压力梯度骤降,可以阻止突出的发展,以致使突出停止下来。

二、煤与瓦斯(二氧化碳)突出的一般规律

国内外煤与瓦斯突出的统计资料表明,煤与瓦斯突出的发生有以下规律:

(1)突出发生在一定的采掘深度以后。随着深度的增加,突出的危险性增高,突出次数增多,强度增大,突出危险区域扩大以及突出煤层数增加。

(2)突出大多发生在地质构造带,如断层、褶曲、扭转和火成岩侵入区附近。

(3)突出多发生在采掘工作形成的集中应力区。如邻近层煤柱上下、相向采掘接近处、两巷贯通之前的煤柱内、采掘工作面附近的应力集中区等。在这些地区不仅发生突出次数多,强度也较大。

(4)突出与煤层瓦斯压力有关。在同一煤层中瓦斯压力越高的区域,突出危险性越大。不同煤层,其瓦斯压力与突出危险性之间没有直接的联系,这是因为突出是多种因素综合作用的结果。通常突出危险煤层的瓦斯压力一般在 0.7~1MPa,瓦斯含量和开采时的相对瓦斯涌出量都在 $10m^3/t$ 以上。

(5)突出的次数和强度随着煤层厚度特别是软分层厚度的增加而增多。突出最严重的煤层一般是最厚的主采煤层。

(6)突出大多发生在落煤时,尤其是爆破时更易诱导突出。

(7)突出煤层的特点是强度低(用手捻,煤能成粉末),变化大,透气性差,瓦斯散发量大,湿度小,层理紊乱,遭到地质构造严重破坏的煤层。

(8)突出前常有预兆发生。突出前的预兆主要表现在三个方面,即地压显现、瓦斯涌出及煤层结构的变化等。

1)地压显现预兆:煤炮声、支架断裂、煤岩开裂掉碴、底鼓、煤岩自行剥落、煤壁颤动、钻孔变形、垮孔、顶钻、夹钻杆、钻机过负荷等。

2)瓦斯涌出预兆:瓦斯涌出异常、煤尘增大、气温异常、气味异常,打钻喷瓦斯、喷煤粉、哨声、蜂鸣声等。

3)煤层结构变化预兆:层理紊乱、强度降低、松软或不均质、暗淡等。

三、突出危险性预测

国内外突出煤层开采实践表明,煤与瓦斯突出具有明显的区域性,即便是在同一采区也不是所有的地点都会发生突出,突出地点仅占采掘面积的7%～15%。因此,预测煤与瓦斯突出危险性十分必要。

煤与瓦斯突出危险性预测分为区域突出危险性预测和工作面突出危险性预测两大类。

区域突出危险性预测是对新矿井、新水平或新采区进行突出危险性分类,将其分为突出危险区、突出威胁区和无突出危险区。因被预测的煤层还未被揭露,只能通过钻孔、煤样测定煤层中的瓦斯压力和化验煤样的物理力学性质,或用上水平、邻近矿井的瓦斯、地质资料进行类比得出结论。目前常用的方法有单项指标法、瓦斯地质统计法和综合指标法等几种。近几年来,又开展了用物探法对突出煤层进行区域预测的研究。

(1)单项指标法。采用该法时,各种指标的突出危险临界值应根据矿区实测资料确定,无实测数据时,可参考表3-6所列数据,表3-6中煤的破坏类型可参考表3-7所列特征进行确定。表3-8为我国某些矿井煤层在始突深度煤层的瓦斯压力和瓦斯含量值。由表3-8可以看出,各煤层始突深度的瓦斯压力皆大于0.74MPa,煤层瓦斯含量皆大于$10m^3/t$。因此,上述两指标值可作为区域预测突出危险性的参考。小于上述指标值时,煤层无突出危险;等于或大于上述指标值时,有发生突出的可能。

表3-6 预测煤层突出危险性单项临界指标值

煤层突出危险性	煤的破坏类型	瓦斯放散初速度 Δp (mL/s)	煤的坚固性系数 f	煤层瓦斯压力 P(MPa)
突出危险	Ⅱ、Ⅳ、Ⅴ	≥10	≤0.5	≥0.74

表3-7 煤的破坏类型特征

破坏类型	光泽	构造与结构特征	节理性质	节理面性质	断口性质	强度
Ⅰ类(非破坏煤)	亮与半亮	层状构造、块状构造,条带清晰明显	一组或二、三组节理,节理系统发达,有次序	有充填物(方解石等),次生面少,节理、劈理面平整	参差阶状、贝状、波浪状	坚硬,用手难掰开
Ⅱ类(破坏煤)	亮与半亮	①尚未失去层状,较有次序;②条带明显,有时扭曲,有错动;③不规则块状,多棱角;④有挤压特征	次生节理面多且不规则,与原生节理构成网状节理	节理面有擦纹、滑皮,节理平整易掰开	参差多角	用手极易剥成小块,中等硬度
Ⅲ类(强烈破坏煤)	半亮与半暗	①弯曲呈透镜体构造;②小片状构造;③细小碎块,层理较紊乱,无次序	节理不清,系统不发达,次生节理密度大	有大量擦痕	参差及粒状	用手捻成粉末,松软

表 3-8 煤层始突深度处的瓦斯压力与瓦斯含量表

矿 井	煤层	始突深度(m)	瓦斯压力(MPa)	瓦斯含量(m^3/t)
红卫矿坦家冲井	6	110	1.03	15.9
红卫矿里王庙井	6	85	0.85	15.1
北票冠山矿	5A	340	2.49	13.7
北票台吉一井	4	260	1.60	12.4
北票台吉三井	3	267	1.68	12.1
淮北芦岭矿	8	460	2.95	16.4
中梁山南井	K_1	225	1.78	15.9
鸡西滴道矿	12	365	2.10	16.7
梅田余家廖矿	6	70	0.76	15.3
梅田浆水矿	6	130	1.00	17.2
沈阳红菱矿	12	580	1.08	10.1

工作面突出危险性预测包括石门揭煤工作面、煤巷掘进工作面和采煤工作面突出危险性预测。预测工作是在生产过程中进行的,又称为日常预测。目前,我国工作面突出危险性预测大都采用接触式预测方法,以钻孔排粉量、钻孔瓦斯涌出初速度或者钻屑瓦斯解吸特征作为日常预测突出危险性的判断依据。近十几年来,我国已开展了非接触式预测突出危险性的方法,如声发射(AE)技术、瓦斯涌出动态监测和电磁辐射预测等的研究,已取得了良好的预测效果。

(2)钻屑指标法。采用这一方法预测煤巷工作面突出危险性时,应在工作面打 2 个(对倾斜和急倾斜煤层)或 3 个(对缓倾斜煤层)直径为 42mm、深为 6m 以上的钻孔。钻孔每打 1m 测定钻屑量 1 次,间隔 2m 取 1 次煤钻屑,测定瓦斯解吸指标 $\triangle h_2$、C、c 或 K_1 值,然后根据测出的指标值来预测突出危险性。为了提高突出预测准确度,有时采用综合考虑钻屑量和钻屑瓦斯解吸指标的综合指标来预测工作面的突出危险性。德国采用钻屑量及钻屑特征作为预测指标,当钻屑量超过下列极限值或者出现某种征兆时,有突出危险:①直径为 50mm 的钻孔为 8L/m,直径为 95mm 的钻孔为 50L/m,直径为 140mm 的钻孔为 90L/m;②突出危险的征兆是:粗钻屑增多,煤屑和瓦斯喷出等。

(3)钻孔瓦斯涌出初速度法。利用该法进行煤巷掘进工作面突出危险性预测时,应在距巷道两帮 0.5m 处各打一个平行于巷道掘进方向、直径为 42mm、深度为 3.5m 的钻孔,然后用专门的封孔器封住孔底 0.5m 长的一段钻孔作为测量室,如图 3-8 所示。钻孔瓦斯涌出初速度用流量计进行测定,测定工作应在打完钻孔后 2min 内完成。钻孔瓦斯涌出初速度也是一个应用比较广泛且可靠性很高的指标。结果表明:当钻孔瓦斯涌出初速度小于 5L/min 时,绝大多数情况下煤层不发生突出,准确率高达 98%。

确定预测突出的敏感指标是工作面预测突出危险性研究中的一项非常重要的内容。所谓敏感指标,是指对某一煤层工作面进行预测时,能够明显区分出突出危险和非突出危险的预测

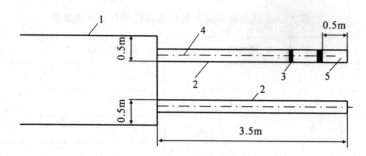

图 3-8 钻孔布置图
1.巷道；2.钻孔；3.封孔器；4.测量室管；5.测量室

指标。实践表明,对于不同的地质条件可能有不同的敏感指标,不同的矿井也可能有不同的敏感指标,甚至对于同一工作面在不同的采掘工艺条件下可能会有不同的敏感指标。中国煤炭科学研究总院抚顺分院提出"三率"法:预测危险率、预测危险准确率、预测安全准确率。某一工作面的推进过程中,采用某一预测指标连续预测工作面的突出危险性,共预测了 Y 次,其中预测工作面危险 YW 次,预测工作面安全 YA 次,在预测工作面危险的 YW 次中,工作面实际危险次数为 YBW 次,在预测工作面安全的 YA 次中,工作面实际危险次数为 YBA 次。实际危险次数指实际发生的突出次数和打钻过程中出现瓦斯动力现象的预测次数。则:

预测危险率 $P_w = YW/Y \times 100\%$

预测危险准确率 $P_{wz} = YBW/YW \times 100\%$

预测安全准确率 $P_{az} = (YA - YBA)/YA \times 100\%$

四、煤(岩)与瓦斯(二氧化碳)突出防治技术

防治突出的技术措施主要分为区域性防突措施和局部性防突措施两大类。

(一)区域性防突措施

区域性防突措施主要有开采保护层、预抽煤层瓦斯等方法。其中开采保护层是预防突出最有效、最经济的措施。

1. 开采保护层

在突出矿井中,为消除或削弱相邻煤层的突出或冲击地压危险而先开采的煤层或矿层称为保护层,后开采的煤层或矿层称为被保护层。保护层位于被保护层上方的称为上保护层,位于下方的称为下保护层。开采保护层应注意以下问题:

(1)如果煤层群中有几个保护层,应优先考虑上保护层。这样不但符合自上而下的开采顺序,而且被保护层同水平的巷道也能位于保护范围内。

(2)保护层内不得留有煤(岩)柱,以免造成应力集中引起突出。特殊情况需留煤(岩)柱时,必须将煤(岩)柱的位置和尺寸准确地标在采掘平面图上。每个被保护层的瓦斯地质图上,应标出煤(岩)柱的影响范围,在这个范围内进行采掘工作时,必须采取综合防治突出措施。

(3)矿井中所有煤层都有突出危险时,可选突出危险程度较小的煤层作为保护层,在此保护层的采掘过程中,必须采取防突措施。

2. 预抽煤层瓦斯

开采保护层时,已有瓦斯抽放系统的矿井,应同时抽放被保护层的瓦斯。单一煤层和无保

护层可采的突出危险煤层,经试验预抽瓦斯有效果时,也必须采用抽放瓦斯的措施。

煤层抽放瓦斯后,大量高压瓦斯的排出导致瓦斯潜能的释放,减弱了完成突出过程的主要动力;大量瓦斯的排出直接导致煤体强度的增大,增加了突出的阻力;另一方面,大量瓦斯的排出又导致煤体的卸压,释放了积蓄在煤体和围岩中的弹性能,减弱了发动突出的主要动力。在这些因素综合作用下,可消除突出危险。

(二) 局部性防突措施

局部性防突措施主要在采掘工作面执行,是针对采掘工作面前方煤岩体一定范围消除突出危险性的措施。局部性防突措施有许多种,如深孔或浅孔松动爆破、震动爆破、超前钻孔、水力冲孔、卸压槽、超前支架等。

1. 深孔控制卸压爆破

深孔控制卸压爆破是在煤巷掘进工作面正前方煤体中,打若干个 25～30m 深的钻孔,其中有直径为 50～75mm 的爆破孔和直径为 90～120mm、不装药的控制孔。通过爆破,煤体内产生破碎圈带及松动圈带,使集中应力区移向煤体深部,同时加速排放高压瓦斯,从而达到防突目的。

为保证爆破孔的成孔质量和防止孔内积水,爆破孔必须采用风力排粉工艺打钻。钻机可选用 3kW 岩石电钻,钻架为组合式可调钻架。为了防止钻孔跑偏,保证布孔间距基本一致,钻头应选择具有一定定向能力的钻头。装药结构一般为散粉连续耦合装药,孔内敷设导爆索,正向起爆。封孔方式为压风喷泥连续封孔,封孔材料为黄土。

2. 震动爆破

震动爆破是一种安全防护措施。它是在工作面布置较多的炮眼,装较多的炸药,全断面一次爆破,使承受地应力的含高压瓦斯的煤体在强大的震动力作用下突然暴露,造成最有利的突出条件。由于爆破前人员已撤到安全地点,所以即使诱导突出也不会伤人。

震动爆破常用于石门和立井揭煤。其揭穿煤层的效果取决于石门岩柱厚度、炮眼数目、炮眼布置和装药量等参数。

3. 超前钻孔

超前钻孔是指在煤巷掘进工作面前方一定距离的煤体内,始终保持足够数量的排放瓦斯钻孔。它的作用是排放瓦斯,增加煤的强度,在钻孔周围形成卸压区,使集中应力区移向煤体深部。

超前钻孔的孔数决定于巷道断面面积和瓦斯的有效排放半径,而瓦斯的有效排放半径必须经实测确定。钻孔的直径应根据煤层赋存条件和突出情况确定,一般为 75～120mm,地质条件变化剧烈地带也可采用 42mm 直径的钻孔。钻孔的孔深应超前工作面前方的集中应力区,一般情况下它的数值为 3～7m,所以孔深应不小于 10～15m。掘进时钻孔超前掘进工作面的距离不得小于 5m。

超前钻孔适用于煤层透气性较好、钻孔的有效排放半径大于 0.7m、煤质稍硬的突出煤层。如果煤质松软,瓦斯压力较大,则打钻时容易发生夹钻、垮孔、顶钻,甚至发生孔内突出现象。

对低透气性煤层,可采用高压水射流扩孔技术提高钻孔排放瓦斯的效果。高压水射流扩孔是在已施工好的钻孔中,利用扩孔射流器的自行旋转和喷出的高压细射流对钻孔周围煤体进行旋转切割,同时通过高压扩孔钻杆沿钻孔轴向运动,形成对整个钻孔的径向连续扩孔,从而扩大钻孔直径,增加煤层的暴露面积和钻孔排放瓦斯量,其工艺流程如图3-9所示。

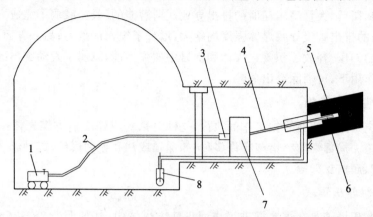

图3-9 高压水射流扩孔设备及工艺流程图
1.高压水泵;2.高压水管;3.高压水尾;4.封孔管;5.扩孔射流器;6.扩孔钻杆;7.钻机;8.煤水输送系统推进喷头

4. 水力冲孔

水力冲孔是在安全岩柱或煤柱的防护下,向煤层打钻后,利用高压水射流的冲击作用在工作面前方煤体内冲出一定的孔道,以加速瓦斯排放。由于孔道周围煤体的移动变形,应力重新分布,扩大卸压范围,从而消除突出危险。此外,在高压水射流的冲击作用下,冲孔过程中能诱发小型突出,使煤岩中的潜在能量逐渐释放,避免发生大型突出事故。

水力冲孔主要用于石门揭煤和煤巷掘进,其工艺流程如图3-10所示。

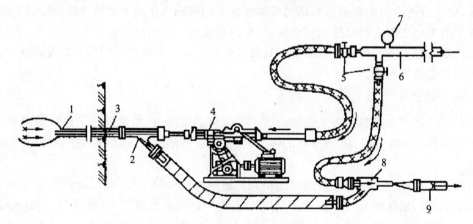

图3-10 水力冲孔工艺流程图
1.套管;2.三通管;3.钻孔;4.水管接头;5.阀门;6.高压水管;7.压力表;8.射流泵;9.排煤水管

石门揭煤时,当掘进工作面距突出危险层3~5m时,停止掘进,利用钻机向煤层打孔径为90~110mm的钻孔。在孔口安设防喷套管及三通管排煤管,将钻杆通过三通管通达煤层,钻杆末端与高压水管连接,冲出的煤、水和瓦斯由三通管经射流泵加压后,送入沉淀池。

煤巷掘进时一般布置3个扇形钻孔来冲孔,冲孔深度20~30m,超前距不小于5m,孔底间距 5m 左右,冲孔孔道应沿软分层前进。

冲孔前掘进工作面必须架设迎面支架,并用木板和立柱背紧背牢,对冲孔地点的巷道,支架必须检查和加固。

5. 卸压槽

卸压槽是近年来在采掘工作面推广使用的一种预防煤与瓦斯突出和降压冲击地压的措施。它的实质是预先在工作面前方切割出一定宽度的缝槽,以增加工作面前方的卸压范围。卸压槽使巷道前方一段距离内的煤体与煤层母体部分脱离。在卸压槽的保护范围内掘进,并保持一定的超前距,就可避免突出或冲击地压的发生。

6. 超前支架

超前支架是指为了防止因工作面顶部煤体松软垮落而引起瓦斯突出,在工作面前方顶部事先打一排支架。其作用是支撑顶部悬露的煤体,排放瓦斯,增加煤体的稳定性。

超前支架多用于有突出危险的急倾斜煤层和缓倾斜厚煤层中的平巷内。架设方法是用煤电钻在工作面前方顶部打一排直径为 50mm 左右、仰角为 $8°\sim 10°$、间距为 $200\sim 250$mm 的钻孔,孔内插入长度为 $3\sim 6$m 的钢管或钢轨,尾端用支架固牢,即可进行掘进。掘进时保持 $1.0\sim 1.5$m 的超前距。巷道永久支架架设后,钢材可回收复用。

五、煤(岩)与瓦斯突出的防治

在有煤(岩)与瓦斯突出的岩层内掘进巷道或揭穿该岩层时,可采取岩心法或突出预兆法预测岩层的突出危险性。有突出危险时,必须采取防治岩石与瓦斯突出的措施。在一般或中等程度突出危险地带,可采用浅孔爆破降低突出频率和强度;在严重突出危险地带,可采用超前钻孔和深孔松动爆破措施;在严重突出危险地带中掘进爆破时,在工作面附近应安设挡栏,以限制突出强度。

突出是一种复杂的动力现象,虽然国内外瓦斯工作者研究出不少的防突措施,但突出事故仍不能杜绝。为了防止预测和检验失误带来灾难性后果,无论是否有突出危险或措施是否有效,在突出煤层中进行采掘作业时,都必须采取安全防护措施。安全防护措施包括反向风门、采掘工作面的远距离爆破、自救器、设置躲避硐室和压风自救系统等内容。

第四节 瓦斯检测及监测

一、矿井瓦斯检测

矿井瓦斯的检测与监测是保证煤矿安全生产、防止瓦斯爆炸事故发生的重要措施之一,也是研究瓦斯涌出规律和评价瓦斯防治效果的基本依据。

瓦斯检测实际上是指甲烷检测,主要检测甲烷在空气中的体积浓度。矿井瓦斯检测的仪器种类很多,目前煤矿普遍使用的便携式瓦斯检测仪有光学甲烷检测仪和电测式甲烷检测报警仪等。

光学甲烷检测仪是利用光干涉原理,测定甲烷和二氧化碳等气体浓度的便携式检测仪器。这种仪器的特点是携带方便,操作简单,安全可靠,且有足够的精度。但由于其采用光学系统,构造复杂,维修不便。仪器测定范围和精度有两种:测量瓦斯浓度 0~10.0%,精度 0.01%;测量瓦斯浓度 0~100.0%,精度 0.1%。

电测式甲烷检测报警仪具有体积小、质量轻及检测精度高、读数直观、连续检测、自动报警等优点,目前广泛应用于各类矿山。便携式甲烷检测报警仪种类很多,我国目前主要用热导式和热效式两类,表 3-9 为部分国产电测式甲烷检测仪的技术特征。

表 3-9 国产电测式甲烷检测仪的技术特征

仪器名称	AZJ2000 甲烷检测仪	AZJ95A 智能型甲烷检测报警仪	AZD-1 智能多参数检测仪	JCB-C120 甲烷检测仪
原理	载体催化	载体催化	载体催化、电化学	载体催化
CH_4 测量范围(%)	0~5	0~5	0~4	0~4
测量误差(%)	0~2 ±0.1 2~3.5 ±0.2 3.5~5 ±0.3	0~1.25 ±0.1 1.25~5 ±0.3	0~2 ±0.1 2~4 ±0.2	0~1 ±0.1 1~2 ±0.2 2~4 ±0.3
报警方式	断续声光讯号	声光讯号	声光	蜂鸣器振荡
尺寸(mm)	115×60×25	135×66×28	95×57×155	120×58×27
质量(g)	215	250	650	250
防爆类型	矿用本质安全兼隔爆型	矿用本质安全兼隔爆型	矿用本质安全兼隔爆型	矿用本质安全兼隔爆型

二、矿井瓦斯监测监控系统

矿井安全监测系统是以井下生产环节的作业环境、作业状况为监测对象,用计算机对采集的数据进行分析处理,对设备、局部生产环节或过程进行控制的一种系统。它们的型号种类很多,但结构功能基本相同,都是由地面中心站、井下分站、信息传输系统和监测传感器及执行装置四部分组成(图 3-11)。

地面中心站由传闭接口装置(调制解调器)、若干台计算机、电源、数据处理与系统运行软件、信息的存贮、打印、显示等装置组成。地面中心站的作用是接收分站远距离发送的信号,并送主机处理;接收主机信号,并送相应分站。

井下分站的作用是,一方面对传感器送来的信号进行处理,使其转换成便于传输的信号送到地面中心站;另一方面将地面中心站发来的指令或从传感器送来应由分站处理的有关信号经处理后送至指定执行部件,以完成预定的处理任务,如报警、断电、控制局部通风机开启等,并向传感器提供电源。

传输系统是用信道将井下信息传输至地面或将地面中心站指令经信道传输至井下分站的信息媒介。信道是信息传输的通道,矿井监测系统一般采用专用的通信电缆作为信道。

传感器与井下分站之间通常采用直接传输的方式。井下分站与地面中心站之间的传输方式较多,主要有空分制信息传输、频分制信息传输、时分制信息传输及频分与时分结合传输方式。

第三章 瓦斯灾害的机理及防治

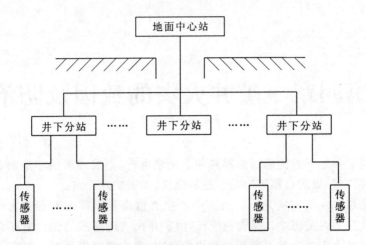

图 3-11 监测系统组成结构图

目前,国产监测系统大多采用树状结构,且以大容量、多参数、多功能、时分制传输方式占主导地位,基本上能满足矿井对监测、监控的需要。目前国内采用的矿井瓦斯监测、监控系统有 KJ4、KJ90、KJ95、KJl01、KJF2000、KJ4/KJ2000 和 KJG2000 等监控系统,以及 SSNM、WEBGIS 等煤矿安全综合化和数字化网络监测管理系统。

第四章 矿井火灾的致因及防治

凡是发生在矿井地下或地面而威胁到井下安全生产,造成损失的非控制燃烧均称为矿井火灾。如地面井口房、煤炭自燃等都是非控制燃烧,均属矿井火灾。

矿井火灾是煤矿主要灾害之一。火灾中产生大量高温烟雾和有毒有害气体(CO、CO_2、SO_2等),会造成井下人员伤亡。据资料统计,由矿井火灾所造成的伤亡中有95%以上是因烟气中毒所致。矿井火灾还容易引起瓦斯和煤尘爆炸,使灾害更为严重。此外,矿井火灾还会导致矿井设备和煤炭资源严重破坏与损失。因此,矿井火灾防治是煤矿安全生产的一项重要工作。

煤矿火灾防治是一项系统工程,其理论与技术的研究内容应围绕一个目标和三个问题。一个目标:防止矿井火灾发生,对于已发生的火灾要防止其扩大并最大限度地减小火灾中的人员伤亡和经济损失。三个问题:一是火灾是如何发生的?其内容主要是研究矿井火灾产生的原因、条件以及火灾发生过程和特点;二是如何防止火灾发生?包括火源预测、火灾预防和预报技术;三是火灾发生后如何进行及时而有效的控制和处理。

第一节 矿井火灾的特点及分类

一、矿井火灾的特点

矿井火灾有以下特点:

(1)空间小,场地窄,设备多,防治设施和灭火器材不齐全,灭火工作比较困难。

(2)井下火灾一般是在空气有限条件下发生的,尤其是采空区的内因火灾更是如此,通常无明显火焰,但却生成大量的有害气体。

(3)内因火灾不易发现,持续时间长,燃烧的范围逐渐蔓延扩大,烧毁大量煤炭资源,冻结大量开拓煤量。

(4)井下人员集中,安全出口少,不易躲避和疏散,从而加重了火灾造成的损失。

(5)产生火风压,改变井下风流方向。

二、矿井火灾分类

(一)根据火灾发生的地点分类

根据火灾发生的地点不同,可分为地面火灾和井下火灾两种。

(1)凡是发生在矿井工业场地的厂房、仓库、井架、露天矿场、矿仓、驻矿堆等处的火灾,称为地面火灾。

(2)凡是发生在井下硐室、巷道、井筒、采场、井底车场以及采空区等地点的火灾,称为井下火灾。当地面火灾的火焰或由它所产生的火灾气体、烟雾随同风流进入井下,威胁矿井生产和工人安全,也称为井下火灾。

井下火灾与地面火灾不同,井下空间有限,供氧量不足。假如火源不靠近通风风流,则火灾只是在有限的空气流中缓慢地燃烧,没有地面火灾那么大的火焰,但却生成大量有毒有害气体,这是井下火灾易于造成重大事故的一个重要原因。另外,发生在采空区或矿柱内的自燃火灾,是在特定条件下,因矿岩氧化自热转化为自燃所致。

(二)根据引火源的不同分类

根据引火源的不同,矿山火灾可分为外因火灾和内因火灾两大类。这是目前国内外常用的分类方法之一。

1. 外因火灾

外因火灾是指可燃物在外界火源的作用下引起燃烧而形成的火灾,如电流短路、焊接、机械摩擦、违章放炮产生的火焰、瓦斯和煤尘爆炸等都可能引起该类火灾。外因火灾的特点是突然发生,来势凶猛,如不能及时发现,往往可能酿成恶性事故。

2. 内因火灾

内因火灾又称自燃火灾,是指煤(岩)层或含硫矿场在一定的条件和环境下,自身发生物理化学变化,积聚热量导致着火而形成的火灾。在整个矿井火灾事故中,内因火灾占的比例很大。我国在1953—1984年矿井火灾统计资料中,内因火灾占94%。内因火灾的特点是发生过程比较长,而且有预兆,易于早期发现,但很难找到火源中心的准确位置,扑灭此类火灾比较困难。

在上述两类火灾中,内因火灾是矿井火灾防治的重点。这是因为自燃火灾不仅发生次数居多,而且它的火源较隐蔽,常发生在人们难以进入或不能进入的采空区或煤柱内,致使灭火难度加大,很难在短时间内扑灭,以致有的自燃火灾持续数月、数年之久,甚至更长时间,这不仅严重危及人身安全,而且导致大量煤炭资源损失。

(三)根据不同燃烧物分类

根据不同燃烧物,矿井火灾可分为机电设备火灾、火药燃烧火灾、油料火灾、坑木火灾、瓦斯燃烧火灾和煤炭自燃火灾。

三、矿井火灾的危害

矿井火灾的危害主要表现在以下几个方面:

(1)燃烧煤炭资源,烧毁成产设备,消耗大量的材料,造成巨大的经济损失。

(2)为了灭火需要封闭采区,冻结大量开采的煤炭,影响矿井的产量。

(3)矿井火灾能引起瓦斯煤尘的爆炸,使矿井事故进一步扩大,造成更大的损失。

(4)矿井火灾产生大量的有毒有害气体,尤其是CO危害极大,造成大量人员伤亡。

据国内外资料统计,在矿井火灾事故遇难人员中,95%以上的遇难人员是吸入有害气体中毒所致。矿井火灾的危害是严重的,在煤矿生产中应引起高度的重视,坚持"预防为主,防治结合"的原则,积极做好防火工作,就能控制矿井火灾的发生。

第二节 煤炭自燃机理

一、煤炭自燃机理

人们从17世纪开始探索煤炭自燃机理,先后提出多种阐述煤炭自燃机理的学说,其中主要有黄铁矿作用学说、细菌作用学说、酚基作用学说以及煤氧化合学说等。

目前被人们认可的、比较合理解释煤的自燃机理的学说为煤氧化合学说,这种学说认为,煤在常温下吸附空气中的氧,并发生氧化反应,生成热量,热量积聚,导致煤的自燃。

(一)煤炭自燃的基本条件

煤炭自燃的形成必须具备以下四个基本条件:

(1)煤本身具有自燃倾向性。这是煤自燃的内在因素,与煤本身所含化学成分有关。

(2)煤呈破碎状态存在。煤破碎以后,接触氧的表面积增大,吸附氧的能力大大增强,容易氧化产生大量的热量。

(3)连续供氧。缓慢地连续供氧能使煤的氧化继续。

(4)热量易于积聚。发生自燃的地点,通风不畅(如采空区、煤柱裂缝、浮煤堆积处等),煤氧化产生的热量不易散发出去,热量逐渐积累,温度不断升高,当达到燃点温度时煤就燃烧起来。

煤本身具有自燃倾向性是形成煤炭自燃的内在条件,是内因;而后三个条件是煤炭自然发火的外在因素,是外因,可以人为地控制。预防煤炭自燃火灾的发生,应设法避免后三个条件的形成。

(二)煤炭自燃的发展过程

煤炭的自燃过程按其温度和物理化学变化特征,分为潜伏期、自热期、自燃期和熄灭四个阶段,如图4-1所示。潜伏期与自热期之和为煤的自然发火期。

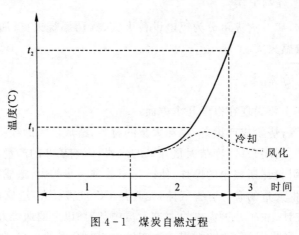

图4-1 煤炭自燃过程
1.潜伏阶段;2.自热阶段;3.燃烧阶段

(1)潜伏期。自煤层被开采、接触空气起至煤温开始升高的时间区间称为潜伏期。在潜伏期,煤与氧的作用是以物理吸附为主,放热很小;煤的质量略有增加,增加的质量等于吸附氧的质量,煤的化学性质变得活泼,煤的着火温度降低。

(2)自热阶段。煤温开始升高至其温度达到燃点的过程叫自热阶段。自热过程是煤氧化反应自动加速、氧化产生热量逐渐积累、温度自动升高的过程。具有以下特点:①氧化放热较大,煤温及其环境温度升高;②空气中CO、CO_2含量显著增加,并散发出煤油味和其他芳香气味;③有水蒸汽生成,火源附近出现雾气,在支架及巷道壁上凝有水珠;④微观结构发生变化。

(3)燃烧阶段。煤温达到其自燃点后,若能得到充分的供氧(风),则发生燃烧,出现明火。这时会产生大量的高温烟雾,其中含有CO、CO_2以及碳氢类化合物。若煤温达到自燃点,但供风不足,则只有烟雾而无明火,即即为干馏或阴燃。

(4)熄灭。及时发现,采取有效的灭火措施,使煤温降至燃点以下,燃烧熄灭。

二、煤的自燃倾向性

(一)煤的自燃倾向性

煤在常温下具有氧化能力的内在属性称为煤的自燃倾向性。正是由于这种属性,暴露在空气中呈破碎状态的煤才有可能因氧化积聚热量而发生燃烧引起火灾。《煤矿安全规程》规定,新建矿井的所有煤层必须由国家授权单位进行自燃倾向性鉴定;生产矿井延深新水平时,必须对所有煤层的自燃倾向性进行鉴定。

煤的自燃倾向性鉴定方法很多。目前我国采用色谱吸氧法,色谱吸氧法使用的仪器为"ZPJ-1型煤自燃倾向性测定仪"。使用该仪器测定出煤在常压下30℃时的吸氧量,然后根据每克干煤的吸氧量大小,将煤的自燃程度划分为三级:Ⅰ级—容易自燃;Ⅱ级—自燃;Ⅲ级—不易自燃。自燃倾向性划分标准如表4-1和表4-2所示。

表4-1 煤炭自燃倾向性分类表一

(褐煤、烟煤类)

自燃等级	自燃倾向性	常压下30℃煤的吸氧量/(cm^3/g)(干煤)
Ⅰ级	容易自燃	≥0.70
Ⅱ级	自燃	0.40~0.70
Ⅲ级	不易自燃	≤0.40

表4-2 煤炭自燃倾向性分类表二

[高硫煤、无烟煤(含可燃挥发分)]

自燃等级	自燃倾向性	常压下30℃煤的吸氧量/(cm^3/g)(干煤)
Ⅰ级	容易自燃	≥1.00
Ⅱ级	自燃	0.80~1.00
Ⅲ级	不易自燃	≤0.80

自燃火灾的形成不仅取决于煤的自燃倾向性,而且还取决于煤的存在状态、供氧条件及蓄热条件。完整的煤体在空气中是不会发生自燃的,这是因为它的氧化面积小,产生的热量少且

不易积聚,温度难以升高,所以氧化过程不能得到发展,也就不能燃烧。只有在煤呈破碎状态,又有连续供氧条件和良好蓄热条件时,才有可能形成自燃火灾。

综上所述,形成自燃火灾的必要条件是必须同时具备以下三个条件:具有自燃倾向性的煤呈破碎状态存在;连续供氧;氧化生成的热量易于积聚。

(二)煤的自燃影响因素

1. 影响煤炭自燃的内部条件

煤炭自燃的内部条件是煤炭自燃的内在因素,包括煤的化学成分、煤的物理性质、煤岩成分、煤层地质赋存条件。

(1)煤的化学成分。各种品种的煤,各种不同化学成分的煤,都有自燃的可能。从煤化程度看,一般认为煤化程度越高,挥发分含量越低,其自燃倾向性越弱,反之越强。同一品种的煤,自燃倾向性也不相同,这是由于煤的物理化学性质的多样性所致。因此,煤化程度不能作为煤的自燃倾向性的唯一指标。一般来说,煤中灰分越高,煤越不易自燃;煤中含硫越高,煤越易自燃。

(2)煤的物理性质。物理因素包括煤的破碎程度、水分和温度。煤越易破碎,与空气接触面积越大,越易自燃;脆性大的煤,容易破碎,也易自燃。丢弃在采空区内的浮煤和因冒顶或片帮堆积的浮煤容易自燃,而未被破坏的煤体不易自燃;同一种煤含水分越多,燃点也越高,但当其干燥后,煤的燃点显著降低,这是因为浸过水的煤,水使煤体分散,并清洗了煤表面的氧化层,因而易于自燃;但当煤体中的水分过多时,又会抑制煤的氧化。温度对煤自燃的影响是最大的,温度越高,煤越易自燃,其影响作用如自燃过程各阶段所述。

(3)煤岩成分。组成煤炭的四种煤岩成分有丝煤、暗煤、亮煤和镜煤。其中暗煤硬度大、密度大,难以自燃;亮煤与镜煤脆性大,易破碎且燃点低,容易自燃;丝煤具有纤维结构,在常温下吸氧能力特别强,燃点最低,容易自燃。因此,在常温下,丝煤是自热的中心,起着引火物的作用,亮煤和镜煤脆性大,灰分少,最有利于自燃的发展,暗煤则不易自燃。

(4)煤层地质赋存条件

①煤层厚度和倾角。自然发火多发生在厚煤层、急倾斜煤层中。这是因为开采厚煤层或急倾斜煤层时,煤炭回收率低、采区煤柱易遭破坏、采空区不易封闭严密且漏风较大所致;煤又是热的不良导体,煤层越厚,越容易积聚热量,所以厚煤层分层开采时遗留浮煤较多,氧化产热不易散发出去,发火率较高。

②煤层埋藏深度。煤层埋藏深度越大,地压和煤体的原始温度也越高,煤内自然水分少,这将使煤的自燃危险性增加。但矿井开采浅部煤层时,容易形成与地表沟通的裂隙,造成采空区内有较大的漏风,也容易形成采空区浮煤的自燃。

③地质构造。煤层中地质构造破坏的地方(如褶曲、断层、破碎带和岩浆侵入区),煤炭自然发火比较频繁。因为这些地区的煤质松碎,有大量裂隙,从而增加了煤的氧化活性、供氧通道和氧化表面积。如有围岩渗水,使煤的氧化能力提高。在岩浆侵入区,煤受到干馏,煤的孔隙率增加,强度降低,煤的自燃危险性增大。

④围岩性质。煤层顶板坚硬,煤柱最易受压破碎。另外,坚硬顶板的采空区难以充填密实,冒落后容易形成与相邻采区、甚至与地面连通的裂隙,造成漏风,为自然发火提供了充分条件。

2. 影响煤炭自燃的外部条件

煤炭自燃的外部条件主要是煤炭开采的技术因素和矿井通风系统等。

(1)矿井开拓系统。选择合理的开拓系统,减少对煤层的切割,少留煤柱,巷道容易维护,减少冒顶,采空区容易隔绝,从而大大降低煤层自然发火的危险性。

(2)矿井采煤方法。选择合适的采煤方法,即巷道布置简单,易于维护;合理的开采顺序,采区回采率高,工作面回采速度快,采区漏风少,自然发火的危险性就会大大降低。

(3)矿井通风系统。选择合理的通风系统,减少或杜绝向采空区、煤柱和煤壁裂隙的漏风,就可以控制自然发火的发生。在矿井通风的实际管理中,一方面应严密堵塞漏风通道,以降低煤炭自然发火率;另一方面,还应尽量降低矿井总风压,以减少漏风通道两端的风压差,来降低漏风的风量,减少煤炭自燃的可能性,这对于防止煤炭自然发火有非常重要的意义。

三、煤炭自燃的预测预报

煤炭自然发火早期预测预报就是根据煤自然发火过程中出现的征兆和观测结果判断自燃,预测和推断自燃发展趋势,给出必要的提示和警报,以便及时采取有效的防治措施。井下发生自然发火时往往会出现以下一些征兆,据此可初步判断煤自然发火的特征:

(1)温度升高。通常表现为煤壁温度升高、自燃区域的出水温度升高和回风流温度升高,这是由于煤氧化自燃进入自热阶段放热所致。

(2)湿度增加。通常表现为煤壁"出汗"、支架上出现水珠等,这是因为煤在自燃氧化过程中生成和蒸发出一些水分,遇温度较低的空气或介质重新凝结形成水珠或雾气。

(3)出现火灾气味。巷道(或回采工作面)中,出现煤油、汽油、松节油或煤焦油气表明自燃已发展到自热阶段的后期,不久就可能出现烟雾和明火。

(4)人体感到不适或出现某些病理现象。自然发火过程中释放出大量的 CO、SO_2、H_2S 等有害气体,人吸入后往往会出现头痛、疲乏、昏昏欲睡、四肢无力等病理现象。

(5)出现烟雾或明火。自然发火到一定程度时会出现烟雾或明火,此时处理措施一定要谨慎、得当,以免引燃引爆瓦斯,造成非常严重的后果。

自然发火的早期预测预报方法主要有气体分析法、测温法、光电法、电离法、烟雾法和气味检测法等。我国最常用的是气体分析法和测温法。

1. 气体分析法

气体分析法是以煤自然发火过程中的气体产物变化规律来预测预报煤自然发火过程。长时期以来,气体分析法采用的是单一——氧化碳指标。但研究表明,一氧化碳指标与煤矿自然发火过程的分阶段性对应关系差,受现场影响因素干扰较大。最新研究成果表明,可以使用一氧化碳、乙烯及乙炔等指标预测预报煤炭自燃情况。矿井风流中只出现 10^{-6} 级的一氧化碳时为缓慢氧化阶段,出现 10^{-6} 级的一氧化碳、乙烯时为加速氧化阶段,出现 10^{-6} 级的一氧化碳、乙烯及乙炔时为激烈氧化阶段,此时即将出现明火。需指出的是,对不同的煤层必须分别对其进行模拟实验,优选其指标的具体应用值。开滦赵各庄矿9煤层和12煤层采集了9个煤样进行升温氧化实验,对实验结果分析可知,适合于赵各庄矿煤炭自然发火预测预报的指标气体主要是一氧化碳、乙烷、乙烯和乙烷比乙烷。缓慢氧化阶段、加速氧化阶段和激烈氧化阶段对应的温度范围为:<180℃,180℃~300℃,>300℃。缓慢氧化阶段的指标气体主要是一氧化碳和乙烯,此阶段各煤样一氧化碳作为预测指标气体明显优于乙烯。在加速氧化阶段,乙烯和乙烷都已出现,选用乙烯乙烷比值作为预测指标。在激烈氧化阶段,煤已将近燃烧,对于早期预测预报已没有意义。

国外有的煤矿采用烯炔比(乙烯和乙炔之比)和链烷比(C_2H_6/CH_4)来预测煤的自热与自燃(表4-3)。

表4-3 主要产煤国家预报煤炭自然发火的指标气体

国别	指标气体	国别	指标气体
中国	CO、C_2H_4、I_{CO}等	日本	CO、C_2H_4/CH_4、I_{CO}、C_2H_4、烟等
原苏联	CO、C_2H_4/C_2H_2、烟等	英国	CO、I_{CO}、C_2H_4、烟等
原西德	CO、I_{CO}、烟等	美国	CO、I_{CO}、C_2H_4、烟等

2. 测温法

测温法是通过测量发热体及其周围的温度变化来反映煤的自然发火进程,从而做出预测预报。这种方法是通过在钻孔内安设温度探测器,或在某些区域内布置的温度传感器及其无线发射装置,根据测定的温度和接收到的信号变化来判断煤层是否发生自燃。

测温法也是煤自然发火监测的常用方法之一。但由于受煤矿井下作业环境流动性、分散性和空间限制等因素的影响,温度监测所需监测点多,且工作量较大,采用热电偶等温度传感器成本高,管理困难。因此至今未能得到广泛应用。

3. 束管集中检测系统

束管集中检测系统是一种连续抽取井下气体,在地面用仪器分析各种指标气体以预报灾情的装置(图4-2)。束管集中检测系统组成:①采样系统(由抽气泵和管路组成);②控制装置;③气样分析(气相色谱仪、红外气体分析仪等);④数据储存、显示和报警。塔山煤矿引进的澳大利亚 TUBEBUNDLE SYSTEM MINEGAS 及 GC-CP4900 两套束管防火监控系统,实际应用效果良好。

4. 气味检测法

近年来,日本等国研制成功一种气味传感器,并将其用于日本太平洋煤矿井下煤自然发火的早期预测,取得了初步成效,开辟了煤自然发火预测预报气味检测法的新领域。气味传感器是一种结构与人类嗅觉鼻粘膜极为相似的人工合成双层薄膜,当薄膜吸附气味后,覆盖在振动器上的薄膜的重量增加,振动器的频率改变,频率变化大小可以用电信号输出,能够测量频率就能够测定吸附气体的重量。气味分析法不但能检测出煤低温氧化初期释放气味的微弱变化,借助于人工神经网络分析,还能识别不同物质(如煤炭、坑木、胶带等)燃烧时所释放出来的气味。虽然气味检测法及其预测指标的研究取得了一定的成果,但在实际应用中,井下放炮的炮烟、胶带输送机和采煤机等大型机电设备的开停、放煤落煤以及通风系统的改变等都会对气味传感器的监测造成一定的影响。气味检测法的实用性还有待进一步研究。

5. 矿井火灾监测与监控系统

煤矿建立现代化的环境监测系统进行火灾早期预报,是改变煤矿安全面貌、防止重大火灾

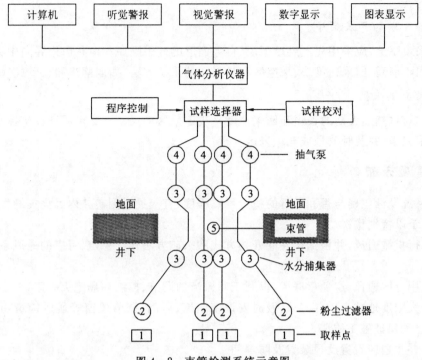

图 4-2 束管检测系统示意图

事故的根本出路。近年来,国内外的煤矿安全监测技术发展很快,法国、波兰、日本、德国、美国等国家先后研制了不同型号的环境监测系统。我国从 20 世纪 80 年代开始,通过对国外技术的引进、消化和吸收,环境监测技术有了很大的进步。除分别引进波兰的 CMC-1 系统、英国的 MINOS 系统、美国 MSA 公司 DAN-6400 系统以及德国 TF-200 系统外,国内一些军工和煤矿研究单位也研制了一些监测和监控系统。

第三节 矿井内因火灾防治技术

内因火灾多发生在风流不畅通的地点(如采空区、压碎的煤柱、浮煤堆积处等),发火后难以扑火;有的内因火灾可持续数年或数十年不灭,给矿井安全生产带来极大的影响,在煤矿生产中必须引起足够的重视。煤炭防治自然发火的措施主要有采矿技术方面的措施,通风方面的措施,灌浆防灭火、阻化防灭火、惰性气体防灭火等措施。

一、采矿技术方面的措施

总的要求是:所选用的开采技术应尽可能使煤层和硫化矿石在暴露时间上和空间上减少氧化作用。也就是说,要选择矿石损失少、木材消耗低、回采强度大以及一旦出现自燃发火危险时,易于消除灾害和封闭灾区的开采技术。

1. 选择合理的采矿方法

开采有自燃倾向的矿床,首先应考虑露天开采。当采用地下开采时应采用石门、岩石大巷的脉外开拓方式,从预防自燃角度看,它具有少切割矿(煤)层、少留矿(煤)柱、便于封闭及隔离采空区的优点。

2. 选择合理的开采顺序

在开采顺序上,应采用先上层后下层、自上而下的开采顺序和由井田边界向中央后退式回采。选用回收率高、回采速度快、采空区容易封闭的采矿方法,如崩落法和长壁式采煤法等。

3. 合理布置采区

根据矿石自然发火期的长短和回采速度来决定采区的尺寸。必须保证在矿体自燃发火来到之前回采完毕,并及时放顶或充填采区。

二、通风方面的措施

通风系统设计正确与否和运行的稳定可靠程度,直接关系到矿井内因火灾的发生、发展和扑灭,必须予以特别重视。

(1)实行机械通风,并根据矿井的开拓方式和采矿方法建立稳定、可靠的通风系统,加强通风管理。

(2)采用分区通风,避免串联风,以利于对风流的调节、控制和隔绝灭火区、缩小火灾区域。

(3)最大限度地减少矿井漏风,及时安设密闭墙、风门、调节风窗等通风构筑物,并正确选择安设地点和保证施工质量。

(4)矿井主扇应设置反风装置及防爆门。

(5)加强通风系统的测定和管理工作。特别是有自燃发火危险地区的风量、风向、风压及漏风状况的测定。

三、预防性灌浆技术

预防性灌浆就是将水、黄土(或经破碎的页岩、电厂粉煤灰等)按一定比例配制成泥浆,利用高度差或泥浆泵通过输浆管路,将其输送到采空区等可能发生自燃火灾的地点,以防止自燃火灾的发生。

泥浆预防自燃火灾的作用是:①隔绝氧气。泥浆灌入采空区后,其中的固体物沉淀,充填于煤、岩碎块的缝隙之间,并将碎煤包裹起来。这样,不仅增加了采空区的密实程度,减少了漏风,而且又防止了碎煤氧化。②吸热降温。泥浆能增加碎煤的湿润,并吸热降温,从而抑制煤的氧化进程。

灌浆的方式很多,现将常用的方式简介如下。

1. 采前预灌

井田内老窑自然发火严重,在这种井田开采时,应采用采前预灌,如图 4-3 所示。这种方法是在岩石运输巷和回风巷掘出后、分层巷未掘通前,打钻探明老窑采空区的分布情况,要求钻孔经岩石穿透煤层到煤层顶板,终孔间距为 30~50m,当工作面的长度超过 90m 时,应在岩石运输巷和回风巷都布置钻孔,两巷中钻孔的位置要错开,钻孔呈放射状,然后钻孔和灌浆管连接即可灌浆。灌浆过程应连续,灌满一个再接另一个,把整个工作面的老空区灌满后,经足够的脱水时间后,方可进行开采。

2. 随采随灌

随采随灌是为防止工作面后方采空区遗留煤的自燃,另外,对于厚煤层分层开采形成再生

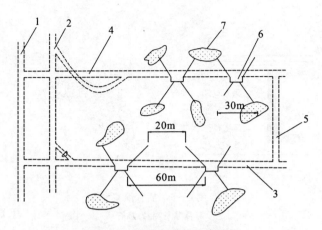

图 4-3 采前预灌钻孔布置图
1.运输机上山；2.轨道上山；3.岩石运输巷；4.岩石回风巷；5.边界上山；6.钻窝；7.老空区

顶板起到胶结作用。随采随灌可分为埋管灌浆、插管灌浆、钻孔灌浆和向采空区洒浆等方法。

埋管灌浆法如图 4-4 所示，当工作面推进时，在放顶前，沿回风巷在采空区预先铺好灌浆管路，灌浆管路埋入冒落区 10～15m，可采取临时木垛保护灌浆管路，灌浆完毕后用回柱绞车牵引灌浆管路。

插管灌浆法如图 4-5 所示，放顶前，用木垛维护回风巷 8～10m，将灌浆管路插到采空区冒落体上方，灌浆管每隔 8m 移动一次，灌浆完毕后撤出灌浆管。

钻孔灌浆法如图 4-6 所示，在开采煤层已有的巷道或专门开凿的底板灌浆道内，每隔 10～15m 向采空区打钻灌浆，为了减少钻孔长度和便于操作，可沿灌浆道每隔 20～30m 开凿一小巷(钻窝)，在此向采空区打钻灌浆(图 4-7)。

洒浆法就是从灌浆管接出一段胶管，在工作面放顶时，沿工作面自下而上向采空区冒落岩块上洒浆。为安全和工作方便，洒浆一般落后于放顶 15～20m。洒浆通常作为灌浆的一种补充措施，使整个采空区特别是下半段采空区也能灌到足够的泥浆。

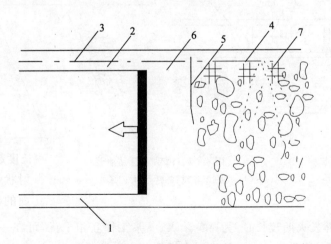

图 4-4 埋管灌浆
1.工作面运输巷；2.回风巷；3.灌浆管路；4.埋入灌浆管路；5.洒水胶管；6.工作面；7.临时木垛

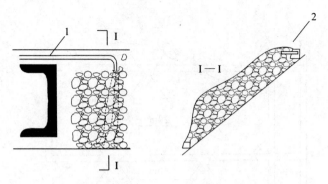

图 4-5 插管灌浆
1.灌浆管路;2.插管

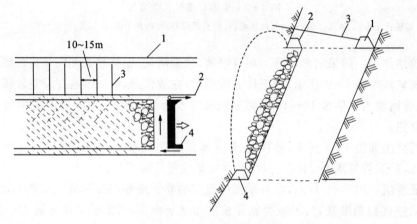

图 4-6 由底板巷道打钻灌浆
1.底板巷道;2.回风巷;3.钻孔;4.进风巷

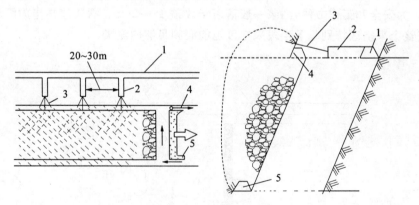

图 4-7 由钻窝打钻灌浆
1.底板巷道;2.钻窝;3.钻孔;4.回风巷;5.进风巷

3. 采后灌浆

当煤层的自然发火期较长时,为避免采煤、灌浆工作互相干扰,可在一个采区结束后封闭停采线的上下出口,然后在上出口的密闭内插管并大量灌浆(图 4-8)。采后灌浆的目的一是充填最易发生自燃火灾的停采线空间,二是封闭整个采空区。

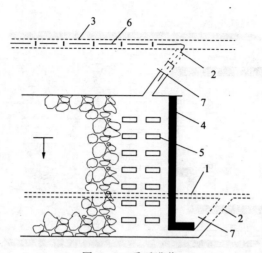

图 4-8 采后灌浆
1.岩石集中运输巷；2.联络巷；3.集中回风巷；4.停采工作面；5.木支架；6.注浆管；7.密闭

灌浆材料应选择渗水性强、脱水快、收缩量小、不含可燃物、能就地取材以及便于开采、运输和制备的灌浆材料。可选用含砂量不超过30%的砂质黏土；或者用黏土和10%的砂子（按体积计）配制成泥浆。

四、阻化剂防火

阻化剂防火是采用一种或几种阻化剂溶液喷洒或灌注到采空区、煤柱裂隙等易于自燃的地点，形成稳定的抗氧化保护膜，降低煤的吸氧能力，从而阻止煤的氧化进程，达到防火的目的。阻化剂是含有一定比例的钙、镁盐类或化合物的水溶液。常用的阻化剂有氯化钙、氯化镁、氢氧化钙及水玻璃等。利用阻化剂防止自燃火灾是目前国内外正在应用的一种有效措施，如图4-9所示。

五、堵漏技术

堵漏就是采用某些技术措施减少或杜绝向煤柱或采空区的漏风，使煤缺氧而不至于自燃。堵漏技术和材料主要有抗压水泥泡沫、凝胶堵漏技术、尾矿砂堵漏和均压等。巷顶高冒堵漏采用抗压水泥泡沫和凝胶堵漏技术及材料，巷帮堵漏采用水泥浆、高水速凝材料和凝胶堵漏技术及材料，采空区堵漏采用均压、惰泡、凝胶、尾矿泥等技术和材料。

六、均压防灭火技术

均压防灭火就是采用风窗、风机、连通管、调压气室等调压手段，改变通风系统内的压力分布，降低漏风通道两端的压差减少漏风，从而达到抑制和熄灭火区的目的。根据煤矿井下实施均压技术的区域是否密闭，均压技术可分为开区均压和闭区均压两类。开区均压通常是指在生产工作面建立的均压系统，其特点是在保证工作面所需风量的条件下，通过实施通风调节，尽量减少向采空区漏风，抑制煤的自燃，防止一氧化碳等有毒气体涌入工作面。闭区均压是对已经封闭的区域进行均压，一方面可以防止封闭区的煤炭自燃，另一方面可以加速封闭火区的熄灭速度。闭区均压措施主要有并联支路与调节风门联合均压、调压局部通风机与调节风门

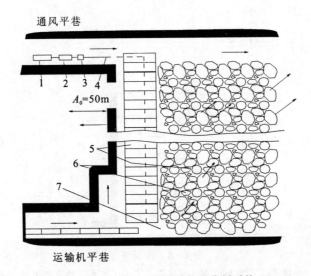

图 4-9 采空区喷送雾状阻化剂系统
1.阻化剂溶液箱;2.输液泵;3.自动过滤器;4.高压软管;5.支架;6.漏风方向;7.雾化发生器

联合均压、主要通风机与调节风门联合均压、连通管均压以及改造通风系统均压等。

七、惰气防灭火技术

惰气防灭火技术是指将惰性气体送入拟处理区,达到抑制煤自燃或扑灭已生火灾的技术,按惰性气体的种类可分为氮气防灭火技术、燃油惰气防灭火技术和 CO_2 防灭火技术。

氮气防灭火技术是集约化综采及综放开采条件下采空区防灭火的主要技术手段。按工作原理分,制氮装备有深冷空分、变压吸附和膜分离三种,根据安装与运移方式不同,后两种又设计成井上固定、井上移动和井下移动三种。我国于 20 世纪 80 年代进行了氮气防灭火技术的研究。1983 年天府矿务局进行了罐装液氮入井灭火试验,1987 年抚顺龙凤矿利用井上氧气厂氮气防治综放工作面采空区自燃,1992 年西山矿务局杜儿坪矿利用井上移动式变压吸附制氮装置制氮防治近距离煤层群自燃,1995 年兖州兴隆庄矿利用井下移动式膜分离制氮防治无煤柱开采邻近工作面采空区自燃。从目前看,氮气防灭火系统仍落后于综采、综放开采技术的发展,应进一步提高制氮装备的稳定性和可靠性,研制采空区氮气浓度自动监控与制氮装置联动系统,并完成信号自动分析与传输,优化注氮工艺,使氮气防灭火系统更加完善。

燃油惰气灭火技术主要用在当发生外因火灾或因自燃火灾而导致的封闭区,以民用煤油和空气为原料,经过急剧的化学反应,形成惰性气体产物(主要成分是 CO_2 及少量的 O_2、微量 CO、水蒸汽等),然后将具有一定压力的惰气注入预处理区,达到防灭火的目的。煤炭科学研究总院抚顺分院于 20 世纪 80 年代初研制成功煤矿专用的燃油惰气发生装置。但燃油惰气防灭火技术还有一些关键问题需要进一步解决,如惰气的纯度、温度、装备的稳定性、远距离操作性等。

CO_2 防灭火技术是利用 CO_2 发生器或液态 CO_2 对预处理区进行防灭火的技术,利用 CO_2 分子量比空气大、抑爆性强、吸附阻燃等特点,可在一定区域形成 CO_2 惰化气层,对低位火源具有较好的控制作用,并能压挤出有害气体以控制灾区灾情,该技术特别适用于电器设备和精密、昂贵仪器的火灾,灭火后不会对仪器设备造成污染性的损失。但对于复杂地质条件或不明高位火源点,其应用则受到了限制。

八、胶体防灭火技术

胶体防灭火技术是近年来发展起来的新型防灭火技术,集堵漏、降温、阻化、固结水等性能于一体。凝胶材料由基料、促凝剂和增强剂与水混合胶凝而成。基料有硅胶、XK2-PR等,促凝剂有碳酸氢铵、碳酸氢钠及铝酸盐等。针对矿井不同自燃火灾状况和实际条件,可选择采用不同的胶体防灭火技术。胶体防灭火机理在于:高水胶体通过钻孔或煤体裂隙进入高温区,其中一部分未成胶时在高温情况下水分迅速汽化,快速降低煤表面温度,残余固体形成隔离层,阻碍煤氧接触而进一步氧化自燃。而流动的部分混合液随着煤体温度的升高,在不远处及煤体孔隙里形成胶体,包裹煤体,隔绝氧气,使煤氧化、放热反应终止。随着注胶过程的不断进行,成胶范围不断扩大,火势熄灭圈增大,直至整个火源熄灭。完全干涸的胶体还可以降低原煤体的孔隙率,使得通过的空气量大大减少,从而抑制复燃。硅凝胶材料在成胶过程中会产生刺激性气体,恶化了井下工作环境。

第四节 矿井外因火灾防治技术

近年来,随着采掘机械化程度的提高,外因火灾所占比例有上升趋势,由胶带、电缆、机电硐室、综采设备引起的火灾时有发生,造成严重损失。所以,对外因火灾也应予以足够重视。

一、外因火灾形成的必要条件

外因火灾具有发生突然、来势凶猛、火灾发生时间和地点难以预料等特点。正是由于这种突发性和意外性,一旦发现不及时或未能及时扑灭,则火势会迅速扩大,有时甚至造成重大伤亡事故。

形成外因火灾必须具备下列三个条件:

(1)可燃物存在。矿井内的可燃物除煤炭外,还有坑木、炸药、油料、机电设备的某些可燃部件等。

(2)具有高温热源。可燃物在燃烧之前,必须具有一定温度和足够热量的热源,才能引起火灾。在矿井内电路短路、机械摩擦、焊接作业、煤的自燃、违章放炮产生的火焰及其他明火等都可能成为引火热源。

(3)足够的氧气。燃烧是一种剧烈的氧化反应,有足够的氧气才能维持氧化燃烧的持续进行,空气中氧气浓度必须大于14%才能维持燃烧。

二、外因火灾的预防

外因火灾预防应针对其形成的必要条件采取相应措施。其主要措施有:

1. 防止使用明火

井下严禁使用灯泡取暖和使用电炉,井下和井口房内不得从事电焊、气焊和喷灯焊接等工作。如果必须在井下主要硐室、主要进风井巷和井口房内进行电焊、气焊和喷灯焊接等工作,每次必须制定安全措施,并遵守《煤矿安全规程》有关规定。

2. 防止失控的高温热源

(1) 预防电器设备失控引火。电器设备引起火灾主要是由于用电管理不当,电流过负荷、短路或因外力(如冒顶、跑车等)破坏了电缆的绝缘性能,产生电弧、电火花与过热现象。

(2) 预防机械摩擦引火。机电设备如管理不当,因摩擦产生高温,也能引起火灾。所以,对机械设备要安装良好,经常检查与维修,保持转动部分的清洁、润滑和正常转动,保证设备不"带病"运行。使用高强度阻燃输送带,配备各种监测、控制和保护装置。

(3) 防止爆破引火。井下爆破作业能产生1 000℃以上的高温,违规爆破就有可能引起井下火灾或引起瓦斯与煤尘爆炸事故,所以井下爆破工作应严格按照《煤矿安全规程》规定执行。

3. 采用不燃性材料支护及不燃和难燃制品

为了防止支护材料的燃烧,规定井筒、平硐和各水平的连接处及井底车场、主要绞车道与主要运输巷、回风巷的连接处,井下机电设备硐室,主要巷道内带式输送机机头前后两端各20m范围内,都必须用不燃性材料支护。在井下和井口房严禁采用可燃性材料搭设临时操作间、休息间。井下电缆、输送带和风筒等须采用不燃或难燃材料制成。

4. 防止可燃物大量堆积

井下使用的汽油、煤油和变压器油必须装入盖严的铁桶内,由专人押送至使用地点,剩余的汽油、煤油和变压器油必须运回地面,严禁在井下存放。井下使用的润滑油、棉纱、布头和纸等,必须存放在盖严的铁桶内,并由专人定期送到地面处理,不得乱放乱扔。严禁将剩油、废油泼洒在井巷或硐室内。井下清洗风动工具时,必须在专用硐室进行,并必须使用不燃性和无毒洗涤剂。

在火灾形成之前进行预警,及时排除隐患,是防止外因火灾的有效措施之一。近年来,国内外都十分重视这方面的研究和应用。目前预警机电设备温升的方法有以下几种:

(1) 温升变色涂料预警。温升变色涂料是早期发现机电设备发热的指示剂。将其涂敷在电机的外壳或其他易发热部位,一旦温升超出额定值即会变色给人以预警。而温度下降到正常值时,则又恢复原色。如以红色碘化汞为主体的变色涂料,当温度上升到127℃时变为黄色,而温度下降后又恢复原色。

(2) 温升元件预警。它是利用由易熔合金、热敏电阻等组成的感温元件来预警机电设备的温升。

第五节 矿井灭火

一、发生火灾时应采取的措施

(一)发生火灾时的行动原则

井下火灾能否及时扑灭,在很大程度上取决于灭火速度。任何人发现井下火灾时,应视火灾的性质、灾区通风和瓦斯情况,立即采取一切可能的方法直接灭火,控制火势,并迅速报告矿调度室。矿调度室在接到井下火灾报告后,应立即按照"矿井灾害预防和处理计划"的规定,将所有可能受到火灾威胁地区中的人员撤离,并组织人员灭火。电气设备着火时,应首先切断其电源。在切断电源前,只准使用不导电的灭火器材进行灭火。

抢救人员在灭火过程中必须指定专人检查瓦斯、一氧化碳及其他有害气体和风向、风量的变化,还必须采取防止瓦斯煤尘爆炸和人员中毒的安全措施。

灾区人员要迎着新鲜风流,沿着避灾路线,有秩序地尽快撤离危险区,同时注意风流方向的变化。如遇到烟气可能中毒时,应立即戴上自救器,尽快通过附近的风门进入新鲜风流中。当确实无法撤离危险区时,进入避难所或构筑临时避难硐室等待救援。

(二)发生火灾时控制风流的措施

1. 控制风流的措施

矿井发生火灾时的通风措施,主要是选择正确方法控制井下风流,达到限制火灾的发展和尽快灭火的目的。火灾时期控制风流的方法有以下几种:

(1)保持正常通风,稳定风流;

(2)维持原风向,适当减少供风量或停止主要通风机供风;

(3)局部风流短路;

(4)矿井反风或区域性反风。

2. 防止风流逆转的措施

为控制火势的发展,减少烟量,可在火源的上风侧巷道内挂风帘减少向火区供风,但不得造成瓦斯积累;特设置在排烟路线上的水幕全部打开喷雾,以降低烟温;用水灭火时,水流不可直接射向火源中心,以免产生大量高温的水蒸汽;主要通风机不得停风或降压运行;拆除火源的回风侧巷道内调节风门,减少回风侧阻力,防止冒顶。

二、灭火方法

矿井灭火方法很多,对于各种不同火灾所采用的灭火方法也不同。总体来说,矿井灭火方法可分为直接灭火法、隔绝灭火法和综合灭火法三大类。

(一)直接灭火法

直接灭火法是用水、砂子(或岩粉)、干粉、泡沫等在火源附近直接灭火或挖除火源灭火。

1. 水灭火

对于火势不大、范围较小的火灾,用水灭火是简单易行、经济有效的方法。

用水灭火要注意以下事项:

(1)供水量要充足,否则,高温火源会使水分解成具有爆炸性的氢和一氧化碳混合气体(又称水煤气),带来新的危险;确保正常通风,使排除火烟和水蒸汽的风路畅通。

(2)当火势旺时,应先将水流射向火源外围,不要直射火源中心,水能导电。因此,用水扑灭电器火灾时,应先切断电源,然后灭火。

(3)水比油密度大,因此,水不能扑灭油类火灾。

经验证明,在井筒和主要巷道中,尤其是在胶带运输机巷道中装设水幕,当火灾发生时立即启动水幕,能很快地限制火灾的发展。

2. 砂子(或干粉)灭火

在火灾初起时,用砂子或岩粉直接撒在火源上,将燃烧物与空气隔绝,使火熄灭。它适于扑灭电气设备和油料初起的火灾。砂和岩粉成本低廉,易于长期存放,灭火操作简单。所以,在井下机电硐室、材料库、炸药库等均应备有砂箱或岩粉箱。

3.干粉灭火

干粉灭火是利用充满干粉灭火剂的金属容器将干粉灭火剂喷洒或将干粉抛撒到燃烧物上进行灭火。目前矿用干粉灭火器是以磷酸铁粉末为主药剂。干粉灭火由于受金属容器的容量限制,只能用于扑灭范围较小的各种初起火灾。

干粉灭火剂灭火的原理是:当它覆盖到燃烧物上时,在高温作用下所进行的一系列化学反应中吸收大量热量,使燃烧物降温。同时产生糊状物质,附在燃烧物表面形成隔离层,隔绝空气,阻止燃烧。

4.泡沫灭火

泡沫灭火有高倍数空气机械泡沫灭火和化学泡沫灭火两类。前者用于井下灭火,而后者主要用于扑灭地面火灾。

高倍数空气机械泡沫灭火是用高倍数发泡剂与压力水混合,在通风机的风流推动下通过筛网,形成高倍数泡沫(泡沫发生的倍数为500~1 000),用以灭火(图4-10)。

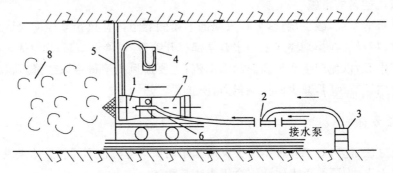

图4-10 高倍数空气机械泡沫灭火装置

1.泡沫发射器；2.喷射泵；3.发泡剂；4.水柱计；5.密封墙；6.平板车；7.通风机；8.泡沫

高倍数泡沫的灭火作用实质上是增大了用水灭火的有效性。大量的泡沫覆盖燃烧物,起隔绝空气阻止燃烧的作用;与火源接触后泡沫破裂,水分蒸发吸热产生大量水蒸汽,使温度降低并稀释空气中的氧浓度,从而具有抑制燃烧、熄灭火源的作用。另外,大量泡沫包围火源阻止热的传导和对流,从而阻断了火势的扩散和蔓延。

泡沫灭火具有灭火速度快、灭火效果好、恢复生产容易等优点。它适用于扑灭巷道和硐室内各类较大规模的火灾。但对消灭采空区和煤壁深处的火源有一定困难,不便采用。

5.挖除火源灭火

挖除火源就是将已经发热或燃烧的煤炭或其他可燃物挖除,并运到地面。挖除前应先用大量的水喷浇火源,待火源温度降低后再挖除。它一般适用于火灾初起、范围不大、人员能够接近火源时。

(二)隔绝灭火法

隔绝灭火法就是在矿井火灾不能直接扑灭时,必须迅速在通往火区的所有巷道内构筑防火墙(为封闭火区而砌筑的隔墙),将火区封闭,以隔绝空气的供给,使火源因缺氧而熄灭。这是处理大面积火灾和控制火势发展较为有效的方法。

隔绝灭火法主要是构筑防火墙。对防火墙的要求是：构筑要快、封闭要严、防火墙要少、封闭范围要小等。按防火墙的作用分为临时防火墙和永久防火墙。

1. 临时防火墙

临时防火墙的作用是临时隔断火区的供风，控制火势的发展，所以，要求施工速度迅速快捷。传统的临时防火墙是木板抹黄泥密闭墙（图4-11）。

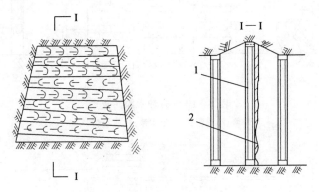

图4-11 木板抹黄泥密闭墙
1. 立柱；2. 木板

目前，研制生产出的泡沫塑料快速临时防火墙，其以聚醚树脂和多导氨树脂，辅以几种助剂，经喷枪喷射成临时防火墙，它具有轻便、防潮、抗腐蚀、成型快、耐燃等特点。还有一种快速防火气囊，短时间内堵塞巷道，气囊用不燃的塑料制成，内充惰性气体或空气，是一种快捷实用的临时防火墙。

2. 永久防火墙

永久防火墙的作用是长期永久隔绝火区。要求坚固严密，不漏风，具有耐压性。采用的材料有木段、砖和料石。为了提高密闭墙的可塑性，砌筑密闭墙时，在槽两帮或封顶时要加1～2层木砖。构筑工艺与要求和永久密闭一样，永久防火墙要安设取气样、测温度的孔口和放水管，平时注意封闭严密。防火墙构筑完毕后，应在墙外涂抹白灰，便于观察防火墙的密闭质量。图4-12为砖和木垛防火墙。在瓦斯较大地区封闭火区时，应构筑质量要求更高的防爆防火墙（图4-13），在防火墙内砌上石垛或先用砂袋砌筑一段5m左右的保护墙，然后在其保护下，再砌筑永久防火墙。在有水砂充填的矿井中也可充填砂带而构筑防爆防火墙（图4-14），其砂带厚度要求达到5～10 m。

(三) 综合灭火法

综合灭火法是隔绝灭火法与其他灭火方法的综合应用。

实践表明，单独使用隔绝灭火法时，火灾熄灭所需时间很长，有时严重影响生产持续。为提高灭火效果，缩短火区的灭火时间，常采用综合灭火法。通常是在火区封闭后，再向火区注入泥浆、惰性气体（如氮气）或采取均压灭火等，加速火灾熄灭。

均压灭火的实质是调节封闭火区进风侧和回风侧两端的风压差，使之接近于零，以减少向火区漏风，从而加速火区熄灭。均压灭火简便易行，效果快速显著，是防治封闭区火灾必不可少的措施。

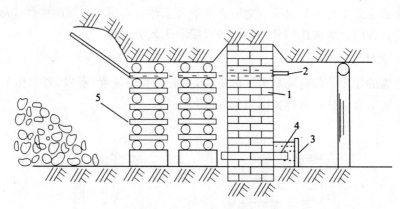

图 4-12 砖和木垛防火墙
1.砖墙;2.观测孔;3.返水池;4.放水管;5.木垛

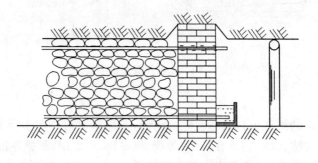

图 4-13 砂袋防爆防火墙

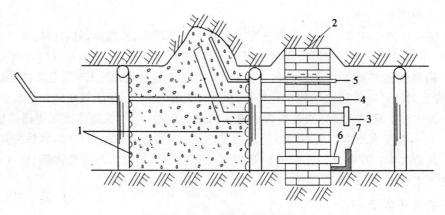

图 4-14 水砂充填防爆防火墙
1.秫秸帘子;2.砖墙;3.充填管;4.观测孔;5.注浆管;6.放水管;7.返水池

第五章 矿井水灾的致因及防治

我国不仅是世界主要产煤大国,而且也是受矿井水害危害最严重的国家之一。据解放后的资料统计,在 1955—1985 年 30 年内,全国统配煤矿共发生突水事故 769 次(其中老窑水 198 次),淹井事故 218 起,且有逐年增长的趋势。

2005 年 8 月 7 日,广东省梅州市兴宁市大兴煤矿发生突水事故,123 名矿工遇难。该矿负 120m 到正 260m 的地方,是早年开采后留下的一个巨大的采空区,地下常年的渗水,逐渐填满了这个巨大的水洼。据专家的估算,里面的积水约在 1 500 万 m^3 到 2 000 万 m^3 之间,相当于一个中型水库。调查表明,这次透水事故就是因为中间的这个隔水层被挖穿,直接酿成了悲剧。

在矿井建设和生产期间,大气降水、地表水(江、河、湖、海、水库等)和地下水都有可能通过各种通道涌入井下,这些涌入矿井内的水统称矿井涌水。矿井涌水量的大小及涌入状态直接影响矿井的建设和生产。通常情况下,矿井涌水是持续地、缓慢地涌入井下,通过井下排水设备将其排至地面,不致影响矿井建设和生产的正常进行。然而,有些情况下这些水会在短时间内突然大量涌入井下作业空间,轻者冲毁设备造成局部区域生产中断,重者造成人员伤亡,甚至导致淹井事故,产生极为严重的后果。因此,必须对矿井水害采取防范措施,以确保安全生产。

凡影响、威胁矿井安全生产,使矿井局部或全部被淹没并造成人员伤亡和经济损失的矿井涌水事故都称为矿井水灾。

第一节 发生矿井水灾的基本条件

发生矿井水灾需具备以下两个基本条件:①存在水源,水源主要有地表水、溶洞-溶蚀裂隙水、含水层水、断层水、封闭不良的钻孔水、采空区形成的"人工水体"等;②存在涌水通道,涌水通道可分为地层的空隙、断裂带等自然形成的通道和由于采掘活动等形成的人为涌水通道两类。

一、矿井水的来源

矿井水水源可分为地面水源和地下水源两大类,具体地有以下几方面的来源。

1. 雨雪水

降雨和春季冰雪融化是地表水的主要来源,特别在开采上部矿体时,地表水多从井口、低洼地带、旧钻孔或采区形成的地面塌陷区流入矿井,有时水和大量泥砂涌入采矿场,严重地影响生产和威胁工人生命安全。大气降水使矿井涌水具有明显的季节性,并与开采深度、采矿方法及矿床地质构造有关。

2. 江湖池沼积水

矿区地面附近的江河、湖泊、池沼、水库、废弃的露天凹地等地表水,如与井下巷道中的断层、裂缝、石灰岩溶洞等有水力联系,则有可能进入井下而造成突水事故。

3. 含水层积水

在矿井岩层中的砾岩层、流砂层以及具有喀斯特溶洞的石灰岩层等都是危险的含水层,其中可能含有大量积水。当掘进巷道或进行回采时,若遇到这种积水,就会造成透水事故。

4. 断层裂缝水

在地下的岩层中,由于地壳运动所造成的断层裂缝通常是破碎松散的,易于积水透水。它们往往与井下巷道和工作面有水力联系,是造成透水事故的重要原因之一。

5. 老空区及废旧井巷积水

已采掘的旧井巷或空洞内常有大量的积水,该水源往往具有水压高、水量大、破坏力强等特点,在采掘过程中,一旦掘透,即造成透水事故,并可能伴随有硫化氢、二氧化碳、放射性气体和沼气等有毒有害气体的涌出。

二、涌水通道

(一)自然导水通道

(1)地层的裂隙与断裂带。坚硬岩层中的矿床,其中的节理型裂隙较发育部位彼此连通时可构成裂隙涌水通道。依据勘探及开采资料,我们把断裂带分为两类,即隔水断裂带和透水断裂带。

(2)岩溶通道。岩溶空间极不均一,可以从细小的溶孔直到巨大的溶洞。它们可彼此连通,成为沟通各种水源的通道,也可形成孤立的充水管道。欲认识这种通道,关键在于能否确切地掌握矿区的岩溶发育规律和岩溶水的特征。

(3)孔隙通道。孔隙通道主要是指松散层粒间的孔隙输水。它可在开采矿床和开采上覆松散层的深部基岩矿床时遇到。前者多为均匀涌水,仅在大颗粒地段和有丰富水源的矿区才可导致突水;后者多在建井时期造成危害。此类通道可输送含水层水入井巷,也可成为沟通地表水的通道。

(二)人为导水通道

这类通道是由于不合理勘探或开采造成的,理应杜绝产生此类通道。

(1)顶板冒落裂隙通道。采用崩落法采矿造成的透水裂隙,如抵达上覆水源时,则可导致该水源涌入井巷,造成突水。

(2)底板突破通道。当巷道底板下有间接充水层时,便会在地下水压力和矿山压力作用下破坏底板隔水层,形成人工裂隙通道,导致下部高压地下水涌入井巷,造成突水。

(3)钻孔通道。在各种勘探钻孔施工时均可沟通矿床上、下各含水层或地表水,如在勘探结束后对钻孔封闭不良或未封闭,开采中揭露钻孔时就会造成突水事故。

三、造成矿井水灾的原因

造成矿井水灾的原因是多方面的,归纳起来有:

(1) 矿区和矿体的水文地质情况不清,勘探不足,未认真进行检查测定,缺乏必要的图纸资料。

(2) 对采掘工程接近积水空区、充水断层、含水层等地带时,违反《煤矿安全规程》,不执行探放水规定,盲目施工,造成水灾。

(3) 乱采乱挖,破坏了防水矿柱、岩柱或井巷位置布置在接近强含水层水源地带,施工后在地压和水压联合作用下,发生顶底板透水。

(4) 积水地带位置测量错误或资料不全,造成新掘巷道与其打通;或巷道掘进方向与探水钻孔的方向偏离,超出钻孔控制范围,结果将积水地带掘透。

(5) 井下水泵房水仓容积或水泵设计排水能力偏小,不能应付水灾时大量涌水;或水仓泥砂沉淀过量,容积减少。

(6) 井下未构筑防水墙、防水闸门或防水构筑物失效。

第二节 地面防治水

地面防治水是指在地表修筑各种防排水工程,防止或减少大气降水和地表水渗入矿井。对于以降水和地表水为主要水源的矿井,地面防治水尤其重要。根据矿区不同的地形、地貌及气候,应从下列几方面采取相应措施。

1. 合理确定井口位置

井口标高必须高于当地历史最高洪水位,或修筑坚实的高台,或在井口附近修筑可靠的排水沟和拦洪坝,防止地表水经井筒灌入井下。这样可保证矿井在汛期不致被洪水淹没。如果受地形限制,井口及工业场地标高低于当地历年最高洪水位时,必须修建堤坝和排水沟等,使洪水不致流入井口和工业场地。

2. 填堵通道

矿区内,对因采掘活动引起地面沉降、开裂、塌陷,及矿区范围内的较大溶洞或废弃的旧钻孔等形成的矿井进水通道,应用黏土或水泥予以填堵。对较大的溶洞或塌陷裂缝,其下部充填碎石和砂浆,上部盖以黏土分层夯实,且略高出地面以防积水。

3. 整治河流

(1) 整铺河床。河流的某一段经过矿区,而河床渗透性强,可导致大量河水渗入井下,在漏失地段用黏土、料石或水泥修筑不透水的人工河床,以制止或减少河水渗入井下。

一般整铺河床防漏的做法是:清理河底后铺厚度 25cm 以上黄土或灰土(由石灰和黄土掺和而成),并压实作垫层,起隔水防漏作用;其上为伸缩层,铺设 20cm 厚度的砂石(砂、石比约为 1∶7),以防止底层翻浆;上层用水泥砂浆及碎石构筑,厚度在 35cm 以上,能抵御流水冲刷。

(2) 河流改道。如河流流入矿区附近,可选择合适地点修筑水坝,将原河道截断,用人工河道将河水引出矿区以外。若因地形条件不允许改道,而河流弯曲较多时,可在井田范围内将河道弯曲取直,缩短河道流经矿区的长度,以减少河流渗透量。河流改道虽可彻底解除河水透入井下之患,但工程量大,费用高,应做可行性研究和经济比较后再设计施工。

4. 修筑排(截)水沟

山区降水后以地表水或潜水的形式流入矿区,地表有塌陷裂缝时,会使矿区涌水量大大增加。在这种情况下,可在井田外缘或漏水区的上方迎水流方向修筑排水沟,将水排至影响范围之外。

5. 排出积水

有些矿区开采后引起地表沉降与塌陷,大气降雨形成积水,且随开采面积增大,塌陷区范围增大,积水增多。此时可将积水排掉,造地复田,消除水害隐患。

6. 加强雨季前的防汛工作

做好雨季防汛准备和检查工作是减少矿井水灾的重要措施。矸石、炉灰、垃圾等杂物不得堆放在易被山洪、河流冲刷到的地方,以免冲到工业广场和建筑物附近,或淤塞河道、沟渠。

第三节 井下防治水

矿井采掘活动总会直接或间接破坏含水层,引起地下水涌入矿坑。井下防水的目的是防止矿坑突水,尽量减少矿坑涌水量。井下防治水的主要措施如下。

一、做好水文观测工作和矿井水文地质工作

(一)做好水文观测工作

(1)收集地面气象、降水量与河流水文资料(流速、流量、水位、枯水期、洪水期);查明地表水体的分布、水量和补给条件;查明洪水泛滥对矿区、工业广场及居民点的影响程度。

(2)通过探水钻孔和水文地质观测孔,观测各含水层的水压、水位和水量变化规律。

(3)观测矿井涌水量及季节性变化规律等。

(二)做好矿井水文地质工作

(1)掌握断层和裂隙的位置、错动距离、延伸长度、破碎带范围及其含水和导水性能。

(2)掌握含水层与隔水层数量、位置、厚度、岩性,各含水层的涌水量、水压、渗透性、补给排泄条件。

(3)调查老窑和现采小窑的开采范围、采空区的积水和分布情况。

(4)在采掘工程平面图上绘制和标注井巷出水点的位置及水量、老窑积水范围、标高和积水量、水淹区域及探水线位置。

二、井下探水

"有疑必探,先探后掘"是采掘工作必须遵循的原则,也是防止井下水害事故发生的重要方法。当采掘工作面接近充水的小窑、老空区、含水量大的断层等水体时,必须采用探放水方法,查明采掘工作面前方的水情,并将水有控制地放出,以保证采掘工作面安全生产。

当采掘工作面遇下列情况之一时,必须探水:

(1)接近水淹井巷、老空区、老窑或小窑时;

(2)接近含水层、导水断层、陷落柱时;

(3)接近可能出水钻孔和各类防水煤柱时;

(4)接近可能与地表水体相通的断层破碎带或断裂发育带时;

(5)上层采空区积水,在两层间垂直距离小于采高40倍或巷高10倍的下层采掘工作面以

及采掘工作面有明显出水征兆时。

(一)探水起点的确定

在距积水区一定距离划定一条线作为探水的起点,此线即为探水线。探水线应根据积水区的位置、范围、地质及水文地质条件及其资料的可靠程度、采空区和井巷遭受矿山压力破坏等因素确定;进入探水线后必须停止掘进,进行探放水。

对探水线有以下规定:

(1)因采掘工作造成的老空区、老巷、硐室等积水区如果边界确定,水文地质条件清楚,水压不超过1MPa时,探水线至积水区最小距离为:煤层中不小于30m;岩层中不小于20m。

(2)矿井的积水区虽有图纸资料,但不能确定积水区边界位置时,探水线至推断积水区边界的最小距离不得小于60m。

(3)有图纸资料的小窑,探水线至积水区边界的最小距离不得小于60m;没有图纸资料可查的小窑,必须坚持"有疑必探,先探后掘"的原则,防止发生突水事故。

(4)掘进巷道附近有断层或陷落柱时,探水线至最大摆动范围预计煤柱线的最小距离不得小于60m。

(5)石门揭开含水层前,探水线至含水层最小距离不得小于20m。

(二)探水钻孔的布置方法

1. 探水钻孔布置原则

(1)保证安全生产;

(2)确保不遗漏积水区;

(3)探水工程量最小。

2. 探水钻孔的参数确定

(1)超前距。探水时从探水线开始向前方打钻孔,探水钻孔终孔位置应始终超前掘进工作面一段距离,该段距离称超前距。超前距一般采用20m,在薄煤层中可缩短,但不得小于8m。

(2)允许掘进距离。经探水证实无水害威胁,可安全掘进的长度。

(3)帮距。呈扇形布置的最外侧探水孔所控制的范围与巷道帮的距离。此值应与超前距相同。

(4)钻孔密度(孔间距)。允许掘进距离终点横剖面上,探水钻孔之间的间距一般不超过3m,如图5-1所示。

3. 探水钻孔布置方式

(1)平巷探水钻孔布置。主要是探巷道上帮小窑老空水,钻孔呈半扇形布置在巷道上帮。依据煤层厚薄及巷道沿底、顶掘进不同,布孔方式也不同。薄煤层(厚度小于2m)一般布置3组,每组1~2个孔;厚煤层一般布置3组,每组不少于3孔。当巷道沿着煤层顶板掘进时,每组至少有一个探水钻孔见底,当巷道沿着煤层底板掘进时,每组至少有一个探水钻孔见顶,如图5-2所示。

(2)上山巷道探水钻孔布置。钻孔呈扇形布置于巷道前方。薄煤层布置5组,每组1~2孔;厚煤层布置5组,每组不少于3孔,且每组钻孔至少有1孔见顶或见底,如图5-3所示。

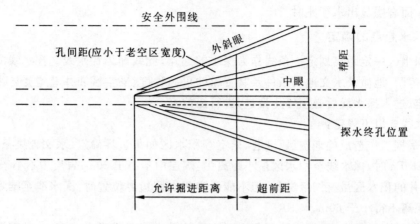

图 5-1 探水钻孔的超前距、帮距、密度和允许掘进距离示意图

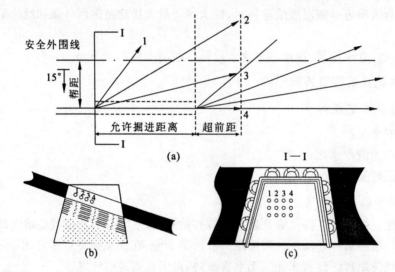

图 5-2 平巷探水钻孔布置示意图

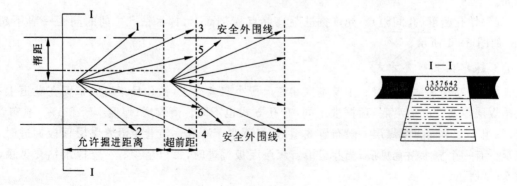

图 5-3 上山巷道探水钻孔布置示意图

三、放水(疏干)

在调查和探测到水源后,最安全的方法是预先将地下水源全部或部分疏放出来。疏干方法有三种:地表疏干、井下疏干和井上下相结合疏干。

(一)地表疏干

在地表向含水层内打钻,并用深井泵或潜水泵从相互沟通的孔中把水抽到地表,使开采地段处于疏干降落漏斗水面之上,达到安全生产的目的。

(二)井下疏干

当地下水源较深或水量较大时用井下疏干的方法可取得较好的效果。根据不同类型的地下水,有疏放老空区水和疏放含水层水等方法。

1. 疏放老空区水

(1)直接放水。当水量不大且没有补给水源,不超过矿井排水能力时,可利用探水钻孔直接放水。

(2)先堵后放。当老空区与溶洞水或其他巨大水源有联系,动水源储量很大,一时排不完全时,应先堵住出水点,切断与动水源的联系,然后疏放积水。

(3)先放后堵。如老空水或被淹井巷虽有补给水源,但补给量不大,或有一定季节性时,应选择时机先行排水,然后在枯水期进行堵漏、防漏施工。

(4)先隔后放。如果水量过大,或水质很差,腐蚀排水设备,这时应先隔离,做好排水准备工作后再排放;如果放水会引起塌陷,破坏上部的重要建筑物或设施时,应留设防水煤柱永久隔离。

2. 疏放含水层水

(1)地面打钻孔抽水。从地面向含水层打钻孔,利用潜水泵或深井水泵抽排水,以降低地下水位。这种方法适合于露天矿,或埋藏较浅、渗透性良好的含水层。

(2)利用井下疏水巷道疏水。如果煤层顶板有含水层,可提前掘进采区巷道,使含水层的水通过裂隙疏放出来,再通过井下排水设备排至地面(图5-4)。

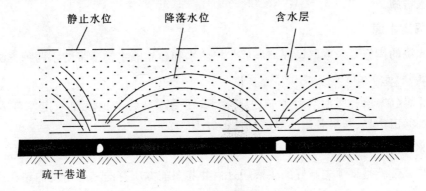

图 5-4 巷道疏水

(3)利用井下钻孔疏水。可在计划疏放降压的不透水部位先掘巷道,然后在巷道中每隔一段距离向含水层打钻孔,疏放含水层水。

为了做到安全放水,必须注意以下事项:

(1)放水前,应估计到积水量和水位标高,并要根据矿井的排水能力与水仓容量,研究放水顺序和控制放水孔的流量。这是一项根本性的工作,如不预先做好,盲目放水就可能引起水患。

(2)探到水源以后,在水量不大时,一般可利用探水钻孔放水;水量很大时,则需要另打放水钻孔。放水钻孔的直径一般为 0.05～0.75m,眼深不大于 70m。放水钻孔的孔口必须安设套管。若矿层松软,水压较大时,还必须将巷道全断面进行加固。

(3)正式放水之前,应进行放水量、水压及矿层透水性试验,如发现管壁漏水或放水效果不好等,应及时处理。

(4)放水过程中要随时注意水量的变化、出水的清浊和所含杂质情况,以及有无有害气体涌出和有无特殊声响等,如发现异常应及时采取措施,以防止意外事故的发生。

(5)应事先规定人员撤退路线。撤退路线应保证畅通,沿途要有良好的照明。

四、排水

矿山的排水能力要达到以下要求:

(1)必须有工作、备用和检修的水泵。工作水泵的能力应能在 20h 内排出矿井 24h 的正常涌水量,备用水泵的能力应不小于工作水泵能力的 70%,工作水泵和备用水泵的总能力应能在 20h 内排出矿井 24h 的最大涌水量。检修水泵的能力应不小于工作水泵能力的 25%。水文地质条件复杂的矿井,可在主泵房内预留一定数量的水泵位置。

(2)必须有工作、备用的水管。工作水管的能力应能配合工作水泵在 20h 内排出矿井 24h 的正常涌水量,工作水管和备用水管的总能力应能配合工作水泵和备用水泵在 20h 内排出矿井 24h 的最大涌水量。主要水仓必须有主仓和副仓,当一个水仓清理时,另一个水仓能正常使用。主要水仓的总有效容量不得低于 4h 的矿井正常涌水量。

五、矿井水的隔离与堵截

在探查到水源后,由于条件所限无法放水,或者能放水但不合理,需采取隔离水源和堵截水流的防水措施。

(一)隔离水源

隔离水源的措施可采取留设隔离煤(岩)柱防水和建立隔水帷幕带防水两种方法。

1. 隔离煤(岩)柱防水

为防止煤(矿)层开采时各种水流进入井下,在受水威胁的地段留一定宽度或厚度的煤(矿)柱。如井田边界、断层各侧的隔离煤柱不应小于 20m。

2. 隔水帷幕带

隔水帷幕带就是将预先制好的浆液通过由井巷向前方所打的具有角度的钻孔压入岩层的裂缝中,浆液在孔隙中渗透和扩散,再经凝固硬化后形成隔水的帷幕带,起到隔离水源的作用。由于注浆工艺过程和使用的设备都较简单,效果也好,因此国内外均认为它是矿井防治水害的有效方法之一。

某铜矿帷幕设计基本参数为:

(1)帷幕轴线长度:1 016m;

(2)帷幕深度:帷幕深度底线由西向东,从标高 -300m 左右逐渐加深到标高 -435m;

(3)注浆孔的布置形式:单排孔等距离布置,注浆孔孔距为 8.0m,勘察孔孔距为 32m;

(4)帷幕厚度:10m,浆液扩散半径 6.403m;

(5)钻孔孔径:开孔孔径 $\Phi 130 \sim 150$mm,终孔孔径 $\Phi 91$mm;

(6)钻孔偏斜率:每 50m 测斜一次,终孔最大偏斜率≯孔深的 1.5%;

(7)帷幕注浆孔数:设计注浆钻孔 128 个,其中包括勘察孔 33 个,钻孔总进尺 43 405m,注浆总方量 127 649m³。

(8)帷幕渗透系数:平均约为 0.061m/d。

(二)矿井突水堵截

为预防采掘过程中突然涌水而造成波及全矿的淹井事故,通常在巷道一定的位置设置防水闸门和防水墙。

防水闸门是在井下受水害威胁地段,为防止地下水突然涌入其他巷碉而专门设置的截水闸门。防水闸门一般设置在发生突然涌水时需要截水、而平时仍需运输、行人的井下巷道内,如在井底车场出入口、井下中央变电所和水泵房出入口以及有突然涌水影响的相邻采区之间都应设置防水闸门。水闸门平时是开着的,可照常行人和允许运输列车通过,当发生突然涌水需截水时则迅速关闭。防水闸门是由人工启闭的弧形铁门,四周用混凝土加固,并能承受设计水压力,墙内镶有放水管及电缆、电话线管路等。目前我国矿井所用的防水闸门均为钢制,按门扇数量有单扇门和双扇门之分。从闸门的结构分为平板形、圆弧拱形和球面拱形。

防水墙是用不透水材料构成的永久性构筑物,用于隔绝有透水危险的区域。防水墙结构如图 5-5 所示,它分为临时性防水墙和永久性防水墙两种。临时性防水墙是在有突然涌水危险的采掘工作面备有截堵水的材料(多用沙袋、木板等),一旦突然涌水时就迅速堆砌,将水截堵在小范围之内,这种防水墙只能起临时抢险作用。永久性防水墙是在开采结束后,在为了隔绝大量涌水的地段而在巷道内砌筑永久封闭的截水构筑物,多采用混凝土等良好的不透水材料。

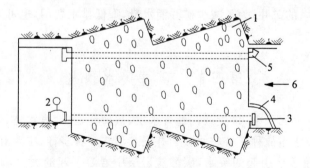

图 5-5 圆柱形防水墙
1.截口槽;2.水压表;3.放水管;4.保护栅栏;5.细管;6.来水方向

在水压特别大时,可采用多段防水墙(图 5-6)。为加强防水墙的坚固性,防水墙的截口可多重设置,间隔一定距离,并在承受水压的方向伸出锥形的混凝土护壁,减少防水墙渗水的可能性。

防水墙应符合下列要求：①筑墙地点的岩石应坚固,没有裂缝；②要有足够的强度,能承受涌水压力；③不透水,不变形,不位移。

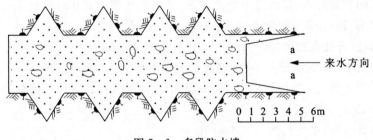

图 5-6 多段防水墙

六、堵水

堵水是指注浆堵水。注浆堵水就是将专门制备的浆液通过管道压入井下岩层空隙、裂隙,使其扩散、凝固和硬化,使岩层具有较高的强度、密实性和不透水性,加固了地层并达到堵隔水源的目的。注浆堵水是矿井防治水害的重要手段之一。井巷施工中,有的地段涌水量大,给安全生产、施工条件、井下设备的维护带来不利的影响,通过注浆堵水减少了涌水量,改善了劳动条件。矿井注浆堵水,一般在下列场合使用：

(1)当井巷必须穿过一个或若干个含水丰富的含水层或充水断层,如果不堵住水源无法掘进时。

(2)当涌水水源与强大水源有密切联系,单纯采用排水方法不可能或不经济时。

(3)当井筒或工作面严重淋水时,为了加固井壁、改善劳动条件、减少排水费用等采用注浆堵水。

(4)隔水层受到破坏的局部地质构造破坏带,除采用隔离煤柱外,还可用注浆加固法建立人工保护带；开采时必须揭露或受开采破坏的含水层、沟通含水层的导水通道、构造断裂等,在查明水文地质条件的基础上,可用注浆堵水切断其补给水源。

(5)某些涌水量大的矿井,为了减少矿井涌水量,降低排水费用,也可采用注浆堵水法堵住水源。

第四节 矿井突水预兆

井巷掘进及工作面回采中,接近或沟通含水层、被掩巷道、地表水体、含水断裂带、溶洞、陷落柱等突然产生的突水事故称矿井突水。矿井突水形式多种多样,主要有海洋、湖泊、河流、沼泽、黏土矿床、多土覆盖层引起的突水,碳酸盐岩中岩溶引起的突水,孤立水体所引起的突水,导水断层所引起的突水,原生(固有)透水层所引起的涌水,次生(裂隙)透水层所引起的涌水,附近受淹矿山的突水,老窿引起的突水,岩浆水等。

采掘工作突水之前,在工作面及其附近往往出现某些异常现象,这些异常统称为"突水征兆"。

一、突水预兆

矿井突水过程主要决定于矿井水文地质及采掘现场条件。一般突水事故可归纳为以下两种情况：一种是突水水量小于矿井最大排水能力,地下水形成稳定的降落漏斗,迫使矿井长期大量排水；另一种是突水水量超过矿井的最大排水能力,造成整个矿井或局部采区淹没。在各类突水事故发生之前,一般均会显示出多种突水预兆。

1. 一般预兆

(1)煤层变潮湿、松软；煤帮出现滴水、淋水现象,且淋水由小变大；有时煤帮出现铁锈色水迹。

(2)工作面气温降低,或出现雾气或硫化氢气味。

(3)有时可闻到水的"嘶嘶"声。

(4)矿压增大,发生片帮、冒顶及底鼓。

2. 工作面底板灰岩含水层突水预兆

(1)工作面压力增大,底板鼓起,底鼓量有时可达500mm以上。

(2)工作面底板产生裂隙,并逐渐增大。

(3)沿裂隙或煤帮向外渗水,随着裂隙的增大,水量增加。当底板渗水量增大到一定程度时,煤帮渗水可能停止,此时水色时清时浊,底板活动时水变浑浊,底板稳定时水色变清。

(4)底板破裂,沿裂缝有高压水喷出,并伴有"嘶嘶"声或刺耳水声。

(5)底板发生"底爆",伴有巨响,地下水大量涌出,水色呈乳白或黄色。

3. 松散孔隙含水层突水预兆

(1)突水部位发潮、滴水且滴水现象逐渐增大,仔细观察发现水中含有少量细砂。

(2)发生局部冒顶,水量突增并出现流砂,流砂常呈间歇性,水色时清时浊,总的趋势是水量、砂量增加,直至流砂大量涌出。

(3)顶板发生溃水、溃砂,这种现象可能影响到地表,致使地表出现塌陷坑。

二、突水时应对措施

(一)发生突水时在场人员的行动原则

井下发生突水事故时,在场人员首先应该立即报告矿调度室；并在班、组长或老工人的指挥下,发扬临危不惧的精神,就地取材,加固工作面,设法堵水,防止事故进一步扩大。如果水势凶猛,无法抢救时,应有组织地沿着避灾线路迅速撤离到上部水平或地面。若来不及撤退被困于上山独头巷道内,避灾人员应保持镇静,避免体力过度消耗,耐心等待救援。

(二)突水事故的抢救措施

(1)矿领导应准确核查井下人员,如发现有人被困于井下,首先制定营救被困人员的措施。要判断人员可能躲避的地点、涌水量的大小、井下排水能力和排出积水的时间。当有人被困于上山独头巷道内,水位低于人员所在的独头巷道的标高时,可设法通过地面向避难地点输送食物。

(2)立即通知泵房人员,将水仓的水位排至最低水位,以争取较长的缓冲时间。

(3)认真分析判断突水来源和最大突水量,观测井下涌水量及地表水体的水位变化,判断突水量发展趋势,采取必要的防水措施,防止整个矿井被淹没。

(4)检查所有排水设备和输电线路,了解水仓的容积,如突水带有大量的泥砂和浮煤,应在水仓进口处分段构筑临时挡墙,沉淀泥砂或浮煤,减少水仓淤塞。

(5)检查防水闸门的灵活性及严密程度,并派专人看守,待命关闭。关闭闸门时必须查清人员是否已全部撤出。

(6)采取上述措施仍然不能阻挡淹井时,井下人员应撤向地面或上水平。

三、被淹井巷的恢复

当井巷被淹后,设法对水源进行调查,然后选择合适的排水设备,组织力量,排出存水,恢复矿井生产。

(一)排除积水的方法

1. 直接排干法

通过增加排水设备,加大排水能力,直接将所突的全部积水(包括静水源储量和动水源储量)排干。此法适用于水量不大、补给水源有限的情况。

2. 先堵后排

当涌水的动储量特别大,补给丰富,用强力排水不可能排干时,必须先堵住涌水通道,截住补给水源,然后再排水。

(二)排水恢复期的安全措施

(1)保持良好通风。因为随着水位的下降,积存在被淹井巷中的有害气体可能大量涌出,因此,应事先准备好局部通风机,随着排水工作的进行,逐段排除有害气体。

(2)加强有害气体的检查,对井下气体要定期取样分析,通常每班取样一次;当水位接近井底、有可能泄出气体时,应每两小时取样一次,这时排水泵的看护由救护队担任。

(3)严禁在井筒内或井口附近明火照明或使用其他火源,以防井下瓦斯突然大量涌出而发生爆炸。

(4)在井筒内安装排水管或进行其他工作的人员,都必须佩带安全带和隔离自救器,防止窒息与坠井。

(5)在修复井巷时,应特别注意防止发生冒顶、片帮等事故。

第六章　顶板灾害的致因及防治

顶板事故即通常所说的冒顶，又称为顶板冒落，它是指采掘工作空间或井下其他工作地点顶板岩石发生坠落的事故。这类事故是煤矿中最常见、最容易发生的事故。根据国内外事故统计资料，顶板事故在各种事故中占有较大的比例。据我国1953—1979年的统计，顶板事故的伤亡人数占全国煤矿总伤亡人数的38%。随着高档普采和综采的发展，采煤工作面顶板事故防治技术的提高，顶板事故有所下降，但仍然占有很高的比例，如2005年顶板事故死亡人数占全国煤矿总死亡人数的34.7%。因此，预防顶板事故的发生，是煤矿安全工作的重要任务。

第一节　顶板事故的原因分析

在采矿生产活动中，最常发生的事故是冒顶、片帮事故。冒顶、片帮是由于岩石不够稳定，当强大的地压传递到顶板或两帮时，使岩石遭受破坏而引起的。随着掘进工作面和回采工作面的向前推进，工作面空顶面积逐渐增大，顶板和周帮矿岩会由于应力的重新分布而发生某种变形，以致在某些部位出现裂缝，同时岩层的节理也在压力作用下逐渐扩大。在此情况下，顶板岩石的完整性就破坏了。由于顶板岩石的完整性被破坏，便出现了顶板的下沉弯曲、裂缝逐渐扩大，如果生产技术和组织管理不当，就可能形成顶板岩矿的冒落。这种冒落就是常说的冒顶事故，如果冒落的部位处在巷道的两帮就叫做片帮。

冒顶、片帮事故的发生，一般是由于自然条件、生产技术和组织管理等多方面的主观与客观因素综合作用的结果。表6-1为按冒顶事故发生的主要原因进行分类统计的结果。从表中可以看出，属于生产管理方面的原因占45.6%，属于物质技术方面的原因占44.2%，但是在实际工作中往往物质技术方面的原因又多于生产管理方面的原因。因此，可以说，在当前物质技术的基础上，冒顶、片帮事故的主要原因是由于生产管理不善所致。至于冒险作业等所引起的事故并不多，仅占10.3%。这说明有的人将事故的主要原因和责任归咎于遇害者的"不小心"，而放松了对生产管理及物质技术条件的改进，是非常错误和有害的。表6-2为按冒顶事故发生地点的统计结果，从表中可见，巷道所发生的冒顶事故远较采矿场多，其中掘进工作面的冒顶事故最为频繁。因此，在重视采矿场顶板管理的同时，还必须特别加强巷道及掘进工作面的顶板管理和支护工作。

根据统计资料，引发冒顶、片帮事故的原因有以下几方面：
(1)采矿方法不合理和顶板管理不善。采矿方法不合理，采掘顺序、凿岩爆破、支架放顶等作业不妥当，是导致此类事故的重要原因。
(2)缺乏有效支护。支护方式不当、不及时支护或缺少支架、支架的支撑力与顶板压力不相适应等，是造成此类事故的另一重要原因。

一般在井巷掘进中，遇有岩石情况变坏，有断层破坏带时，如不及时加以支护，或支护架数量不足,均易引起冒顶、片帮事故。

(3)检查不周和疏忽大意。在冒顶事故中,大部分属于局部冒落及浮石砸死或砸伤人员的事故。这些都是因事先缺乏认真、全面的检查,疏忽大意而造成的。

(4)浮石处理操作不当。浮石处理操作不当引起冒顶事故,大多数是因处理前对顶板缺乏全面、细致的检查,没有掌握浮石情况而造成的,如撬前落后、撬左落右、撬小落大等。此外还有处理浮石时站立的位置不当、撬工的操作技术不熟练等原因。

(5)地质矿床等自然条件不好。如果矿岩为断层、褶曲等地质构造所破坏形成的破碎带,或者由于节理、层理发育、裂缝多,再加上裂隙水的作用,破坏了顶板的稳定性,改变了工作面的正常压力状况,容易发生冒顶、片帮事故。对于回采工作面的地质构造不清楚,顶板的性质不清楚(有无伪顶,有无直接顶),容易造成冒顶事故。

(6)地压活动。有些矿山没有随着开采深度的不断加深而对采空区及时进行处理,因而受到地压活动的危害,频繁引发冒顶事故。

(7)其他原因。不按操作规程进行操作,精神不集中,思想麻痹大意,发现险情不及时处理,工作面作业循环不正规,推进速度慢,爆破崩倒支架等,都容易引起冒顶、片帮事故。

表 6-1 按冒顶事故发生的主要原因统计结果表

类别	冒顶、片帮事故的主要原因	占比(%)
生产管理方面	处理的不当	27.7
	没有检查	13.3
	检查不周	4.6
物质技术方面	无支架,支护不及时,维修不及时等	18.5
	支架不良	8.2
	采矿方法不当,回采错误	7.2
	浮石(松石)处理不当	6.2
	回柱放顶等不当	4.1
冒险作业等其他原因		10.3

表 6-2 按冒顶事故发生地点的统计结果表

事故发生的地点	类别	占比(%)
巷道	巷道工作面	23.6
	巷道内	23.1
	硐室、井底车场、巷道交叉处	4.1
	小计	50.8
采矿场	崩落顶板采矿法	16.9
	留矿法	6.7
	充填法	5.6
	方框支架充填法	4.1
	其他采矿法	8.7
	小计	42.0
民窿、已采区、地点不明等		7.2

第二节 矿压基本知识

一、矿压的概念

地下岩体在采动以前处于原始应力状态,当开掘巷道或进行采煤时,围岩的原岩应力遭到破坏,围岩应力将重新进行分布。采掘空间上部岩体应力会向煤壁上方转移,引起应力升高。顶板岩层因失去支撑而在水平应力和自重作用下弯曲下沉,在其底部出现拉力或剪应力,当这种应力超过顶板极限强度时,顶板岩层即遭破坏。由于采掘工程破坏了原岩应力而引起围岩应力重新分布,这种应力重新分布过程中的力称为矿山压力,简称矿压。

应力重新分布结果必然使采掘工作面周围一部分岩体承受较高的应力。重新分布后的应力高于原岩应力的,称为支撑压力。由于矿压的作用,使围岩、煤体和各种人工支撑物产生的种种力学现象称为矿压显现。矿压是矿压显现的原因,矿压显现是矿压作用的结果。矿压存在是绝对的、不可控制的;矿压显现是相对的、有条件的、可以控制的。矿压显现与矿压大小并不成比例。

二、矿压的分布规律

井下进行大面积开采后,采空区上方岩层重量将向周围支撑区转移,根据开采后回采工作面前后方受力情况不同,可将其分为应力增高区 a(增压区)、应力降低区 b(减压区)及应力不变区 c 和 c'(稳压区),如图 6-1 所示。移动性支撑压力,它的峰值大小可能比原岩应力增高 1～3 倍。

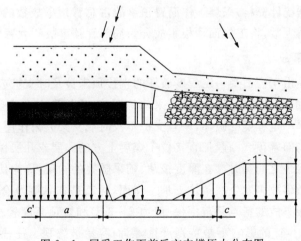

图 6-1 回采工作面前后方支撑压力分布图

三、采空区上覆岩层移动情况

随着煤层的开采,采空区上方顶板岩石就会变形、垮落,当采空区面积达到一定范围时,岩层移动的范围就会增大,甚至会波及地表。距工作面远近不同,其移动、垮落特征有明显区别,可以把它分为垮落带、断裂带和弯曲下沉带,如图 6-2 所示。

(1)垮落带。在垮落带中,破断后的岩块呈不规则破断,排列也极不整齐,松散系数比较大。

(2)断裂带。位于垮落带之上。岩层破断后,岩块仍然排列整齐。

(3)弯曲下沉带。位于断裂带之上,有时会达到地表的岩层带。它对采煤工作面的影响不大,主要是会引起地表的下沉。

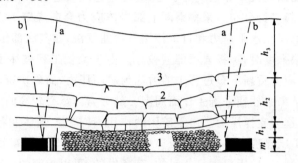

图 6-2 采空区上覆岩层移动示意图
1.垮落带;2.断裂带;3.弯曲下沉带

第三节 采煤工作面顶板控制

一、采煤工作面顶板事故分类方法

由于炮采和单体支护目前在我国仍占有较大比例,在矿井冒顶事故中,大部分事故是发生在采煤工作面。根据统计资料,采煤工作面冒顶事故占总冒顶事故数的 70% 以上。按工作面顶板冒落范围和伤亡人数,将工作面顶板事故分为局部冒顶事故和大冒顶事故两类。

(一)局部冒顶事故

局部冒顶一般是由于已遭受一定程度破坏的直接顶未被及时支护或支架未能充分发挥作用、甚至失效而造成的。受原生、地质构造、采动等影响,直接顶中会产生许多交错的裂隙,使直接顶的连续性遭受一定程度的破坏,一旦支护不及时或支架失去作用,局部范围内的岩块就可能会冒落而发生局部冒顶。一般把直接位于煤层上方的一层或几层性质相近的岩层称为直接顶。在煤层与直接顶之间有时存在厚度极薄、随采随冒的岩层,称为伪顶。

工作面局部冒顶事故多发生在单体支护工作面,尤其是在木棚及金属摩擦式铰接顶梁支护工作面。这类顶板事故的特点是范围(一般约 2~3m)和冒顶高度较小,每次事故伤亡的人数不多(1~2个),对生产的影响不是特别严重,因而容易被忽视。往往错误地认为这类零打碎敲的事故缺乏规律性,很难避免。因此冒顶事故之后总是就事论事得出空顶作业、支护不及时的结论,没有认真分析研究发生的原因和条件,这是此类事故不断发生的根源。

局部冒顶事故的另一重要特点是事故总是在有人工作的部位发生,加之预兆又不十分明显,因此极易造成人身伤亡。据统计分析,每年因局部冒顶事故而死亡的人数占冒顶事故人数的 60%~70%,而重伤事故则占 80% 以上。

局部冒顶事故实质上是已破坏的顶板失去依托而造成。就其触发原因而言,可以大致分为两部分：一部分是采煤工作（包括破煤、装煤等）过程中发生的局部冒顶事故，即在采煤过程中未能及时支护已出露的破碎顶板；另一部分则是单体支护回柱和整体支护的移架操作过程中发生的局部冒顶事故。

这类事故就发生的时间和地点而言，存在着一定的规律性。从发生地点看，绝大部分发生在有伪顶区域、小断层、褶曲、老巷、工作面上下出口等顶板较为破碎的部位。在正常顶板条件下，则多数发生在老顶来压前后，特别是在直接顶由强度较低、分层厚度较小的岩层组成的条件下。

（二）大冒顶事故

采煤工作面的大冒顶事故也叫采场大面积冒顶、落大顶、垮面。事故的特点是垮落面积大，来势凶猛，时间持久，常导致重大人身伤亡和设备、器材遭受大量损坏，往往造成生产中断。这类事故多由直接顶和老顶大面积运动造成，因此在发生的时间和地点方面有明显的规律性，一般发生在直接顶或老顶大面积运动（采场来压）的时刻，这里包括直接顶和老顶按预定步距有规律的运动以及工作面推进到临近平行于工作面的断层或背斜轴部所引起的运动。

从事故发生的作用力来源可以把垮面事故分为两部分，即由直接顶的运动（包括直接顶的第一次垮落、周期性垮落和构造切断等）所造成的事故和由老顶的运动（包括老顶的第一次断裂、周期性断裂和断层切割等）所引起的事故。

1. 由直接顶运动所造成的垮面事故

据其作用力的始动方向可分为以下两大类：

(1) 推垮型事故。包括走向推进工作面常发生的倾向推垮型事故[图6-3(a)、(b)]及倾斜推进工作面容易发生的向采空区方向推垮型事故[图6-3(c)、(d)]。这类事故的特点是顶板运动发生时，在平行于煤层的层面方向产生较大的推力，推倒失稳的单体支架造成垮面事故。

另外，在直接顶异常破碎或人工假顶的情况下，发生局部冒顶时如果处理不及时，也会造成大面积漏冒推垮型冒顶事故。

(2) 压垮型事故。包括向煤壁方向压垮[图6-4(a)、(b)]及向采空区方向压垮型事故[图6-4(c)、(d)]。这类垮面事故的发生，主要是由于垂直于顶底板方向的作用力压断、压弯单体支架或者将其压入抗压强度低的底板而造成的。

2. 由老顶运动所造成的垮面事故

据其作用力的性质和始动力的性质和始动方向不同，可分为以下两种类型：

(1) 冲击推垮型（砸垮型）事故。这类事故发生时，开始运动的老顶首先将其作用力施加于靠近煤壁处已离层的直接顶上，造成煤壁片塌和直接顶下切离层，紧接着高速运动的老顶把直接顶推垮，事故过程如图6-5所示。另外，直接顶"软"、老顶"硬"的复合型顶板很容易发生直接顶离层而导致推垮型事故。

(2) 压垮型事故。这类事故发生在采用木支架支护的采场。可缩性很少且强度低的木支柱由于不能抵抗老顶的压力，在老顶的下沉过程中依次被折断，结果必然导致剩余支柱的支护强度不足以平衡直接顶的作用力而被全都压断，造成垮面事故，事故过程如图6-6所示。

应该指出的是，整体液压支架一般由于其初撑力及其工作阻力比较高、可缩量大，发生大冒顶的概率较小。但是如果架型选择不适合围岩破断运动的特点或者操作不当，也会因直接顶或老顶的突然运动导致垮面事故，损坏支架甚至造成人员伤亡。

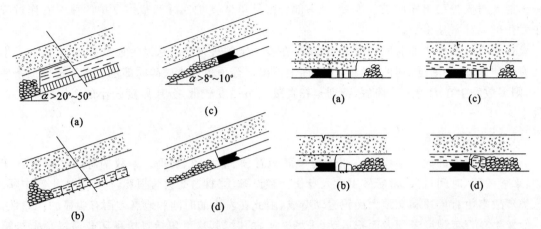

图6-3 直接顶运动引起的推垮型事故
(a)顶板沿倾斜方向推垮前；(b)顶板沿倾斜方向推垮后；
(c)顶板向采空区方向推垮前；(d)顶板向采空区方向推垮后

图6-4 直接顶运动引起的压垮型事故
(a)顶板向煤壁方向压垮前；(b)顶板向煤壁方向压垮后；
(c)顶板向采空区方向压垮前；(d)顶板向采空区方向压垮后

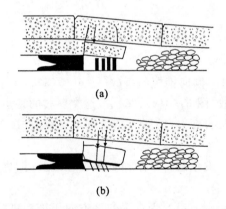

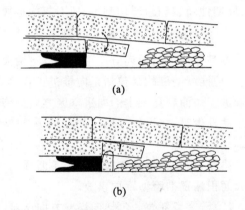

图6-5 老顶运动引起的冲击推垮(砸垮)型事故
(a)煤壁片塌和顶板下切；(b)老顶把直接顶推垮

图6-6 老顶运动引起的压垮型事故
(a)靠近采空区支柱先压断；(b)支柱全部压断而垮面

二、影响采煤工作面顶板事故的因素

(一)自然因素

1. 煤层倾角

煤层倾角对采煤工作面矿山压力的影响是很大的。对于缓倾斜煤层来说，老顶来压步距较短，来压较易控制。而对于急倾斜煤层来说，来压步距一般较长，来压之前工作面压力较小，来压时强度、面积都比较大，对工作面安全生产影响较大。特别是急倾斜特厚煤层水平分层开采，在顶板为坚硬岩层时，来压时顶板大面积冒落往往形成强烈的冲击地压现象。

2. 采煤工作面的围岩组成

采煤工作面的围岩一般是指直接顶、老顶以及直接底的岩层。这三者对采煤工作面的安全生产有着直接的影响。其中直接顶的稳定性直接决定着支架的选型、支护方式的确定,也是引起工作面局部冒顶和老顶失稳的主导原因。同时,老顶的厚度、强度以及老顶和直接顶的相对位置关系不仅对直接顶的稳定性有直接影响,而且对确定支护强度、支架具备的可缩量以及选择采空区处理方法等,都起着决定性作用。

据统计,在单体支护工作面,由直接顶板的运动所造成的重大事故占60%左右,由老顶大面积运动所造成的事故占40%左右。

在人工假顶或下软上硬的复合顶板(岩层强度差别较大的顶板)条件下,人工假顶或复合顶板中的下位软岩层很容易离层,导致推垮型顶板事故。

3. 地质构造

各种地质构造如断层的存在可能改变顶板冒落的一般规律,造成突然来压和冒顶。岩体中节理和裂隙的存在使岩石强度降低,对抗拉强度影响极大,甚至完全失去抗拉能力。因此,断层、裂隙、节理对岩体的完整性有极不良的影响,使顶板的自由稳定时间与稳定面积都显著减少,这对于支护面积较大且受采动影响的工作面顶板管理尤为不利。

4. 开采深度

开采深度直接影响着原岩应力大小,同时也影响着开采后巷道或工作面周围岩层内支承压力的大小。随着开采深度增加,支承压力必然增加,从而导致煤壁片帮及底板膨起的概率增加,由此也可能导致支架载荷增加。

5. 煤层厚度

中厚及厚煤层要比薄煤层发生顶板事故的概率大。通常开采厚煤层的下分层时的事故比开采顶分层所占比例大。其主要原因:一是厚煤层分层开采的下分层在假顶条件下,工作面刚开始推进时顶板胶结不好,容易首先发生局部冒顶,继而诱发大面积推垮工作面的事故;二是采出空间大,不利于老顶形成自稳结构。

(二)开采技术

开采技术对采煤工作面顶板管理的影响是多方面的,不仅与支护方式有关,还受到回采工艺及其参数(采高、控顶距、循环进度等)、采空区处理方式、是否分层开采等开采技术因素的影响。

通常,综采工作面的顶板管理状况要好于单体支护工作面。单体支护中单体液压支架要好于摩擦式金属支架,摩擦式金属支架要好于木支架。

木支架的致命弱点:一是支柱不具备增加初撑力的升柱装置,本身几乎没有初撑力;二是可缩量很小。在老顶来压时,木支柱对顶板生顶硬抗,造成大量折断。据统计,绝大部分压垮型事故都发生在木支柱支护的工作面,其中80%是由老顶来压造成的。摩擦式金属支柱初撑力低,阻力受到操作质量等人为因素的影响很大,承载不均,可靠性差。单体液压支柱由于初撑力高、可缩量大和阻力可靠,能够预先顶紧顶板,既有利于防止顶板的离层,又可以及时对老顶"让压",按设计要求对顶板进行控制,还可以较好地保持支架的稳定性。整体式液压支架除具有单体液压支架的优点外,其支护强度、护顶面积、稳定性要好于单体液压支架,其支护效果无疑是最好的。

另外,不同的回采工序对顶板下沉量的影响也是不同的。落煤、放顶操作引起顶板支撑条件的改变是顶板大面积运动的一个重要因素。因此,对于单体支架工作面,《煤矿安全规程》中规定:"放炮、落煤等工序与回柱工序平行作业时,其安全距离要在作业规程中规定。"

在一定地质条件下,采高与控顶距是影响上覆岩层破坏状况的最重要因素之一。采高越高,在同样位置的老顶可能取得平衡的概率越小;控顶距越大,采煤工作面的顶板下沉量也越大。因此,随着采高与控顶距的增大,支架容易失稳。另外,随着采高与控顶距的增大,支承压力越大,工作面煤壁也越不稳定,易于片帮。

三、采煤工作面的支护原理

根据矿山压力的理论,整个采煤工作面上覆岩层中,裂隙带老顶岩层能够形成一种动态"大结构",如图6-7所示。裂隙带岩梁动态"大结构"承担了其上覆绝大部分岩体重量,工作面支架在其掩护之下,因此支架受力要远小于覆盖层重量。裂隙带岩梁动态"大结构"是由"煤壁-采煤工作面支架-采空区已冒落的矸石"支撑体系所支撑。工作面支架的工作阻力应保证裂隙带岩梁动态"大结构"的相对稳定。

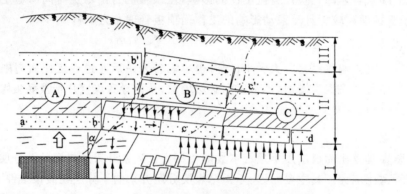

图6-7 采煤工作面裂隙带岩梁"大结构"
A.煤壁支撑影响区(a-b);B.离层区(b-c);C.重新压实区(c-d)
Ⅰ.冒落带;Ⅱ.裂隙带;Ⅲ.弯曲下沉带;α.支撑影响角

采煤工作面的支架与其支撑的围岩是一对相互作用着的矛盾统一体,顶板下沉移动是必然的,支架的作用是维护直接顶的完整和裂隙带岩梁动态"大结构"的相对稳定。支撑力过大,技术上不易实现,经济上难以保证,实际也没有必要;支撑力太小,不足以保证动态"大结构"的相对稳定。又由于煤壁与已冒落的矸石具有截然不同的特性,因此支架的结构和性能对支架受力状况就有很大影响。支架结构及性能的设计必须符合采煤工作面围岩运动规律及其特性,只有这样才能使支护结构设计既经济又合理。同时也只有支架的支撑力分布合适,护顶装置可靠,才有可能维护好顶板。

四、采煤工作面顶板事故防治的主要措施

(一)支架性能应与煤层顶板、倾角等开采条件相适应

支架性能适应煤层顶板、倾角等开采条件对防止工作面顶板事故至关重要,否则就不会取得良好的支护效果,甚至导致严重的冒顶。支架的性能应具备支、护、稳三个方面,即:支得起、护得好、稳得住。所谓支得起,就是要求支架具有一定支撑力,又具有一定的可缩性,从而保证支架能撑得住来自直接顶和基本顶来压时所施加的压力,不致因支架被压垮而导致冒顶;所谓

护得好,即是要求支架能及时有效地防护好已破碎的顶板,不致因碎岩下漏而导致冒顶;所谓稳得住,就是要求支架具备抵抗沿层面方向推力的能力,不致因推倒支架而导致冒顶。

值得注意的是,在不同煤层顶板、倾角等开采条件下,对支架性能的要求有所不同,即对支、护、稳性能要求的侧重点不同。这就需要支架能适应其要求,从而有效防止顶板事故。例如:当基本顶来压较强烈、直接顶较稳定、煤层倾角较小时,应重点考虑"支得起";当老顶来压不明显、直接顶不稳定(较破碎)、煤层倾角较小时,应重点考虑"护得好";当基本顶来压较强烈、直接顶不稳定或中等稳定、煤层倾角较小时,应重点考虑"支得起"和"护得好";当上述各情况之中的煤层倾角不是较小而是较大时,则应分别增加重点考虑"稳得住"。

此外,采煤工作面中的不同部位对支架性能要求的侧重点也不同。例如:靠工作面煤壁附近(即机道)应特别注意护;上、下端头处应特别注意护与稳;放顶线附近应特别注意护与稳;工作面通过地质构造时,在其附近应特别注意护与稳。

总之,在选择工作面支架类型和布置时应满足上述要求,这样才能有效防止顶板事故的发生。

(二)提高采煤机械化程度

国内外资料表明,随着采煤特别是支护机械化程度的提高,由于加快了工作面推进速度以及工作面支架性能及时而有效地控制顶板,从而使顶板事故明显减少,人员伤亡大幅度下降。据国内统计,工作面顶板事故伤亡人数的95%以上是发生在使用单体支架的炮采和普采工作面,而在使用液压支架的综采工作面却极少发生,因此,提高采煤机械化程度是防止顶板事故的重要途径之一。

(三)推行工作面支护质量与顶板动态监测技术

通过工作面支护质量与顶板动态监测,可及时了解和掌握工作面支架的工作状况及顶板所处状态,对所发现的问题可及时处理或进行调整,从而及时消除事故隐患,做到防患于未然。

五、采煤工作面特殊顶板冒顶事故控制

在地质构造带等特殊顶板条件下,除选择正确的开采技术和加强顶板的日常管理外,还要针对不同的顶板条件,采取相应的技术对策。

(一)采煤工作面过地质构造带顶板事故

1. 采煤工作面过断层

(1)过断层的方法。采煤工作面过断层时,先应查清楚断层落差、范围以及与走向的交角,然后制定过断层的方法。过断层的方法一般有两种:一是绕过断层,当断层落差较大、影响范围广时,可利用探巷探明断层范围,绕过断层带另开工作面回采。二是硬过断层,在断层落差小的地方,采取挑顶卧底的措施,如图6-8所示。对于倾斜断层,可提前调整改变工作面方向,使断层与工作面斜交,保持工作面与断层走向的夹角为25°~30°,以减少工作面每次推进时受断层影响的地段长度不要过大。

此外,还应注意以下问题:合理确定放顶步距;尽可能一次回清断层外侧支架;厚煤层倾斜分层时,可调整采高通过断层;炮采时,在断层处通常是增加炮眼密度,减少装药量,这样可以减轻对顶板的破坏。

(2)常见的支护方式。在断层附近,工作面顶板压力一般都比较大,为了加强顶板支护,在

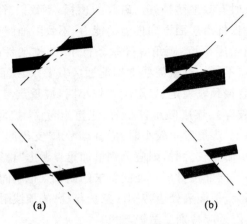

图 6-8 断层处理法
(a)正断层;(b)逆断层

断层附近都要架设木垛,断层断面处要打上戗柱,如图 6-9 所示,打戗柱适用于断层落差较小、顶底板或断层面比较平整的条件。随着工作面向前推进,木垛、戗柱也要向前移置,直到过完断层为止。

工作面遇较大断层,采高在 2.5~3m 时,打垂直顶板的支柱较困难,可留底煤,垫底梁,在底梁上打支柱,侧面用挡板把浮煤挡好,防止浮煤塌落,并在挡板外面加木垛。如果不留底煤,可先打超前托梁,然后在托梁上由下而上搭好木垛,如图 6-10、图 6-11 所示。

综采工作面过断层较单体支护工作面更为复杂。工作面直接推过断层,可采取调整采高、挑顶卧底、垫矸石或木板和架设木垛及提吊支架等措施。断层落差大时,应另开切眼。

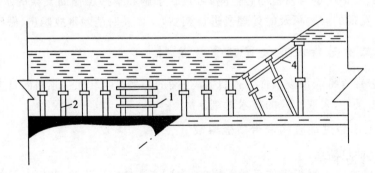

图 6-9 遇断层打戗柱
1.加强木垛;2.加密支柱;3.迎山戗柱;4.支撑木

2.采煤工作面过褶曲

采煤工作面过褶曲时需事先挑顶或卧底,使底板起伏变化平缓。褶曲处煤层局部变厚时,一般留顶煤,使支架沿底,便于支架架设。在使用单体支柱时,若丢底煤则要在柱底穿铁鞋。留顶煤时,则要在支架上方背严以防顶煤压碎冒落,或者将顶煤挑下架设木垛接顶。

3.采煤工作面过冲刷带

冲刷带在采煤工作面破碎范围较大,使煤层变薄甚至尖灭。冲刷带附近的煤层和围岩受

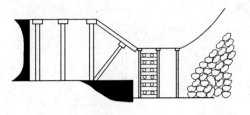
图 6-10　留底煤打挡板

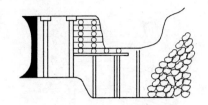
图 6-11　超前托板上打木垛

水侵蚀和风化导致孔隙度大、煤层酥松、直接顶变薄、岩性酥脆,容易离层成层状垮落。对于单体支护,过冲刷带常用连锁棚子或一梁三柱,在冲刷带边缘棚距适当减少,控顶距适当加大一排。必要时辅之以木垛、抬板、戗柱与特殊支架。

4. 采煤工作面过陷落柱(无炭柱)

遇陷落柱的预兆和断层很相似,其不同是陷落柱的边缘多呈凹凸不平的锯齿状,有各种不同岩石的混合体。过陷落柱的方法和过断层一样,可以绕过和硬过。对于单体支护,硬过陷落柱时根据破碎带破碎程度,可用套棚、一梁三柱和木垛等方式支护。

(二)采煤工作面过老巷顶板事故的防治

老巷的围岩已经发生变形破坏,巷道内的支架失效(折损、歪扭和倾倒)很多,再加上受工作面超前压力的影响,顶板破碎甚至冒顶。工作面距老巷数米时,应停止放炮,避免把老巷顶板震坏。采煤工作面过老巷预防冒顶的措施通常有以下几种。

1. 过本煤层老巷

(1)维护加固老巷。在过本煤层老巷前,首先要搞清老巷的情况,若老巷已塌冒不通风,要首先通风排除瓦斯等有害气体,恢复支架;若老巷顶板与支架状况良好,可在巷道中加打中柱,以加固原支架;若老巷顶板严重破碎、压力很大,可加打抬板或木垛。

(2)调整过老巷方向。当老巷与工作面平行时,应事先调整好工作面推进方向,使其与老巷斜交。这样可以使老巷在工作面每次推进的空间内所占的面积较小,便于控制顶板。

(3)整体自移支架过老巷。整体自移支架过老巷时,可利用其前探梁托住老巷梁端,再逐步拉架前移。若顶板严重破碎,可在前探梁上沿倾斜方向架设板梁,用以托住老巷的棚梁前进(图 6-12)。

2. 老巷在工作面下方

开采厚煤层时,老巷有时在采煤工作面下方。过老巷前,先用采落的煤矸填实。工作面推到老巷时,底板要铺长底梁,工作面支柱支在底梁上,防止支柱下沉。在工作面位于老巷处要加打木垛托顶(图 6-13)。

3. 复合顶板事故的防治

复合顶板由下软上硬岩层构成。下部软岩层可能是一个整层,也可能是由几个分层组成的分层组。这里的软岩层与硬岩层只是个形象的说法,实际上是指采动后下部岩层或因岩石强度降低,或因分层薄,其挠度比上部岩层大,向下弯曲得多,而上、下部岩层间又没有多大的黏结力,因此下部岩层与上部岩层形成离层。从外表看,似乎下部岩层较软,上部岩层较硬。常具有如下特征:煤层顶板由下软上硬不同岩性的岩层组成;软、硬岩层间有煤线或薄层软弱

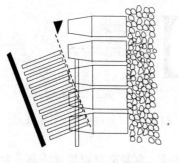
图 6-12 液压支架过老巷图

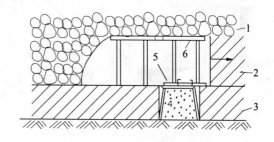
图 6-13 厚煤层过采空区
1.上分层；2.中分层；3.下分层；4.采空区；5.底梁；6.顶梁

岩层；下部软岩层的厚度通常情况下不小于 0.5m，而且不大于 3m。

复合顶板对单体支护工作面易形成推垮型冒顶，这是由于在支柱的初撑力较小时，在顶板下位软岩层的自重作用下，软岩层与支柱同时下缩或下沉，而顶板上位硬岩层未下沉或下沉较慢，也就是软硬岩层下沉不同步，软快而硬慢，从而导致软岩层与其上部硬岩层离层（图 6-14）。当下位软岩断裂出现六面体时，就容易出现推垮型冒顶。

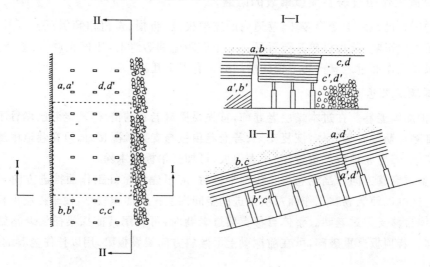

图 6-14 下位软岩层离层断裂

从破坏形成推垮型冒顶的条件出发，复合顶板事故常见的预防措施为：

（1）严禁仰斜开采。仰斜开采使顶板产生向采空区方向移动的力，当复合顶板的冒落高度不能填充采空区，尤其是冒落高度小于采高时，顶板向采空区移动就没有采空区冒落碎矸的阻力，顶板带动其下的支架向采空区倾倒，易形成推垮型冒顶。所以这时应采用俯斜或伪俯斜工作面。有的矿对具有复合型顶板的煤层将原来的走向长壁采煤改为俯斜长壁采煤，由于不让破断的六面岩体有去路，因而有效地防止了推垮型冒顶事故的发生。

（2）掘进工作面平巷不能破坏复合型顶板。采煤工作面输送机下机头位置是工作面与运输平巷的交叉处，控顶面积大，机头支架反复支撑，复合型顶板反复松动，加剧了顶板的离层。在这种情况下，如果掘进时破坏了复合型顶板造成游离六面体失去阻力，极易发生冒顶事故。

因此,掘进工作面平巷不能破坏复合型顶板。

(3)初采时不要反向推进。工作面初采时不要反向推进。在图6-15中工作面应由开切眼向左边推采。因为开切眼处的顶板已离层断裂,当在反向推进范围内初次放顶时极易在原开切眼处诱发推垮型冒顶。

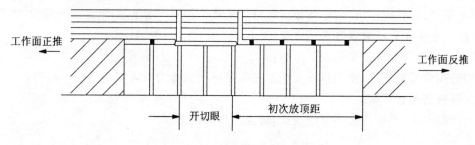

图6-15 工作面初采时反向推进

(4)提高支架的稳定性。复合型顶板冒顶与支架失稳有着密切关系。一般使用拉钩式连接器沿工作面倾斜方向把每排支柱从工作面上端到下端连接起来,组成一个稳定的可以阻止六面体下推的整体支架。也可以灵活地使用戗柱、斜撑抬板,使它们迎着六面体可能滑移的方向,以提高支架的稳定性。

(5)提高单体支柱的初撑力和刚度。由于支柱的初撑力小、刚度差,导致复合型顶板离层,反过来又使工作面支架不稳定。因此,必须使初撑力不仅能支撑住顶板下部的软岩层,而且能把软岩层贴紧硬岩层,让其间的摩擦阻力足以阻止软岩层下滑,从而支架本身也能稳定。

4. 人工假顶顶板事故的防治

金属(塑料)网人工假顶推垮型冒顶的防治方法除了与复合顶板推垮型冒顶的防治方法相同以外,按其特点还应增加以下措施:

(1)开采第一分层时,从切眼推采开始到初次放顶,由采空区向顶板打深孔(3~5m)爆破将煤崩出,直接顶崩碎,充填网上冒落空隙,以阻止六面体的去路。深孔爆破的部位主要是开切眼附近、上分层停采位置及工作面上下两端。

(2)注意提高铺网质量。按规定要求搭接好,连接牢固并注好水(浆)。清理平底部,不留大块矸石和柱梁、木垛等物。

(3)开采第二分层时,其开切眼位置应采用内错式布置,避免网上碎矸上方存有空隙。

(4)尽可能延长第一分层与第二分层的开采间隔时间。由于采空区丢失的煤、矸石与水(泥浆)胶结时间越长,胶结质量越好。因此,只要生产衔接有可能,金属网腐蚀期允许时要尽量增加间隔时间,一般间隔时间为数月或1~2年。这样可以大大减少空隙,增强顶板的再生强度,有利于第二分层的顶板控制。

(5)为了使金属(塑料)网不出现网兜,在开采第一分层时沿工作面倾斜方向每隔0.6~1.0m铺设一根底梁(长度为1.2~1.6m),底梁可以采用对接方式,也可以采用搭接方式。这样可使第二分层的金属铰接顶梁在任何位置都能托住底梁,并增加金属(塑料)网的刚度,避免形成网兜。一旦发现网兜应立即处理,因为网兜内的矸石重量和顶板压力使金属(塑料)网承受很大的张力,当达到极限时,网兜会突然崩裂,兜内的矸石流出,使周围支柱卸压倾倒,并连续向上和四周发展,形成推垮型冒顶。处理网兜的方法是:当网兜较小时,可以从网兜底部打托板;当网兜较大时,首先要在下侧打好木垛,然后从下侧破网放矸石,随着放矸石立即打撞楔,直至将网兜消平,顶板背严背实为止。

5. 直接顶异常破碎时顶板事故的防治

在直接顶异常破碎、煤层倾角又较大的情况下,如果采煤工作面支护系统中某个地点失效发生局部漏冒,如处理不当,破碎顶板就有可能从这个地点开始沿工作面往上漏冒,推倒支架导致工作面发生大面积漏冒推垮型冒顶(图 6-16)。

预防漏冒推垮型冒顶采取以下措施:

(1)选用合适的支柱,使工作面支护系统有足够的支撑力与可缩量。

(2)顶板必须背严实。

(3)严禁放炮、移溜等工序弄倒支架,防止出现局部冒顶。

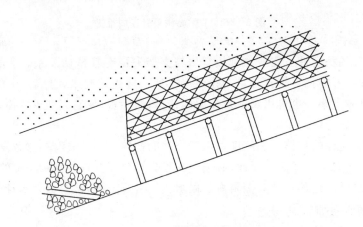

图 6-16 工作面漏冒推垮型冒顶示意图

6. 厚层坚硬难冒顶板事故的防治

厚层坚硬难冒顶板其实质为顶板没有直接顶,难以形成垮落带的情况,灾害的表现形式通常为顶板大面积来压。顶板大面积来压主要是由于坚硬顶板被采空的面积超过一定的极限值,引起大面积冒落造成的剧烈来压现象。这主要是由于随着开采的进行,顶板大面积悬露而不落,在自重压应力的作用下,当弯曲值超过强度极限时,将出现断裂缝或使原生的细微裂隙扩展。一旦这些裂隙贯穿坚硬岩层时,则发生断裂、冒落。大冒顶一次冒落的面积少则几千平方米,多则几万平方米甚至十几万平方米,在极短的时间内冒落下来,不仅产生严重的冲击力,还会将采空区的空气瞬时排出,形成暴风。目前,虽然很多工作面使用综采设备进行回采,仍然多次出现上万平方米大面积冒落来压现象。

顶板大面积来压主要的危险是由顶板冒落而形成的冲击荷载和暴风。防止和减弱其危害的基本原理是:改变岩体的物理力学性能,以减小顶板悬露和冒落面积;减小顶板下落高度,以降低来压强度和空气排放速度。

六、处理采煤工作面恢复生产的措施

采煤工作面冒顶的处理方法要根据冒顶区岩石冒落的高度、冒落岩石的块度、冒落的位置和冒顶影响范围的大小来决定。同时还要根据煤层厚度、采煤方法等采取相应的措施。处理采煤工作面冒顶的方法主要有以下四种。

(一)局部小冒顶的处理方法

1. 掏梁窝架棚法

在冒顶范围不大、工作面没有堵死、矸石暂时停止下落的情况下,可采用架棚法。处理冒顶时先观察顶板动静,加固冒顶区附近的支架,再掏梁窝、架棚,如图 6-17 所示。具体方法步骤是:

(1)在掏梁窝或挂顶梁之前,必须先检查冒顶地点附近的支架情况,发现有折损、歪扭、变形的柱子要立即处理好,以防继续冒顶和掉矸伤人。

(2)在冒顶范围内清理出一部分塌矸后,进行掏梁窝架单腿棚子或金属悬臂梁的工作。

(3)架好单腿棚子或挂好悬臂梁后,棚梁上的空隙要用木料架设小木垛接到顶。架小木垛前应先挑落浮矸,小木垛必须插紧背实,防止冒落进一步扩大。

(4)小木垛架好后,便可清理浮煤、浮矸,打好贴帮柱,防止片帮。

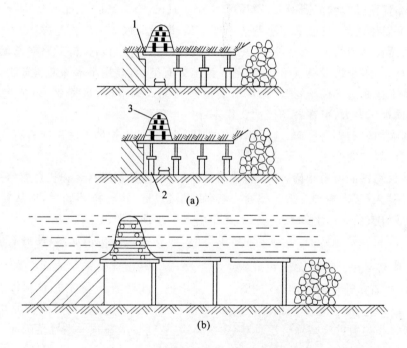

图 6-17 采煤工作面局部小冒顶的处理
1.悬臂梁;2.临时金属支柱;3.插顶木垛
(a)用悬挂金属顶梁处理局部冒顶;(b)用单腿棚子处理局部冒顶

2. 撞楔法

在顶板冒落矸石块度较小而且冒顶区顶板碎矸继续往下流或者一动就流的情况下,就采取撞楔法。撞楔是长度为 1.5~2.0m、直径为 160mm 左右、一端削光的荆芭棍,处理冒顶时先在冒顶区选择或架设撞楔棚子,棚子方向应与撞楔方向垂直。把撞楔放置于棚梁上,使其尖端指向顶板冒落处,末端垫一方木块。然后用大锤猛击撞楔末端,使它逐渐深入冒顶区将碎矸石拖住,使顶板不再继续往下落碎矸。之后立即在撞楔保护下架设支架,如图 6-18 所示。

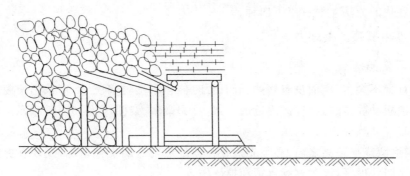

图 6-18 撞楔法处理采煤工作面冒顶

(二)大冒顶的处理方法

1. 小巷法

如果局部冒顶区影响范围不大,冒顶区不超过 15m,垮下来的岩石不大,用人工或采取一定措施以后可以撤动的,可以采用小巷法处理冒顶,即采取恢复工作面的方法。

(1)从采面冒顶的两头,由外往里,先用双腿套棚维护好顶板,保持后路畅通无阻。梁棚上用板皮刹紧背严,防止顶板继续错动、垮落。梁上如有空顶,要用小木垛插紧背实。

(2)边整工作面边支棚子,把垮落的矸石清理并倒入采空区,每整 0.5m 支一架板梁棚管理顶板。若顶板压力大,可在冒顶区两头用木垛维护顶板。

(3)遇到大块岩石不易破碎,应采用电钻或风钻打眼放小炮的方法破碎岩石。钻眼数量和装药量要符合《煤矿安全规程》要求。

(4)如顶板垮落的矸石很碎,一次整巷不易通过时,可先沿煤帮运输机道整修一条小巷,支架形式可采用"人"字形掩护支架。整通小巷,使风流贯通,运输机开动后,再从冒顶区的两头向中间依次放矸支棚。梁上如有空顶,也要用小木垛接顶背严。

(5)若采煤机在冒顶区前方,当运输机除矸时,应先将采煤机吊起,以便矸石能顺利通过,如图 6-19 所示。

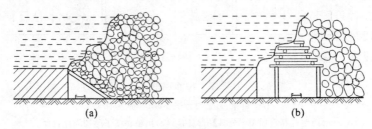

图 6-19 小巷法处理采煤工作面冒顶
(a)先整通小巷道用"人"字形支护;(b)后按原来采高支护

2. 开巷绕道法

当冒顶范围大,不宜用整巷法处理时,可采用开补巷绕过冒顶区的方法,也叫部分重开切眼或重掘开切眼的方法。有以下三种情况:

(1)冒顶发生在工作面机尾处。冒顶发生在工作面机尾处,可以沿工作面煤壁从回风巷重开一条补巷绕过冒顶区。未冒顶的工作面将机尾缩至工作面内完整支架处,继续推进,如图6-20所示。

1)补巷的支架多数采用一梁二柱或一梁三柱棚子。当工作面同补巷采成一直线时,运输机就可延长至回风巷,恢复正常回采。

2)冒顶区埋压的设备、支架材料的回收方法是当新开的补巷紧靠冒顶区(无煤柱)时,可直接扒开矸石取出。如不好取出或不安全,可用开小巷的办法回收。

3)若冒顶区范围较大,岩石堵塞巷道,造成采空区回风角瓦斯积存,可用临时挡风帘或临时安装局扇排除。

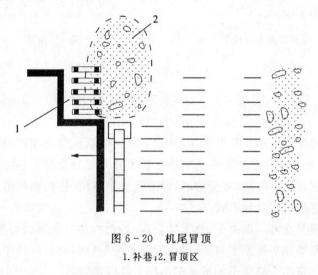

图6-20 机尾冒顶
1.补巷;2.冒顶区

(2)冒顶区在工作面中部。冒顶区在工作面中部可以平行于工作面留3~5m煤柱重开切眼。新切眼支架一般使用一梁二柱棚子。

1)新开切眼的掘进可采用对打的方法,以加快掘进速度。在进风侧使用运输机运煤,回风侧可采用矿车运煤。当两头工作面掘进相距15m时,停止回风侧的掘进,进风侧继续前进到打透为止。此时要注意两头放炮时的警戒和瓦斯检查。用局扇通风,按贯通规定办理。

2)对压埋在冒顶区的设备和材料,可在新开切眼内每隔15~30m往冒顶区穿小硐,用通小巷的办法分段进行回收。

3)回收完设备、支架和材料后,应在煤柱上打眼放炮,人工倒采几个循环,最好采透直达冒顶区,避免煤柱支撑顶板给以后回采造成困难,如图6-21所示。

(3)冒顶区在工作面的机头侧。处理方法基本与处理机尾侧冒顶区相同(图6-22)。就是在离煤帮3~5m处由进风侧向工作面斜打一条补巷与工作面相通。若采面是用可弯曲运输机,只需将新开补巷与工作面连接处刷成一定角度,就可以正常出煤。

若采面用的是不可弯曲的运输机,就要在新开补巷中铺上一部临时的运输机,随着工作面的推进逐步延长工作面的运输机,缩短补巷内的运输机,直到工作面采直,拆去临时运输机。埋压的设备、支柱和材料的回收方法,与冒顶区在运输机机尾附近的回收方法相同。

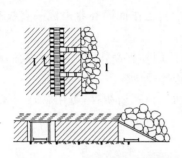
图 6-21 中部冒顶重掘开切眼方法

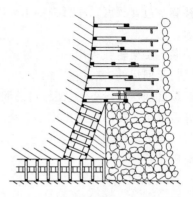
图 6-22 机头冒顶开发补巷绕过

第四节 巷道顶板事故控制

巷道的变形和破坏形式是多种多样的,巷道中常见的顶板事故按照围岩破坏部位可分为巷道顶部冒顶掉矸、巷道壁片帮以及巷道顶帮三面大冒落三种类型。按照围岩结构及冒落特征又可分为镶嵌型围岩坠矸事故、离层型围岩片帮、冒顶事故、松散破碎围岩塌漏抽冒事故以及软岩膨胀变形毁巷事故等几种形式。

巷道顶板事故通常在巷道掘进头、巷道接岔口、地质构造复杂地带容易发生。另外,巷道中的冒顶还会由于斜巷跑车冲倒支架、车辆掉道和车上的物料突出车外引起支护受损以及支护方式选择不当或质量不合格而不能承受矿山压力等因素引起。

一、影响巷道顶板事故的因素

(一)自然因素

1. 岩石性质及其构造特征

一般来说,软弱岩石的强度低,受力后容易产生变形和破坏,因此巷道掘进时遇到软弱的岩石就容易发生冒顶,但规模较小。与此相反,坚硬岩层受力后不易变形和破坏,巷道掘进过程中也不易发生冒落,然而一旦冒落其规模可能较大。此外,岩石的构造特征也影响巷道变形破坏性质和规模。

2. 开采深度

采深大时,由于上覆岩层质量大,形成的支承压力较大。在底板软弱时,巷道容易出现底鼓现象。而且,在底鼓严重的矿井中,顶底板移近量中往往是底鼓的比重远大于顶板下沉的比重,使底鼓成为巷道维护中的一个难题。此外,地下岩石的温度也随开采深度而增加,温度升高会促使岩石从脆性向塑性转化,也容易使巷道产生塑性变形。

3. 煤层倾角

煤层倾角不同往往使巷道破坏形式有差别。如水平或倾斜煤层中多出现顶板弯曲、下沉、顶板冒落;而急倾斜煤层多出现鼓帮、底板滑落及顶板抽条等破坏形式。

4. 地质构造因素

如果巷道开掘在地质构造破坏带，则很容易发生各种规模的冒顶。因为断层破碎带通常是由各种大小不等、岩性不同的岩块、断层泥等组成的未胶结成岩的松散体，而且有的已经片理化，具有滑面或镜面，因此破碎带内的物质之间的黏结力、摩擦力都很小，承载能力很差，悬露时很容易冒落，所以断层破碎带不仅很容易发生冒顶，冒顶的规模可能较大，而且冒顶还可能连续多次发生。

5. 水的影响

巷道围岩中含水较大时，将会加剧巷道的变形和破坏。对于节理发育的坚硬岩层，水使破碎块之间的摩擦系数减小，容易造成个别岩块滑动和冒落，而且也会使岩石强度降低。甚至如砾岩、砂岩等一些坚硬的岩石被水浸泡几天以后，其单轴抗压强度会比干燥时降低一半或更多。对于泥质岩石则常常会促使岩石软化、膨胀，从而可能造成巷道围岩产生很大的塑性变形。

6. 时间因素的影响

各种岩石都有一定的时间效应，尤其井下巷道的围岩，在时间和其他因素的作用下，岩石的强度会因变形、风化和水的作用等而降低。时间效应不仅对于较软的岩石是明显的，即使是较坚硬的岩石也同样具有时间效应。实践证明，岩石在很小的应力作用下，只要作用的时间充分长，也可以发生很大的塑性变形。

(二) 开采技术因素

影响巷道顶板事故的开采技术因素主要包括：

(1) 巷道与开采工作的关系。如巷道是处于一侧采动还是两侧采动的条件下，是受初次采动还是受多次采动影响。

(2) 巷道的保护方法。如巷道是依靠留煤柱保护还是在巷旁用专门的刚性充填带保护。

(3) 巷道本身采用的支架类型和支护方式。

除此以外，还有掘进方式的影响，如在前进式开采中，采煤工作面上、下顺槽，可以采用与工作面平行掘进、滞后掘进及超前掘进等不同方式。采用滞后掘进可以躲开采煤工作面对巷道的剧烈影响，使巷道避免受到剧烈变形和破坏。

二、巷道支护原理

对巷道进行支护的基本目的在于缓和及减少围岩的移动，使巷道断面不致过度缩小，同时防止已散离和破坏的围岩冒落。巷道支护的效果却不仅仅取决于支架本身的支承力，还受到围岩性质、支架力学性质（支承力和可缩性）、支架安设密度、安设支架时间的早晚、支架安设质量和与围岩的接触方式（点接触或面接触）等一系列因素的影响。

在开掘巷道以后形成的"支架—围岩"力学平衡系统中，围岩通常承受着大部分的岩层压力，而支架却只承担其中一小部分。而且，在支架和围岩分担岩层压力的过程中，巷道支架所承担的载荷是多变的，其分担岩层压力的比重视围岩本身承担了多少载荷而定。围岩分担的比重愈多，支架分担的比重愈少。合理的支护方式应在保证安全的前提下充分利用围岩的自承力，使支架与围岩在相互约束的状态下共同承载，使得围岩在承受一定支架阻力的条件下有限制地（而不是自由地）向巷道空间内变形（受控变形）。在此过程中，支架和围岩双方的受力和产生变形大小都和任一方特性有关,并随任一方特性的变化而变化,如图6-23所示。

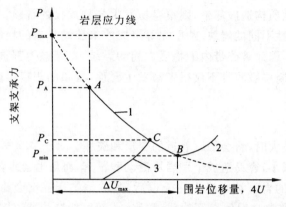

图 6-23 支架与围岩相互作用关系
1.围岩松动破坏前的承载和变形曲线;2.围岩松动破坏后的承载和变形曲线;3.支架承载变形曲线

如果想依靠支架的支承力完全阻止围岩移动,这时所要求的支架支承力 P 将为最大(P_{max}),其值相当于开巷前的原岩应力。但是只要围岩产生少量位移,P 值就会急剧减小,如 A 点。但是这种情况不能无限制地继续下去,因为随着支架支承力减小,围岩移动量会随之增加,而移动量加大到一定程度,围岩将产生松动破坏,这时支架所受的松动压力也会加大(如曲线 2)。从设计观点看,比较理想的情况是使支架的工作点保持在离 B 点不远的 C 点,使支架工作时的支承力 P_C 仅稍大于 P_{min} 值,这样才能获得既经济又安全的效果,因而也是支架与围岩相互作用和共同承载的合理工作点。

通常,为了使巷道支架在调节与控制围岩变形过程中起到积极作用,支架应在围岩发生松动和破坏以前安设,以便支架在围岩尚保持有自承力的情况下与围岩共同起承载作用,而不是等围岩已发生松散、破坏,几乎完全丧失自承力的情况下再用支架去承担已冒落岩块的重量。也就是说,应当使支架与围岩在相互约束和相互依赖的条件下实现共同承载。

三、不同施工地点防治顶板事故的措施

巷道冒顶主要发生在掘进工作面迎头处、巷道交叉处及围岩松散破碎地点。不同地点巷道顶板事故的特点有所不同,因此,应针对各自的情况采取相应的措施。

(一)掘进头

1.掘进头冒顶原因

(1)掘进破岩后,顶部存在将与岩体失去联系的岩块,如果支护不及时,该岩块可能与岩体完全失去联系而冒落。

(2)掘进头附近已支护部分的顶部存在与岩体完全失去联系的岩块,一旦支护失效,就会冒落造成事故。

2.掘进头冒顶事故的注意事项

(1)根据掘进头岩石性质,严格控制空顶距。当掘进头遇到断层褶曲等地质构造破坏带或层理裂隙发育等破碎岩层时,棚子应紧靠掘进头。

掘进工作面施工时为了防止空顶作业，永久支护前必须有临时支护措施。临时支护必须有足够的强度，对顶板有足够的控制面积，对现场条件有较好的适应性。掘进作业规程或施工安全技术措施要对使用的临时支护的方式、操作程序、技术要求等进行规定。

（2）严格执行敲帮问顶制度，危石必须挑下，无法挑下时应采取临时支撑措施，严禁空顶作业。

（3）在掘进头附近应采用拉条等把棚子连成一体，防止棚子被推垮，必要时还要打中柱以抗突然来压。

（4）掘进工作面的循环进尺必须依据现场条件在作业规程中明确规定，一般情况下永久支护离迎头的距离不得超过一个循环的进尺。地质条件变化时，应及时补充措施并调整循环进尺的大小。

（5）巷道顶部锚杆施工时应由外向里逐个逐排进行，不得在所有的锚杆眼施工完后再安装锚杆。

（6）采用架棚支护时，应对巷道迎头至少10m的架棚进行整体加固。加固装置必须是刚性材料，并能适应棚距的变化。

（二）巷道交叉处

巷道交叉处冒顶事故往往发生在巷道开岔的时候。因为开岔口需要架设抬棚替换原巷道棚子的棚腿，如果开岔处巷道顶部存在与岩体失去联系的岩块，并且围岩正向巷道挤压，而新支设抬棚的强度不够，或稳定性不够，就可能造成冒顶事故。当巷道围岩强度不是很大时，顶部存在与岩体失去联系的岩块以及围岩向巷道挤压就在所难免，如果开岔处正好是掘巷时的冒顶处，则情况更为严重。新支设抬棚的稳定性与两方面因素有关：抬棚架设一段时间后才能稳定，过早拆除原巷道棚腿容易造成抬棚不稳；开口处围岩尖角如果被压碎，抬棚腿失去依靠也会失稳。至于抬棚的强度，主要是与选用的支护材料及其强度有关。防治巷道开岔处冒顶的措施如下：

（1）巷道交叉点的位置尽量选在岩性好、地质条件稳定的地点，开岔口应避开原来巷道冒顶的范围。

（2）采用锚杆（锚索）对巷道交叉点支护时，要进行顶板离层监测，并在安全技术措施中对支护的技术参数、监测点的布置及监测方法等进行规定。

（3）架棚巷道的交叉点采用抬棚支护时，要进行抬棚设计，根据设计对抬棚材料专门加工，抬棚梁和插梁要焊接牙壳。

（4）当开口处围岩尖角被压坏时，应及时采取加强抬棚稳定性的措施。

（5）必须在开口抬棚支设稳定后再拆除原巷道棚腿，不得过早拆除，切忌先拆棚腿后支抬棚。

（三）围岩松散破碎区

在地质破坏带、层理裂隙发育区、压力异常区、分层开采下分层掘巷以及维修老巷等围岩松散破碎区容易发生巷道顶板冒顶事故。此类事故隐患比较明显，同时也最容易由较小的冒落迅速发展成大面积高拱冒落。防治措施主要有以下几种：

（1）炮掘工作面采用对围岩震动较小的掏槽方法，控制装药量及放炮顺序。

（2）根据不同情况，采用超前支护、短段掘砌法、超前导硐法等少暴露破碎围岩的掘进和支护工艺,缩短围岩暴露时间,尽快将永久支护紧跟到迎头。

(3)围岩松散破碎地点掘进巷道时要缩小棚距,加强支架的稳固性。

(4)积极采用围岩固结及冒落空间充填新技术。对难以通过的破碎带,采用注浆固结或化学固结新技术。对难以用常规木料充填的冒落空硐,采用水泥骨料、化学发泡、金属网构件或气袋等充填新技术。

(5)分层开采时,回风顺槽及开切眼放顶要好,坚持注水或注浆提高再生顶板质量,避免出现网上空硐区。下分层掘进以预留木楔为导向,过无网区或出入网边时,必须打撞楔控制顶板。

(6)在巷道贯通或通过交叉点前,必须采用点柱、托棚或木垛加固前方支架,控制放炮及装药量,防止崩透崩冒。

(7)维修老巷时,必须从有安全出口及支架完好的地方开始。在斜巷及立眼维修时,必须架设安全操作平台,加固眼内支架,保证行人及煤矸溜放畅通。在老巷道利用旧棚子套改抬棚时,必须先打临时支柱或托棚。

此外,在掘进工作面 10m 内、地质破坏带附近 10m 内、巷道交叉点附近 10m 内、已经冒顶处附近 10m 内,都是容易发生顶板事故的地点,巷道支护必须适当加强。

四、不同支护方式防治顶板事故的措施

巷道的基本支护方式有支架支护、锚杆支护、砌碹支护等,现分述如下。

(一)支架支护

1. 支架支护巷道的冒顶类型

支架支护巷道的冒顶可分为压垮型、漏垮型和推垮型三类。

(1)压垮型冒顶是因巷道顶板或围岩施加给支架的压力过大,压垮了支架,从而导致巷道顶部已破碎的岩块冒落。

(2)漏垮型冒顶是因无支护巷道或支护失效巷道顶部存在游离岩块,这些岩块在重力作用下冒落。

(3)推垮型冒顶是因巷道顶帮破碎岩石在其运动过程中存在平行巷道轴线的分力,如果这部分巷道支架的稳定性不够,可能被推倒而发生冒顶。

2. 支架支护巷道冒顶事故的防治措施

(1)在可能的情况下巷道应布置在稳定的岩体中,并尽量避免采动的影响。

(2)巷道支架应有足够的支护强度以抗衡围岩压力。

(3)巷道支架所能承受的变形量应与巷道使用期间围岩可能的变形量相适应。

(4)尽可能做到支架与围岩共同承载。支架选型时,尽可能采用有初撑力的支架;支架施工时要严格按工序质量要求进行,并特别注意顶与帮的背严背实问题,杜绝支架与围岩间的空帮与空顶现象。

(5)凡因支护失效而空顶的地点,重新施工时应先支护顶,再施工。

(6)巷道替换支架时,必须先支新支架,再拆老支架。

(7)在易发生推垮型冒顶的巷道中要提高巷道支架的稳定性,可以在巷道的支架之间用拉撑件连接固定,增加架棚的稳定性,以防推倒。

(二)锚杆支护

锚杆支护巷道的冒顶事故的发生除地质因素外,主要是锚杆支护系统的锚固力不足引起的。巷道成巷后,在原岩应力和次生应力的作用下,巷道围岩产生变形,如果岩石不能自稳,且锚杆支护系统的锚固力不足,这种变形就得不到有效的控制,就会不断发展,最终导致围岩冒落和冒顶。锚杆间排距过大、锚杆支护材料选择不当、锚杆支护系统的匹配不合理、施工质量差等都会产生这一恶果。

采用锚杆支护时,应注意下列事项:

(1)锚杆、锚喷等支护的端头与掘进工作面的距离,锚杆的形式、规格、安装角度,混凝土强度等级、喷体厚度,挂网所采用金属网的规格以及围岩涌水的处理等,必须在施工组织设计或作业规程中规定。

(2)采用钻爆法掘进的岩石巷道,必须采用光面爆破。

(3)打锚杆眼前,必须首先敲帮问顶,将活矸处理掉,在确保安全的条件下方可作业。

(4)使用锚固剂固定锚杆时,应将孔壁冲洗干净,砂浆锚杆必须灌满填实。

(5)软岩使用锚杆支护时,必须全长锚固。

(6)锚杆必须按规定做拉力试验。煤巷还必须进行顶板离层监测,并用记录牌板显示。对喷体必须做厚度和强度检查,并有检查和试验记录。在井下做锚固力试验时,必须有安全措施。

(7)锚杆必须用机械或力矩扳手拧紧,确保锚杆的托板紧贴巷壁。

(三)砌碹支护

砌碹支护由于施工速度较慢,在顶板围岩破碎时掘进头容易冒顶。另外,巷道砌碹时,碹体与顶帮之间某些部位往往存在空隙,使碹体受力不均,在地压较大或不均匀地区,由于料石、混凝土等材料的抗拉强度都很小,拱顶或墙上的拉应力会使碹体破坏,造成巷道冒顶。

采用砌碹支护时,应注意以下事项:

(1)在地压较大或不均匀地区,为使支架不被破坏,应考虑采用钢筋混凝土砌碹。

(2)在掘砌一次成巷施工中,掘进工作面到砌碹地点一般保持20~40m距离。巷道砌碹时,必须及时排除顶帮活动的矸石,并应采取临时支护措施。

(3)顶板不好时要有专门措施,实行短掘短砌。要明确最大空顶距,并不准超过最大空顶距。空顶区应采取无腿托钩棚、前探支架等措施进行支护。托钩棚的棚梁、托钩和托钩插入岩帮长度必须符合规定,托钩棚的上部要刹紧接顶。

(4)采用料石砌碹时,砌碹用的料石材质和几何尺寸必须符合设计要求并经检验合格,不准用风化石料。

(5)开挖基础、砌墙、立拱架、支模(混凝土碹支盒子板)、铺拱板、拆拱架等在作业规程中要有具体规定,尤其要明确规定抬棚长度和立拱架长度、砌墙和扣拱之间的距离以及永久支护(砌碹)和临时支架之间的距离。

(6)砌墙和扣拱必须做到灰浆饱满,不准有干缝、瞎缝,不准出现重缝现象。砌墙时必须把料石用石楔支平。基础深度必须符合要求,墙体垂直。当碹墙高度超过1.5m时,要采取防倒措施。

(7)拱架之间必须有撑杆拉手,拱架要支稳支牢,保证巷道中腰线符合规定。

(8)巷道砌碹时,碹体与顶帮之间必须用不燃物充满填实;巷道冒顶空顶部分可用支护材料接顶,但在碹拱上部必须充填不燃物垫层,其厚度不得小于0.5m。充填物不准用煤炭等易碎易燃物而要用片石,较大空顶空棚要用木垛充填。

(9)砌体要保证足够的养护期,不准提前拆拱架。

五、巷道冒顶的处理方法

巷道冒顶大多发生在岩石松软区和破碎带内,巷道冒顶的处理应根据实际情况,因地制宜地采取相应的措施。

(一)木垛法

如果巷道冒顶范围较大,冒落高度较高,且冒落空硐以上顶板基本稳定,可以采用木垛法。该方法是先在冒落空硐里以下部的冒落煤矸为底加打木垛接顶,然后在木垛保护下清理煤矸,重新支架。在冒落空硐里加打木垛是带有一定危险性的工作,操作时必须十分注意。操作前要站在有支架掩护的地点,用长柄工具敲帮问顶,并设专人观察顶板变化情况。

(1)"井"字木垛法。冒顶不超过5m,冒落范围已基本稳定,可用此法,如图6-24所示。

(2)"井"字木垛和小棚结合法。冒顶超过5m,冒后稳定,为节省坑木和时间可用此法。要求架棚技术高,棚子牢固可靠,如图6-25所示。

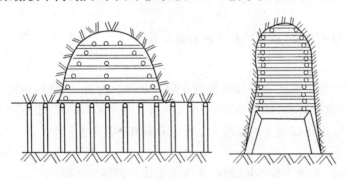 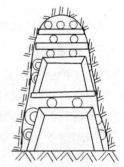

图6-24 "井"字木垛法处理垮落巷道　　图6-25 "井"字木垛和小棚结合法处理垮落巷道

(二)搭凉棚法

当冒落高度不超过1m,并不再继续冒落,冒落长度也不太大时,可以用适当数量的较长坑木搭在冒落两头完好的支架上,即所谓搭凉棚法。搭好"凉棚"后,在其掩护下迅速出矸、架棚。架好棚子后,再在凉棚上用其他材料把顶板接实。此法在高瓦斯矿井不宜采用,如图6-26所示。

(三)直接支架法

在巷道围岩已经稳定,冒落矸石又不多,冒顶范围约为2~3架时,可采用直接支架法。该方法是先扒掉碍事的矸石,在两帮掏出柱窝,然后立好柱腿,紧接着架设顶梁,并且插背好,最后清理底部煤矸。再往前依次按照上述程序操作,直至处理完毕。

(四)撞楔法

当巷道冒落矸石很碎,可采用撞楔法处理。该方法是在冒顶的地方先用撞楔向冒落碎矸深处打入,在撞楔的保护下,清理冒落的煤矸,重新架设支架(图 6-27)。

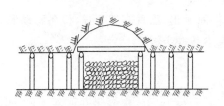

图 6-26　搭凉棚法处理垮落巷道

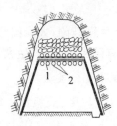

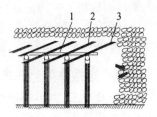

图 6-27　撞楔法处理巷道冒顶
1.木板;2.圆木撞楔;3.荆芭

(五)锚喷法

锚喷法适用于冒顶范围较大、具备锚喷支护设备的岩巷。该方法是先处理冒顶区域内顶板及两帮活矸,人员站在安全侧,向冒顶区域顶部喷射一层厚 30~50mm 的混凝土封固顶板,然后再封两帮。当初喷层凝固后再打锚矸,并及时挂网和复喷一次,复喷厚度不宜超过 200mm。冒顶处理完后,按要求立模砌碹,也可架设金属支架。

第五节　冲击地压及其防治

一、冲击地压

(一)冲击地压的分类

冲击地压,也称"岩爆",指在开采过程中积聚在煤炭体中的能量瞬间释放出来,产生一种以突然、急剧、猛烈破坏为特征的动力现象。冲击地压常伴随有很大的声响、岩体震动和冲击波,在一定范围内可以感到地震;有时向采掘空间抛出大量的碎煤或岩块,形成很多煤尘,释放出大量的瓦斯。冲击地压是一种特殊矿山压力显现。

1.根据原岩(煤)体应力状态分类

(1)重力应力型冲击地压。主要受重力作用,没有或只有极小构造应力影响的条件下引起的冲击地压。

(2)构造应力型冲击地压。主要受构造应力(构造应力远远超过岩层自重应力)的作用引起的冲击地压。

(3)复合型冲击地压。主要受重力和构造应力的共同作用引起的冲击地压。

2.根据冲击的显现强度分类

(1)弹射。一些单个碎块从处于高应力状态下的煤或岩体上射落,并伴有强烈声响,属于微冲击现象。

(2)矿震。它是煤、岩内部的冲击地压,即深部的煤或岩体发生破坏,煤、岩并不向已采空间抛出,只有片带或塌落现象,但煤或岩体产生明显震动,伴有巨大声响,有时产生矿尘。较弱的矿震称为微震。

(3)弱冲击。煤或岩石向已采空间抛出,但破坏性不是很大,对支架、机器和设备基本上没有损坏;围岩产生震动,一般震级在2.2级以下,伴有很大声响;产生煤尘,在瓦斯煤层中可能有大量瓦斯涌出。

(4)强冲击。部分煤或岩石急剧破碎,大量向已采空间抛出,出现支架折损、设备移动和围岩震动,震级在2.3级以上,伴有巨大声响,产生大量煤尘和冲击波。

3.根据震级强度和抛出的煤量分类

(1)轻微冲击:抛出煤量在10t以下,震级在1级以下的冲击地压。

(2)中等冲击:抛出煤量在10~50t,震级在1~2级的冲击地压。

(3)强烈冲击:抛出煤量在50t以上,震级在2级以上的冲击地压。一般面波震级 $Ms=1$ 时,矿区附近部分居民有震感;$Ms=2$ 时,对井上、井下有不同程度的破坏;$Ms>2$ 时,地面建筑物将出现明显裂缝。

4.根据发生的地点和位置分类

(1)煤体冲击。发生在煤体内,根据冲击深度和强度又分为表面冲击、浅部冲击和深部冲击。

(2)围岩冲击。发生在顶底板岩层内,根据位置有顶板冲击和底板冲击。

(二)冲击地压的机理

对冲击地压成因和机理的解释主要有强度理论、能量理论、冲击倾向理论和失稳理论。

1.强度理论

该理论认为,冲击地压发生的条件是矿山压力大于煤体与围岩力学系统的综合强度。其机理为:较坚硬的顶底板可将煤体夹紧,阻碍了深部煤体自身或煤体与围岩交界处的变形(图6-28)。由于平行于层面的摩擦阻力和侧向阻力阻碍了煤体沿层面的移动,使煤体更加压实,承受更高的压力,积蓄较多的弹性能。

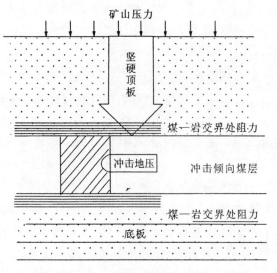

图6-28 冲击地压发生机理

2. 能量理论

该理论认为,当矿体与围岩系统的力学平衡状态破坏后所释放的能量大于其破坏所消耗的能量时,就会发生冲击地压。刚性理论也是一种能量理论,它认为发生冲击地压的条件是:矿山结构(矿体)的刚度大于矿山负荷系统(围岩)的刚度,即系统内所储存的能量大于消耗于破坏和运动的能量时,将发生冲击地压。但这种理论并未得到充分证实,即在围岩刚度大于煤体刚度的条件下也发生过冲击地压。

3. 冲击倾向理论

该理论认为,发生冲击地压的条件是煤体的冲击倾向度大于实验所确定的极限值。可利用一些试验或实测指标对发生冲击矿压可能程度进行估计或预测,这种指标的量度称为冲击倾向度。其条件是:介质实际的冲击倾向度大于规定的极限值。这些指标主要有弹性变形指数、有效冲击能指数、极限刚度比、破坏速度指数等。

上述三种理论提出了发生冲击地压的三个准则,即强度准则、能量准则和冲击倾向度准则。其中强度准则是煤体破坏准则,能量准则和冲击倾向度准则是突然破坏准则。三个准则同时成立,才是产生冲击地压的充分必要条件。

4. 失稳理论

近年来,我国一些学者认为,根据岩石全应力—应变曲线,在上凸硬化阶段,煤、岩抗变形(包括裂纹和裂缝)的能力是增大的,介质是稳定的;在下凹软化阶段,由于外载超过其峰值强度,裂纹迅速传播和扩展,发生微裂纹密集而连通的现象,使其抗变形能力降低,介质是非稳定的。在非稳定的平衡状态中,一旦遇有外界微小扰动,则有可能失稳,从而在瞬间释放大量能量,发生急剧、猛烈的破坏,即冲击地压。由此,介质的强度和稳定性是发生冲击的重要条件之一。虽然有时外载未达到峰值强度,但由于煤岩的蠕变性质,在长期作用下其变形会随时间而增大,进入软化阶段。这种静疲劳现象,可以使介质处于不稳定状态。在失稳过程中系统所释放的能量可使煤岩从静态变为动态过程,即发生急剧、猛烈的破坏。

(三)冲击地压发生的条件

冲击地压发生的原因是多方面的,与地质构造、煤岩的物理力学性质、开采深度、开采技术条件等因素有着密切关系。初步认为,冲击地压的发生需具备以下三个前提:

(1)煤岩具有适于冲击地压发生的物理力学性质,即该煤层及其围岩具有积蓄能量并能将其突然释放出来的能力。与物理力学性质密切相关的则有煤岩的强度、煤岩的弹性、塑性变形能力、煤层的脆性、煤层各分层间以及煤层与顶底板间的黏结力等。

(2)高压带的存在。这里所说的高压带,是指该部分煤层中的应力达到或超过煤层脆性破坏的极限状态,高压带的形成与地质构造、地层活动、开采深度以及开采技术条件有密切关系。

(3)采掘过程使煤岩体内形成一定的自由空间,这不仅破坏了煤岩的原始应力平衡状态,使应力重新分布生成附加载荷,促进了高压带的形成和发展,同时又为被积蓄的潜能释放创造了条件。这种自由空间的形状、大小和位置对冲击地压的发生及强度的大小都有一定影响。

上述三个前提在同一个地方同时出现时就构成了发生冲击地压的充分条件,必然发生冲击地压。当不同时具备这三个前提时,冲击地压就不会发生。

开采深度也是形成冲击地压的基本条件,生产现场的实际资料证明,随着开采深度的加入,冲击地压的频度和强度增大,更大的冲击危险趋势增加。浅部开采,冲击地压的发生常是由于人为因素造成孤岛采场,形成了较大的集中应力而导致;深部开采,由于存在着足够的基础应力水平而发生冲击地压。多数矿井的开采深度达到 200m 以上时,才会发生冲击地压。

(四)冲击地压发生的一般规律

(1)地质构造区域是冲击地压频发区。地质构造区域通常还积存一定的残余应力,形成构造应力场。褶曲和断层带,特别是断层下盘和向斜轴部均易发生冲击地压,而且强度大,危害也大。

(2)煤质中硬、弹性和脆性较强的煤易发生冲击地压。冲击地压发生的必要条件之一是形成较大的集中应力和积聚较多的弹性能,这就要求煤层比较坚硬,并具有一定的弹性和脆性。煤质软塑性变形大的煤或节理裂隙不发育的煤不易发生冲击地压,硬煤和湿润的煤也不易发生冲击矿压。

(3)采掘活动能够诱发冲击地压的发生。发生的地点通常是在回采工作面前一范围的上下顺槽或前方老巷内。掘进工作面冲击地压多发生在工作面前方、上方和工作面后方的巷道附近。冲击地压发生的时间多在工作面来压期间,伴随落煤或巷道掘进爆破而发生。因此,就防治冲击地压灾害而言,开采技术措施是根本性的战略措施。

二、冲击地压的预测预报

冲击地压的预测是指对冲击地压潜在危险程度的预先判断,是防治冲击地压灾害发生的基础。冲击地压的预报措施包括对冲击地压发生的时间、空间和规模的预测,可分为人工方法和地球物理方法两大类。人工方法包括钻屑法、煤岩体冲击倾向性测定、顶底板围岩压力和位移变形观测法等;地球物理方法预测的可靠性较高,主要是声发射(AE)及微震监测、地应力及煤岩体应力监测,以及电磁辐射监测技术等。由于冲击地压破坏时的速度较快,在时间上做出准确预报几乎是不可能的,然而鉴定潜在的高度危险区域是可以做到的。我国大部分煤矿主要采用电磁辐射仪和钻屑法来对矿井冲击地压现象进行预测预报。

1. WET 法

该方法是波兰采矿研究总院提出的,用于测定煤层冲击倾向。WET 为弹性能与永久变形消耗能之比。波兰采矿研究总院规定:WET>5 为强冲击倾向;2<WET<5 为弱冲击倾向;WET<2 为无冲击倾向。该方法虽存在一些不足之处,但基本适于我国情况,可作为煤层冲击倾向鉴定指标之一。

2. 弹性变形法

它是前苏联矿山测量研究院提出的用于测定冲击地压的方法。即在载荷不小于强度极限 80% 的条件下,用反复加载和卸载循环得到的弹性变形量与总变形量之比(K),作为衡量冲击倾向度的指标。当 $K \geqslant 0.7$ 时,有发生冲击地压的危险。

3. 煤岩强度和弹性系数法

该方法是用煤岩的单向抗压强度或弹性模量的绝对值作为衡量冲击倾向度的指标。这种方法较为简单,经常用作辅助指标。其指标的界限值必须根据各矿井的试样进行试验确定。

4. 电磁辐射仪监测预报法

掘进或回采空间形成后,工作面前方煤体内应力失去平衡处于不稳定状态。煤壁中的煤体发生变形或破裂,以达到新的应力平衡状态。在此破坏过程中,组成煤岩体基本微元之间的电引力场会发生变化,并向外辐射电磁波。研究表明,电磁辐射与煤岩流变破坏之间具有很好的相关性。电磁辐射的频谱随着载荷及变形破裂强度的增加而增高;电磁辐射强度和脉冲数随着载荷的增大而增强,随着加载及变形速率的增加而增强。利用这一原理研制出冲击矿压和煤、瓦斯突出监测仪。KBD5型电磁辐射仪操作简便,可以检测到煤岩体内7~22m范围内的煤岩破裂情况,并能长时间进行动态连续监测。

5. 钻屑监测预报法

钻屑法是用小直径(42~45mm)钻孔,根据打钻不同深度时排出的钻屑量及其变化规律来判断岩体内应力集中情况,鉴别发生冲击地压的倾向和位置。在钻进过程中,在规定的防范深度范围内,出现危险煤粉量测值或钻杆被卡死的现象,则认为具有冲击危险,应采取相应的解危措施。

6. 地音、微震监测法

岩石在压力作用下发生变形和开裂破坏过程中,必然以脉冲形式释放弹性能,产生应力波或声发射现象。这种声发射亦称为地音。显然,声发射信号的强弱反映了煤岩体破坏时的能量释放过程。由此可知,地音监测法的原理是用微震仪或拾震器连续或间断地监测岩体的地音现象。根据测得的地音波或微震波的变化规律与正常波的对比,判断煤层或岩体发生冲击地压的倾向度。

山东肥城陶庄煤矿用微震仪研究了发生冲击矿压的规律,结论为:微震由小而大,间有大小起伏,次数和声响频繁;在一组密集的微震之后变得平静,是产生冲击矿压的前兆现象;稀疏和分散的微震是正常应力释放现象,无冲击危险。

根据震相曲线和地震学的知识,可以计算出发生冲击地压的震源位置。由于各种煤岩体的地音和微震特性不同,并且又具有不均质性和各向异性等特点,其传播速度有很大差异。此外,各处的地质和开采条件也不相同,矿井下又常有强烈的环境噪音干扰,地音或微震信号在煤岩体中产生和传播情况将是很复杂的,可能产生多次的反射、折射和绕射,还可能发生波型变换等现象。因而在使用中应注意与其他预测方法综合使用,特别是与钻屑法综合使用,以保证预测的准确性。

7. 工程地震探测法

用人工方法造成地震,探测这种地震波的传播速度,编制出波速与时间的关系图,波速增大段表示有较大的应力作用,结合地质和开采技术条件分析、判断发生冲击地压的倾向度。

8. 综合测定法

为了能够更准确地判断出发生冲击地压的地点和时间,可同时采用上述两种以上的方法,根据多因素的变化,综合加以确定。国内外常使用的有钻屑法、地音监测法、地质及开采技术条件分析的综合方法。

三、冲击地压的控制

根据冲击地压发生的原因,可以制定防治冲击地压的措施。

(1)合理布置采掘工程与选择合理的回采顺序。为避免造成过高的应力集中,应尽可能避免巷道之间及巷道与构造断裂之间呈锐角交叉,使相邻采掘工程的间距达到可避免应力增高带相互重叠的程度。回采工作面应是直线布置,少出现急转角变化;采掘空间的长轴应尽可能与岩体中最大主应力方向呈平行布置;回采时应从构造应力高的地段或构造断裂面、矿脉交叉处后退回采,以避免过高的应力集中;回采跨度的扩大,即卸压拱跨度的扩大应逐渐扩展,避免突然成倍增长(如两个采场突然合并),以防造成脉冲载荷诱发冲击地压。

(2)使有冲击地压危险的矿层卸压。在矿层上部或下部先行采动,可对有冲击地压危险的矿层起卸压保护作用。

(3)使矿岩中积累的弹性变形能有控制地释放。采取松动爆破、振动性爆破,采用较小矿柱,使其小到逐渐压碎但又不至于引起强烈冲击。

(4)向岩层中注水使其软化。注水可使岩体强度、弹性模量降低,而增加塑性变形量,从而预防冲击地压。

(5)选择合理的采矿方法。从减小冲击地压危险来看,宜选用崩落法,崩落围岩可起卸载作用。

(6)减小冲击地压危害的其他措施。先用宽工作面掘进巷道,后用废石回填,在巷道周围形成一条防冲击的隔离带,使其在一旦发生冲击地压时起保护人员和设备的作用。在回采工作面架设防冲击挡板、隔栅等;采用带快速排液阀的可缩性液压支柱支撑回采工作面。

第七章　尾矿库安全技术

全世界每年产出的非煤矿石、煤、石材、黏土、砂砾约 90 亿 t,而相应排弃废石和尾矿 300 亿 t。我国现有尾矿库 1 500 余座,每年排弃废石近 3 亿 t,占用土地面积约 20km²。由于尾矿坝稳固、废水处理、污染控制、土地恢复技术发展与矿物工业发展的不适应,已经开始显露出或预示出潜在的环境问题,严重阻碍了可持续发展战略的实施。因此,尾矿库工程已成为各国政府、矿山企业和学术界所关注的重大问题。

尾矿库工程是个大系统,包容了选厂内尾矿处理、尾矿浆浓度和输送、尾矿坝构筑、尾矿排放、防渗与排渗、防洪与排洪、水循环、废水处理与污染控制、库区土地恢复与植被、尾矿库监测与管理等子系统;容集了尾矿库系统内部(尾矿与尾矿废水)、尾矿库系统与环境之间(渗漏水—基础土壤—地下水或地表水体)复杂的物理、化学、生物地球化学反应和溶质迁移过程;涉及了尾矿库设计、基建和运营、闭库和土地恢复以及后期污染治理等工程问题;反映出岩土工程问题与环境工程问题的相互交织、渗透、一体化和时空广大的工程特点。而孤立地解决坝体结构和安全问题,或者孤立地评价尾矿库区生态环境破坏问题,都不可能从总体上认识尾矿库工程的内在关联和实现尾矿库工程的最优化。实际上,闭库后若干年的生态环境控制应从矿石入选工艺的改进开始。基于系统工程的思想,把尾矿库的岩土工程结构、环境影响、尾矿管理融为一体,比较系统、完整地根据这些特点及相关控制因素的相互作用搞好尾矿库工程,是非常有意义的。

第一节　尾矿库工程概况

尾矿是以浆体形态产生和处置的破碎、磨细的岩石颗粒,通常视为矿物加工的最终产物,即选矿或有用矿物提取之后剩余的排弃物。

一、尾矿的分类

不仅各种矿石的尾矿有很大变化,就是同一种矿石也因矿体赋存性质和选矿方法不同而有很大差异,很难系统归纳。现仅根据尾矿的基本物理特性将其分为四类。

(1)软岩尾矿。主要由页岩型矿石产生的,包括细煤废碴、天然碱不溶物等。这些尾矿尽管包含一定数量的砂质颗粒,但尾矿泥的黏土性质显著地从总体上影响尾矿的物理性质和状态。

(2)硬岩尾矿。主要包括铅、锌、铜、金、银、钼、镍、钴、锡、钨、铬、钛等矿石。尾矿以砂质颗粒为主,虽然尾矿泥占很大比例,但因源于破碎的母岩而非黏土,故在总体上不能对尾矿形态起到控制性的影响。

(3)细尾矿。其含很少或不含砂质颗粒,包括磷酸盐黏土、铝土矿红泥、铁细尾矿、沥青砂尾矿中的矿泥。这些矿泥的特性对这些尾矿的形态起着支配作用,它们需要非常长的时间沉淀和固结,极为软弱,可能需要很大的库容。

(4)粗尾矿。从总体上说,这些尾矿的特性由相应粗砂颗粒所决定,就石膏尾矿而论,则由无塑性粉砂所决定。这种类型尾矿包括沥青砂的粗粒尾矿、铀矿、石膏、粗铁尾矿和磷酸盐砂尾矿。

因为同一类型尾矿具有大体相近的物理特性,因此,也可能具有大体相近的排放问题。这样,在对所要处理的一种尾矿缺少实际资料的情况下,尾矿的类型也可能提供有益的参考。此外,对于特定的选厂,磨矿工艺的变化可能产生大量的细粒尾矿,从而改变尾矿的类属,并引起新的排放问题。然而,必须承认,上述分类只反映各种尾矿类型的总体物理特性和工程行为,而在某些场合,化学特性和环境因素可能远比物理特性重要。

二、尾矿废水的分类

从综合工程意义上说,尾矿库设计不是由固体物性质决定的,而是由废水性质决定的,因此,不能单独地考虑尾矿的物理性质,还需全面了解尾矿废水的化学性质,这样才能系统地阐明尾矿库工程的风险水平。

浮选和溶浸都可能使矿石化学变性。在浮选过程中添加各种有机化学药品,如脂肪酸、油和聚合物,因为它们一般浓度较低,毒性较低,污染意义不大。然而,浮选中 pH 调节可能对选矿废水和无机成分产生重大影响,如果实行酸性或碱性溶浸,则加重这种影响。矿石中现有的化学—矿物成分,是决定选矿废水化学性质的最重要因素,选矿中 pH 调节可能从母岩中解离出许多组分,因此,pH 值往往是选矿废水成分的有效指示器。现依据 pH 值将尾矿废水分为以下三类:

(1)中性的。简单的洗选和重选作业可造成这种条件,其 pH 值没有显著变化,废水中的化学成分主要限于母岩中以中性 pH 可溶解的那些成分,而可能使硫酸盐、氯化物、钠和钙的浓度略有提高。

(2)碱性的。废水 pH 值提高也可能导致硫酸盐、氯化物、钠和钙的浓度提高。虽然存在某些金属污染物,但常常不出现很高浓度的阳离子重金属的广泛活动。

(3)酸性的。降低 pH 值提高了许多金属污染物的平衡水平,酸性溶浸的废水可能显示出像铁、锰、镉、硒、铜、铅、锌和汞这些阳离子成分的高含量。酸性废水也显示出像硫酸盐和(或)氯化物这些阴离子浓度的提高。

此外,还有专门性废水类型。酸性和碱性溶浸铀可能解离出放射性镭(Ra-226)和钍(Th-230)。如果废水要从尾矿库中排出,则必须强行采用石灰中和和(或)氯化钡共沉淀方法使镭(Ra-226)浓度降低到较低水平。

如果溶浸金、银或浮选铅和钨,所使用的氰化物则是有毒成分。氰化物较不稳定,在有氧存在的情况下,很快蜕变成低毒性氰化物形式。氰化物自然蜕变的机理有酸化作用、空气中 CO_2 吸收和挥发作用、光分解、氧化作用和生物分解作用,这些过程最终使尾矿库废水中氰化物浓度降低,但可能需要相当长的时间,这取决于氰化物的浓度水平。

还有一种含砷毒性废水。在砷与矿石共生的场合,选矿过程使砷解离在废水中。对于含金的砷黄铁矿,一定要先通过焙烧除砷,以便有效地浸出,然后排放到适当地点,最好不排进尾矿库。

三、尾矿设施

尾矿设施是矿山生产设施的重要组成部分,尾矿设施既是兴利设施,但它同时又是一个重大的危险源,其各组成部分中以尾矿库最为重要。

(一)尾矿库的基本构成

尾矿库是选择有利地形筑坝拦截谷口或围地形成的具有一定容积,用以储存尾矿和澄清水的专用场地。尾矿库一般由尾矿堆存系统、尾矿库排洪系统、尾矿库回水系统等几部分组成:

(1)尾矿堆存系统。该系统一般包括坝上放矿管道、尾矿初期坝、尾矿后期坝、浸润线观测、位移观测以及排渗设施等。

(2)尾矿库排洪系统。该系统一般包括截洪沟、溢洪道、排水井、排水管、排水隧洞等构筑物。

(3)尾矿库回水系统。该系统大多利用库内排洪井、管将澄清水引入下游水泵站,再扬至高位水池。也有在库内水面边缘设置活动泵站直接抽取澄清水,扬至高位水池。

实际上,在尾矿处理工艺过程的选择、设计和优化过程中,必须充分考虑到尾矿库工程的经济、能源和环境等因素,重点解决矿石特性、选矿前景、可能的浸出剂、预计溶浸中的杂质、要回收的金属种类、可能的提纯工艺、可能的副产品、环境约束、能源需求量、侵蚀和总费用等问题。

(二)尾矿库的功能

尾矿设施是兴利设施,有以下功能:

(1)保护环境。选矿厂产生的尾矿不仅量大、颗粒细,且尾矿水中往往含有多种药剂,将尾矿妥善储存在尾矿库内,可防止尾矿及尚未澄清的尾矿水外溢污染环境。

(2)充分利用水资源。选矿用水量大,通常每处理 1t 原矿需用水 4~6t,有些重力选矿甚至高达 10~20t。这些水随尾矿排入尾矿库内,经过澄清和自然净化后,大部分水可重复利用,一般回水利用率达 70%~90%。

(3)保护矿产资源。有些尾矿还含有大量有用矿物成分,甚至是稀有和贵重金属成分,由于种种原因,一时不需要或不能全部选净,将其暂存于尾矿库中,待将来再进行回收利用。

四、尾矿排放方式

尾矿排放方式主要包括地表排放、地下排放和深水排放三种方式。另外,目前部分矿区积极利用尾矿,变害为利,将尾矿作为散状填料或原材料。实际上这也是一种最积极的尾矿处理方式。

影响尾矿排放规划的不仅是尾矿的自然性质和场地的工程性质,还有适宜排放方法的选择。地表排放是目前最普遍使用的排放方法,仍在尾矿管理中占有重要地位。然而,随着经济条件、技术条件和管理条件的发展,必将产生更实用、更有创新性的排放方法。

(一)地表排放

按一般概念,尾矿的地表排放是采用某种类型堤坝形成拦挡、容纳尾矿和选矿废水的尾矿库,使尾矿从悬浮状态沉淀下来形成稳定的沉积层,使废水澄清再返回选矿厂使用。因尾矿排放浓度及与之相应坝型的差异,地表排放方式可有挡水坝、上升坝、环形坝和干处置。

1. 挡水坝

尾矿排放用的挡水坝是在开始向尾矿库排放之前一次性地按全高构筑的坝。筑坝材料通常取用各种天然土。挡水坝包括不透水心墙、排水带、渗滤层和上游堆石。可依据普通土坝技术进行渗滤层、内部渗流控制和坡度设计,但因尾矿坝上游边坡不经受陡然的水位下降,故可采用陡于普通蓄水坝上游坡度。

挡水坝适宜于蓄水要求高的尾矿库,例如暴雨径流流入量大的尾矿库,或者因选矿工艺的制约限制尾矿废水再循环的场合,或者尾矿沉淀需要大的贮水容积和蒸发面积的场合,或者为控制尾矿废水污染当地水系的场合。

挡水坝因建库地势不同可分为山谷坝和环形坝。山谷坝是在山谷排泄区起始段、跨过山谷筑坝,通常坝内设不透水心墙,库底铺不透水垫层。环形坝结构与山谷坝类似,外周坝设不透水心墙,库底铺不透水垫层。环形坝建在平坦地段,因此在地形上不像山谷坝那样受地形约束,比较灵活,适于靠近采场和选矿厂选址,以便于利用废石筑坝和降低尾矿运送成本。但因坝长,需要大量筑坝材料,同时也增大了风蚀的可能性和坝体破坏的风险。

从工程角度看,挡水坝适用于任意类型和级配的尾矿,适用于任意排放方法,抗震性能较好,坝体一次筑就,无升高速度的限制,防渗性能要求较高,因此,筑坝成本较高。

2. 上升坝

地表尾矿库使用最普遍的是上升坝,它与挡水坝不同,是在尾矿库整个服务期间分期构筑的坝。首先构筑初期坝,初期坝坝高设计一般考虑尾矿库使用头2~3年的尾矿产量以及适当的洪水流入量。继后按照预定的尾矿上升高程、库中允许洪水蓄积量齐步并升。上升坝采用来源广的建筑材料,包括天然土、露天和地下开采的废石、水力沉积或旋流尾矿砂。

上升坝主要有以下优点:

(1)由于在尾矿库整个服务期间分配建设费用,初期工程费用低,只是初期坝构筑所必要的成本。在较长时间内间隔支出将使贴现的总成本降低并取得较大的现金流量收益。

(2)由于不必在筑坝初期一次性备齐筑坝材料,在筑坝材料的选择上可有很大的灵活性。如果在采选期间,坝体上升与其生产率同步,则采矿废石或尾矿砂可以提供理想的筑坝材料。在不能取得适合的天然土的某些场合,则可能必须利用矿山废石筑坝,更何况,即便有适合的天然土可用,废石也要处置,在运输距离不过长的情况下,除了发生一定数额的压密费用外,材料是"免费"提供的。

上升坝依据坝体上升过程中坝顶线相对于初期坝位置的移动方向,可分为上游坝、下游坝和中心线坝三类。

3. 环形坝

尾矿坝设计不同于普通水坝,核心在于它们贮存介质和功能的不同。仅尾矿坝而言,又侧重于在尾矿浆体浓度、状态和排放方式上区别尾矿库功能和确定坝型,包括高浓度中央排放和半干性喷洒排放。

4. 干处置

尾矿以固体形式干处理就是在尾矿沉淀之前,通过带式过滤机把水从中排出,形成干尾矿,从而减少尾矿废水的渗漏。

带式过滤在法国和南非已广泛应用,后成为欧洲某些铀矿选矿流程的组成部分。带式过滤工作原理简单,随着尾矿在合成橡胶支托的过滤编织带上移动,采用真空装置从尾矿中汲取液体,使尾矿含水量从约50%降低到20%~30%,处理成"干饼"状堆放。对尾矿带式过滤的经济效果、可行性存在很大争议。

由于尾矿基本上呈固体形式处置,所以土地恢复可与尾矿处置同时进行,有很大优点。但固体尾矿20%~30%含水量可近乎使原位孔隙率下尾矿饱和,与普通浆体排放的尾矿库相比,渗漏量的减少在很大程度上取决于基础材料的渗透性,在没有垫层或低渗透的基础材料情况下,饱和尾矿的渗漏仍会很大。

(二)地下排放

虽然地表尾矿库是最广泛应用的尾矿排放方法,但近期以来,地下采矿已采用尾矿砂胶结充填空区以支护岩层,减少了尾矿的地表处理量。近些年来,由于地表排放的成本和环境管理规程压力的增大,日趋把地下排放视作正规的排放方案。特别是所排放尾矿属惰性、无潜在危险的场合,地下排放更有突出优点。因此而产生单纯以处置尾矿为目的的地下排放,包括地下矿山充填、露天矿坑排放和专门掘坑排放。

(三)深水排放

世界上大部分尾矿沉积在陆地上,尾矿库废弃后再进行土地恢复,但人们总是关注尾矿库污染物向环境、地下水和水源地渗流的长期效果。另一种方法是把尾矿泵入深湖或近海,但因环境生态问题的争议而一直未普及应用。深湖和近海排放的主要特点是尾矿上面的水位形成一个理想的输氧障,从而抑制硫化物的生成酸反应;减少了细菌出现,有助于防止氧化;节省了昂贵的尾矿库建设费用;如果这种排放在环境上允许,深湖或近海排放少占土地,具有美化环境的优点。

五、尾矿库址选择因素

尾矿库址选择是影响尾矿库设计最重要的因素。每个可能的备选库址都有一定的优点和缺点,必须与采选作业一起考虑加以选择。选矿工艺类型直接决定尾矿库区的类型,因而影响尾矿库址选择。尾矿库系统设计目标是采用当前最先进的科学技术封储尾矿,以使未来的污染物释放率最小,最好在不需监察和维护条件下满足长期储积尾矿的需要。但在尾矿库选择和设计中,最麻烦、最困难的是尾矿中特殊矿物和化学特性可能造成的潜在环境问题。

尾矿库址选择最常用的方法是筛选,即把若干个约束因素加到数个适当的可能的库址地逐渐剔除,最终确定出最佳的尾矿库址。这些约束因素如表7-1所示。

应当指出,在不同设计阶段,这些因素在确定库址中的作用可能不同。在开始阶段,相对于选矿厂的距离、地形和水文因素是最重要的因素,而在后期阶段,地质和地下水因素可能起决定性作用。经详细地质和水文地质研究之后,若发现不利的地质条件或地下水条件,则可能必须重新评价选址问题,甚至否定前面的选址决定。尾矿库选址还必须结合尾矿排放规划中的其他许多因素,如当地岩土材料的适用性、尾矿的特殊性质等综合考虑。

六、尾矿库的布置形式及特点

尾矿库的布置是尾矿库选址过程的组成部分。因为,任一特定尾矿库场地的适用性都必须在充分论证它对特定布置方案的适应性情况下才能确认下来。从某种程度上说，尾矿布置方案有无限多种，但它必须与各种地形背景相适应，而且与所用坝类型无关，适合于特定尾矿、废水性质及库区特定条件的任意坝类型。

表 7-1 尾矿库址的约束因素

类别	内容
相对选矿厂的距离和高程	相对选矿厂的距离和高程是极重要的因素，它直接关系到尾矿浆和循环水输送系统的初期建设费、作业费和能源消耗。应当尽可能地靠近选矿厂选取尾矿库，除了需要极大储积库容或者需要极良好地质条件的特殊情况外，一般最初选取范围约距选矿厂 8km 内为宜
地形	通常，在适当比例地形图上寻找适宜的天然谷地或凹陷区，凭借经验对每个可能的场地反复进行坝库的试布置和比较，以求以最少量的筑坝材料最大限度地达到所要求的储积容量
水文	与地形因素密切相关的是地质水文因素，目标是选择正常条件和洪水条件下地表径流入量或流出量最小的尾矿库址。在确定坝址和坝结构时，应考虑适当的设计流量，为把地表水引出库区，可采用河流引水渠、周边排水沟、盲沟；为加速径流，设计适当地面坡度，或采用不透水材料覆盖地表，同时，应在建库之前测定河流的原始水质数据
地质	地质因素影响坝基条件和潜在的渗流速率。软弱基础可能危及坝总体稳定性，可能因不适当的孔隙压力消散而限制坝体升高的允许速度。此外，尾矿库的渗漏通常受下部天然土壤或岩层的渗透性控制
地下水	天然地下水水位高及土壤饱和必将限制初期筑坝所取用于材料的数量，同时亦必将使选矿废水迅速渗入地下水系。如果尾矿库底与地下水位之间的非饱和带很长，可以减少这种渗漏影响，地下水渗流方向和梯度将决定未来污染物迁移的速度和对地下水用户的可能不利影响，地下水源水质将决定废水渗漏对其水质的影响
岩土材料	土的特性和可利用性也是尾矿库选址的重要因素，必须提供足够数量的天然土构筑初期坝，还需包含各种材料类型，例如充填心墙和垫层的黏土，内部排水带的砾石和渗滤层的砂等排水材料
尾矿性质	不同类型和性质的尾矿对尾矿库有不同的要求。应当考虑尾矿的物理性质、化学性质、放射性和毒性及其可能的变化；尾矿状态（浆状、干或半干）及其输送和排放方法；硫化物数量及分储与否

尾矿库的布置形式主要有环型、跨谷型、山坡型、谷底型四种。

1. 环型

在没有天然凹地的平坦地区，最适合采用环型尾矿库。这种布置方案相对于其库容量而言，其所用筑坝材料数量较大。由于尾矿库全封闭，所以消除了来自外部的地表径流量，汇水仅是尾矿库表面直接降雨量。环型尾矿库一般按规则几何图形布置，因此便于采用任意类型垫层。

2. 跨谷型

跨谷尾矿库是由尾矿坝跨过谷地两侧拦截成尾矿库，布置形式近乎于普通蓄水坝，可分为单一尾矿库和多级尾矿库，因适用性广泛而为世界各国所普遍接受。跨谷型尾矿库尽可能靠近流域上游布置，以减少洪水流入量。在采用多级型尾矿库时，最上级尾矿库因容积有限而负担洪水压力大，需要精心控制地表水。通常采用山坡引水沟汇集正常条件下径流量，但因谷地坡度较陡，可以环库布设大型截洪沟，最好采用蓄积、溢洪或在库上游用控水坝分隔方法处理水径流。

3. 山坡型

山坡型尾矿库的库区三面采用尾矿坝封隔，因此，所需筑坝材料量一般比跨谷型布置多。在适于跨谷型布置但不切割排泄水系的场合，例如山前冲积平原上，或者在切割排泄水系会使汇水面积过大的场合，可以采用山坡型尾矿库。最适宜的山坡坡度是小于10%，坡度较陡时，筑坝材料量相对于储积尾矿量增加过大，并且，如果采用多级坝，上级坝体积占下级库容的比例很大。

4. 谷底型

谷底型尾矿库兼顾跨谷型布置与山坡型布置的特点，非常适用于用跨谷型布置汇水面积太大而用山坡型布置坡度太陡的场合。因为是两面筑坝，所需筑坝材料量亦介于跨谷型布置和山坡型布置之间。谷底型尾矿库往往采用多级形式，随着谷底升高，一个压一个地"叠堆"尾矿库，最终达到较大的总库容。

因为谷底型尾矿库多位于较窄的山谷地，往往需要越过原河槽布置，因此，必须绕库设置引水渠道，以疏导最高洪峰流量。如果没有足够的空间布置渠道，则需以很高的代价在山谷坡面岩石中开挖较大宽度的渠道。当然，开挖的石料可用作初期坝材料。此外，为防止在预计洪水条件下外坝面发生高速渗流，需要在坝体逐渐升高过程中连续地抛石维护坝下游面，这样，谷底型布置可能不适用于中心线或下游升高方法。

七、尾矿库排洪

（一）尾矿库排洪系统

尾矿库排洪系统通常由进水构筑物和排水构筑物组成。进水构筑物有排水井和排水斜槽等，排水构筑物有排水管、隧洞、溢洪道等形式。进水构筑物最大的特点是随着尾矿坝堆积高度的升高，向库后延长及抬升，不断调整进水口高程或进水平面位置，保证库内的澄清距离，不让尾砂从排洪系统泄漏。当尾矿库使用至中、后期，进水构筑物的大部分被尾砂掩埋，上覆堆积尾砂少则几十米，多则上百米。若排洪系统一旦出现故障或洪水排泄不顺畅，则对尾矿库造成的危害非常大，甚至会产生灾害性的恶果。主要体现在以下几个方面：

(1) 漫坝溃坝。尾矿库排洪系统出现故障，洪水无法正常排泄，库内水位会急剧抬高，造成洪水从尾矿堆积坝坝顶溢出。由于尾矿堆积坝坝顶不能过流，因而导致溃坝，给库区下游人民生命财产带来灾难。

(2) 尾矿积坝坝坡滑坡失稳。排洪系统排泄不顺畅，特别是在汛期，库内水位居高不下，尾矿堆积坝内浸润线会不断升高，水甚至从坝坡表面溢出，产生渗透破坏，导致尾矿堆积坝坍塌失稳。

(3) 泄漏尾砂。排洪构筑物局部结构存在问题，如现浇排水管分缝处施工不良、预制排水管搭接不良、排水井挡板封堵不严、排水斜槽盖板局部损坏等，将会导致从排洪系统漏水漏砂，污染下游环境。随着时间的推移，泄漏情况日益恶化，可能会导致排洪系统淤塞或坍塌，出现溃坝等危急情况。

（二）排洪系统的型式

(1) 排洪系统从结构类型上区分，有井—管(洞)式排洪系统、斜槽—管(洞)式排洪系统、斜槽式排洪系统及溢洪道、截洪沟排水,如图 7-1、图 7-2 所示。

(2) 从建筑材料区分,有金属、浆砌石及钢筋混凝土等结构型式。

(3) 从工作条件和受力情况来看,有圆形、拱形、方形、马蹄形等断面型式,其中方形施工方便,但受力条件不好,其他型式施工复杂、技术要求高,但受力条件较好。

(4) 从水流条件看,尾矿库规模较小,且排洪量要求不是很大时,取无压流态较好,因为如采用有压流,管、槽接头处止水处理要求严格,往往处理不好而引起漏水、淘刷基础及带走尾砂,对下游造成污染。尤其坝下埋管,基础淘刷后会导致坝体失事。

排洪系统的排水能力根据洪水计算和调洪演算确定,并必须保证在尾矿库全部使用期内都能顺利排水。井—管(洞)式排洪系统相邻两井的设置应有 1m 左右的重叠高度,以确保连续排水。不管何种型式的排洪系统,其构筑物断面形式均需要进行水力计算,以确定能满足排洪的需要。

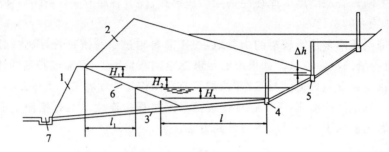

图 7-1 井—管(洞)式排洪系统

1.初期坝;2.堆积坝;3.排水管;4.第一个排水井;5.后续排水井;6.尾矿沉积滩;7.消力池;
H_1.安全超高;H_2.调洪高度;H_3.蓄水高度;Δh.井筒重叠高度;l.澄清距离;l_1.沉积滩干滩长度

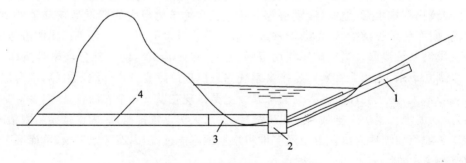

图 7-2 斜槽—管(洞)式排洪系统

1.斜槽;2.结合池;3.连接管;4.隧道

第二节 尾矿坝

尾矿坝的坝型可分为两大类:一类是初期坝用土、石材料筑成,后期坝(也称为子坝)用尾矿筑成。初期坝可做成透水坝(近年来采用较多),也可做成不透水坝(国内早期采用较多)。后期坝一般采用上游法筑坝,在地震较多的国家(如日本、智利等)常采用下游法或中间加高法筑坝。另一类是整个坝体全用土、石材料筑成,即类似于修建水库,将尾矿全部装于库内,为延缓投资,也可分期筑坝。此类坝型只用于尾矿颗粒极细不能用来筑坝或采场废石量较大可用来筑坝的情况。

一、尾矿坝的特点

尾矿坝不仅对下游城镇、铁路交通、农田、水利、安全环保等方面有重要影响,而且与矿山采选生产也密切相关。尾矿库的库容大小与采矿选矿生产规模有关,采选的总图布置也与尾矿库址选择相关。尾矿库建设应有较长远的规划方案,要考虑生产、技术经济条件及对下游安全、周围环境的影响等。因此,尾矿坝建设不仅是重要的特殊工程,而且又是政策性很强的管理科学,有很强的经济效益、社会效益和环境效益。

尾矿坝不同于水库坝,有其自身的特点。

(1) 为了少占农田,尾矿库往往选择地形条件差、山谷狭窄坡陡的地段,其库容小,汇水面积大,调洪库容小,致使尾矿筑坝高、库水位高,因此对尾矿库排洪设施有特别要求。

(2) 尾矿坝筑坝材料是选矿厂排出的尾矿浆,粗细尾砂有不同的筑坝物理特性,而且尾矿坝又是选矿厂边生产边筑坝,不仅要满足选矿厂排尾筑坝要求,还要满足尾矿澄清回水利用的需要。通常尾矿冲填坝的坝体浸润线较高,对尾矿坝的坝坡稳定、渗流、管涌及饱和尾砂的地震液化等都应予以高度重视。因此,尾矿坝有边缘学科的特点,涉及到水文气象、土工、工程水文地质、采矿、选矿工艺及环保等专业。

(3) 冶金矿山生产的发展使选矿厂排放的尾矿及废水量不断增加,大多数有色金属矿山的尾矿和废水中均含有有害物质。如果不加以妥善处理,会造成污染日趋严重。因此,尾矿坝的设计与修筑不仅堆筑高度趋于加大,而且安全标准和环保要求也要提高。

二、尾矿筑坝的主要方法

尾矿筑坝是由尾矿堆积而成的坝,它是尾矿库中最主要的构筑物。目前,尾矿的湿法堆积形式有上游法、中线法、下游法、高浓度尾矿堆积法和水库式尾矿堆积法(尾矿库挡水坝)五种。

(一) 上游法尾矿筑坝

该方法筑坝工艺比较简单,一般在沉积干滩面上取库区内粗粒尾砂堆筑高度为1~3m的子坝,将放矿支管分散放置在子坝上进行分散放矿,待库内充填尾砂与子坝坝面平齐时,再在新形成的尾矿干滩面上,按设计堆坝外坡向内移一定的距离再堆筑子坝。同时,又将放矿管移至新的子坝上继续放矿,如此循环,一层一层往上堆坝,如图7-3所示。

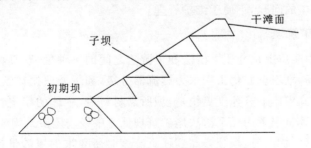

图7-3 上游法尾矿筑坝

上游法尾矿筑坝的稳定性取决于沉积干滩面的颗粒组成及其固结程度。干滩面坡度由矿浆流量、浓度、尾矿粒度、库内水位等诸多因素决定。坡度与距离的关系一般呈指数分布规律。

矿浆流量大、浓度低、尾矿砂粒度粗、库内水位低(干滩面长),则干滩面坡度就陡,反之则缓。上游法尾矿筑坝的优点在于筑坝工艺简单,适合粗、细尾矿充填筑坝,可形成较长的筑坝滩面,坝坡比较容易维护管理。上游法尾矿筑坝的缺点是容易形成复杂的、混合的坝体结构,致使坝体内的浸润线抬高或从坝面逸出,从而引起坝体产生渗透破坏或滑坡、滑塌。尤其是在地震时容易引起液化,降低坝体的稳定性。

(二)下游法尾矿筑坝

尾矿堆积坝在初期坝下游方向移动和升高,而不是坐落在松软细粒的尾砂沉积物上,基础较好,后矿排放堆积易于控制。采用水力旋流器分出浓度高的粗粒尾矿堆坝,粗颗粒($d>0.074mm$)含量不小于70%,否则应进行筑坝试验。坝体可以分层碾压,根据需要设置排渗,渗流控制比较容易,把饱和尾矿区限制在一定的范围。坝体稳定性较好,容易满足抗震和其他要求。下游法尾矿筑坝如图7-4所示。

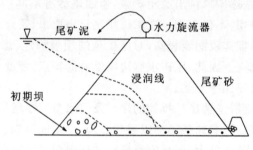

图7-4 下游法尾矿筑坝

下游法尾矿筑坝的优点为:
(1)尾矿堆积坝不必建在充填密度较低的上游尾矿冲击滩上。
(2)下游面粗粒尾砂充填可按作业规定分层压实筑坝。
(3)下游面底部排水系统可控制降低坝内浸润线位置。

下游法尾矿筑坝主要缺点为:
(1)需要大量的粗粒层矿,特别是在使用初期,存在粗粒尾矿量不足的问题,会增加筑坝的建造费用。
(2)需要一套旋流器分级设施及推土机等机械配合。
(3)存在产生粉尘的问题,不便于维护管理。

(三)中线法尾矿筑坝

中线法尾矿筑坝实质上是介于上游法和下游法之间的一种坝型,其特点是在筑坝过程中坝顶沿轴线垂直升高,堆坝尾矿仍采用水力旋流器分级,和下游法尾矿筑坝基本相似,但与下游法尾矿筑坝相比,其坝体上升速度更快,筑坝所需材料少,坝体的稳定性基本上具有下游法尾矿筑坝的优点,而其筑坝费用比下游法尾矿筑坝低。中线法尾矿筑坝如图7-5所示。

中线法尾矿筑坝的优点是:坝顶升高到任意高度时所要求的尾砂量都较少,因此,初期分层加高时,要求超越层矿池面高度的困难少些。缺点是:升高到尾矿坝的上游面时要十分谨慎,如上游充填上升速度快、坡陡,会出现剪切破坏,水位高时也可能漫顶。

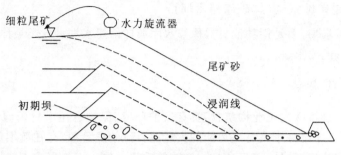

图7-5 中线法尾矿筑坝

(四)高浓度尾矿堆积法(圆锥法)

近年来,国外兴起了一种浓缩尾矿的堆积方法,将尾矿浓缩到40%～70%的浓度,由砂泵输送到尾矿堆积场的某一部位排放,由于高浓度尾矿成浆状或膏状,分级作用比较差,在排放口可以形成锥形堆积体,堆积体坡度由矿浆的性质决定,如图7-6所示。这种堆存方式适合在较大面积的平地或丘陵地区,但是高浓度尾矿堆积法在我国尚处于研究阶段。

高浓度尾矿堆积法的优点为:
(1)尾矿库基建投资和运营费用大大减小。
(2)周边坝等高的情况下,库容量增大。
(3)尾矿堆积稳定无坍塌。
(4)由地震作用力引起液化的敏感性降低。
(5)无须溢流排水系统。
(6)渗流引起环境污染的可能性减小。
(7)废弃和复用过程简单。

高浓度尾矿堆积法的缺点是:技术含量高,操作复杂,管道的磨损大。

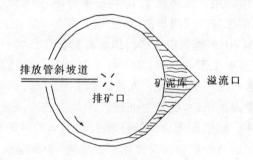

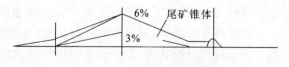

图7-6 高浓度尾矿堆积法

(五)水库式尾矿堆积法(尾矿库挡水坝)

该法不用尾矿堆坝,而是用其他材料像修水库那样修建水坝。此类坝称为尾矿库挡水坝,设计时应按水库坝的要求进行。

三、尾矿库的安全

尾矿库作为一种特殊的工业构筑物,具有保护环境、保护有用矿物资源、节约水资源的功能。但是,由于尾矿库是一个具有高势能的人造泥石流的危险源,存在溃坝危险。特别是多数尾矿库下游存在居民区、城镇、工厂、公路、铁路等重要设施。由于尾矿库溃坝时尾矿碴往往立即液化,溃坝的缺口被扩大,高势能的人造泥石流沿山谷往下游倾泄,其危害程度远比水库大坝溃坝严重,而且还会造成严重的环境污染。因此,尾矿库安全运行是矿山企业安全生产中非常重要的问题。

在国外直接造成百人以上死亡的尾矿库事故并不鲜见。如:智利1965年因发生7.25级地震,使12座尾矿坝不同程度地遭到破坏,造成270人死亡,是世界尾矿史上最严重的灾难性事故;1994年南非Merriespruit尾矿坝溃坝,导致17人死亡;1995年圭亚那阿迈金矿尾矿坝遭受破坏后,900名圭亚那人因饮用氰化物污染水而死亡;1994年加利福利亚州地震引起的TaoCannyon尾矿坝溃坝,带来了巨大的经济损失和环境污染;1950年SodaButte河因一座尾矿坝溃坝使该区域受到严重污染。

在国内,1985年8月25日湖南柿竹园有色矿牛角垄尾矿库溃坝,死亡49人,直接经济损失达1 300万元;2000年10月18日上午,广西南丹县大厂镇酸水湾的鸿图选矿厂的尾砂库突然塌坝。当坍塌发生时,随着"轰隆"一声巨响,1.5万 m^3 的尾砂流冲破坝首,沿着20m宽的山沟狂泄奔腾,瞬间浊流滚滚,尾砂流所到之处鸡飞狗跳,房屋倒塌。这起事故共造成28人死亡,56人受伤,70间房屋遭到不同程度的毁坏;2006年4月30日,陕西镇安县发生黄金尾矿溃坝事故,当时,镇安县黄金矿业有限责任公司正在对其尾矿库实施加坝增容施工,但部分主体坝突然发生垮塌,奔涌而出的尾矿浆将坝下40间房屋吞噬,造成5人受伤、17人死亡;2007年11月25日,辽宁海城尾矿库发生溃堤事故,致使坝下两个村的近百户村民受灾,共有16名村民死亡;2008年4月22日,山东蓬莱市大柳行镇金鑫实业总公司一金矿尾矿库因采空区塌陷引起尾矿库泄漏,导致8名矿工下落不明;2008年9月8日,山西省临汾市襄汾县新塔矿业有限公司尾矿库发生特别重大溃坝事故,死亡人数达271人。

尾矿库的事故不但造成人员伤亡,经济上也造成巨大的损失,在社会上造成极坏的影响,每次事故都再次敲响了警钟。尾矿库安全问题逐步引起了全世界的高度重视。1984年国际大坝委员会组建了国际大坝委员会矿山和工业尾矿坝分会,主要是制定一系列安全方面的方针,交流各国对尾矿库安全工作的法规资料和技术经验,促进世界尾矿库安全技术的不断发展创新。美国、加拿大等国都把对尾矿库的安全列为该国劳动部门安全监察的重要内容。我国鉴于尾矿库安全状况复杂的特点,先后制定了一系列尾矿库安全管理法规、标准,并将尾矿库安全管理作为政府部门安全监察的重要内容,对尾矿库的安全工作给予了高度重视。

通过对尾矿库发生事故进行统计分析认为,按照造成尾矿库事故的原因大体可分为五种类型。

(1)因洪水漫顶而溃坝。例如,1985年7月23日,我国湖南东坡铅矿尾矿坝因遇暴雨,洪水量超过了溢洪道的过水能力,洪水漫顶而溃堤,淹没了大片农田,毁坏了下游的居民区,造成了47人死亡。又如山西塔尔山铁矿尾矿库,为回收尾矿澄清水而提高库内水位,导致水位上升过高,造成漫顶而溃坝。

(2)因坝坡稳定性差而溃坝。例如:日本尾去泽矿中泽尾矿坝,于1936年11月因尾矿堆积坝坡陡,坝体抗剪强度低,产生滑坡而溃坝。我国云南锡业公司火谷都尾矿库因坝坡陡,于1962年3月和9月坝体两次出现裂缝,1962年9月26日出现溃坝,受灾人口13 970人,死亡171人,伤9人。

(3)因坝体震动液化而溃坝。例如智利1928年12月15日地震,使63m高的巴拉哈拿坝坝体液化而滑动,流失尾矿400万m^3,54人死亡。又如1965年3月28日智利中部发生7~7.25级(里氏级)地震,使该地区11个尾矿坝中的10个遭到严重破坏。

(4)因渗流造成管涌,流土破坏。例如:苏联诺戈尔斯克选厂尾矿坝,1965年因严重管涌而发生局部破坏。我国江西某矿一号坝,于1973年堆积至51m高时,浸润线在坝面出露,于6月29日突然在外坡出现大面积沉陷和直径为0.2m的管涌,导致局部滑塌;30min内坝顶出现8m宽的缺口,坝体迅猛滑塌下去,大量尾矿外泄。幸好在下游还有二号坝,未造成严重灾难。又如南芬老尾矿坝在生产中曾发生坝端集中渗漏造成缺口,库内尾矿浆和尾矿水流出达4万m^3,严重污染了庙儿沟河道。

(5)因坝基过度沉陷而出险。例如:我国江西省西华山钨矿尾矿坝,因施工时未挖出坝基下部的淤泥层,导致筑坝后下沉1.8m,边坡局部滑动,下部隆起,幸好坝体下游坡脚有一台地阻挡,才未造成大祸。

在以上尾矿库事故类型中,因坝坡稳定性差而引起溃坝事故的情况比较突出。由此可见,研究尾矿坝稳定性的意义不言而喻。

四、尾矿坝的稳定性

(一)尾矿坝坝坡破坏的一般形态

尾矿坝坝坡抗滑稳定性达不到要求时,坝坡就会发生滑动破坏,有时还会带动坝基土体一起滑动,如图7-7所示。

根据对坝的大量破坏实例所进行的分析研究发现,坝坡滑动面的形状对于均质土坝多呈圆弧形;对于非黏性砂石料坝多呈折线形;当坝内含有大面积的厚层细泥夹层,或滑弧通过坚硬岩层时,滑动面的形状就比较复杂,为圆弧和折线的组合面。对于既为砂性又含有多层细泥夹层的尾矿坝来说,滑动面多可用圆弧面近似代替。

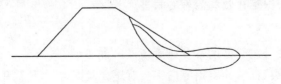

图7-7 坝坡滑动破坏

(二)尾矿坝坝坡稳定的安全系数

尾矿坝坝坡稳定的安全系数是滑动土体总抗滑力与总滑动力的比值K。

$$K=总抗滑力/总滑动力$$

一般来说当比值为1时,坝体处于临界稳定状态,但其安全性并不合乎要求,如受到振动或遇到小地震等,坝坡就会破坏。故设计规范规定尾矿坝的安全系数要大于1,且对于不同级别的尾矿坝要求不同,如表7-2所示。

表7-2 尾矿坝坝坡抗滑稳定最小安全系数表

运用情况	坝的级别				备 注
	1	2	3	4.5	
正常运行	1.30	1.25	1.20	1.15	正常运行指尾矿库水位处于正常水位时的工况;洪水运行指尾矿库最高洪水位时的工况;特殊运行指尾矿库内水位处于最高洪水位,同时又遇到设计烈度的地震时的工况
洪水运行	1.20	1.15	1.10	1.05	
特殊运行	1.10	1.05	1.05	1.00	

(三)尾矿坝安全稳定性分析

尾矿坝的稳定性分析是从总体上定量评价和预测坝体的工作状态,定量分析规划中的或正在运行中的尾矿库是否安全、安全程度如何、有多大的富余、未来尾矿坝还能堆积多高、是否需要处理等,也是对原始设计资料进行验算,在尾矿库的设计和日常生产管理中占有非常重要的地位。

尾矿堆积形成的"人工土"与自然土既有相同之处,同时又有区别,由于尾矿坝技术起步较晚,尾矿坝安全稳定性分析至今未形成自身的独立分析体系。目前,尾矿坝稳定性分析计算还是将其当作边坡来处理,一般还是沿用传统的土力学理论进行分析。尾矿坝的稳定性分析方法主要有三大类,即极限平衡法,如瑞典法、毕肖普法、剩余推力法、Sarma法等;数值分析法,如有限元法、拉格朗日(FLAC法)法、边界元法等;概率分析法,如蒙特卡洛法、统计矩阵法、人工神经网络法等。不同的方法具有各自的优点和不足。

第三节 尾矿库病害的产生因素

尾矿库从勘察、设计、施工到使用的全过程中,任何一个环节出现问题,都可能导致尾矿库不能正常使用。其中,由于生产管理不善、操作不当或外界环境因素干扰所造成的病害比较容易检查发现;而勘察、设计、施工或其他原因造成的隐患,在使用初期不易显现出来,这些常被人忽视的隐患往往属于很难补救和治理的病害。

1.勘察因素造成的病害

对库区、坝基、排洪管线等处的不良地质条件未能查明,就可能造成库内滑坡、坝体形变、坝基渗漏、排洪涵管断裂、排水井倒塌等病害。对尾矿堆坝坝体及沉积滩的勘察质量低劣,则导致稳定分析、排洪验算等结论的不可靠。

2.设计因素造成的病害

设计质量低劣表现在基础资料不确切、设计方案及技术论证方法不当、不遵循设计规范、对库水位及浸润线深度的控制要求不明确,或要求不切实际等方面。尽管目前设计单位资质齐全,但上述因素造成尾矿库带病运行的现象屡见不鲜。由此造成的隐患大多为坝体在中、后期稳定性和防洪能力不能满足设计规范的要求。其次,排水沟筑物出现断裂、气蚀、倒塌等病害也可能是由于设计人员技术不高或经验不足所造成。

3. 施工因素造成的病害

初期坝施工中清基不彻底、坝体密度不均、坝料不符合要求、反滤层铺设不当等,会造成坝体沉降不均、坝基或坝体漏矿、后期坝局部塌陷;排洪构筑物有蜂窝、麻面或强度不达标,当荷载逐渐增大时,会造成掉块、漏筋、断裂、甚至倒塌等病害。

4. 操作管理不当造成的病害

在长期生产过程中,由于操作不当造成的常见病害和隐患如下。

(1)放矿支管开启太少,造成沉积滩坡度过缓,导致调洪库容不足。

(2)未能均匀放矿,沉积滩此起彼伏,造成局部坝段干滩过短。

(3)长期独头放矿,致使矿浆顺坝流淌,冲刷子坝坡脚,且易造成细粒尾矿在坝前大量聚集,严重影响坝体稳定。

(4)长时间不调换放矿点,造成个别放矿点的矿浆外溢,冲刷坝体。

(5)巡查不及时,放矿管件漏矿冲刷坝体。

(6)坝面维护不善,雨水冲刷拉沟,严重时会造成局部坝段滑坡。

(7)每级子坝堆筑太高,致使坝前沉积厚层抗剪强度很低、渗透性极差的矿泥,抬高了坝体的浸润线,对坝体稳定十分不利。

(8)片面追求回水水质而抬高库水位,造成调洪库容不足。

(9)长期对排洪构筑物不进行检查、维修,致使堵塞、露筋、塌陷等隐患未能及时发现。

5. 管理不当造成的问题

(1)未能有效地对勘察、设计、施工和操作进行必要的审查和监督。

(2)对设计意图不甚了解,片面追求经济效益,未按设计要求指导生产。

(3)对防洪、防震问题抱有侥幸心理;明知有隐患,不能及时采取措施消除。

(4)未按原设计要求,擅自修改设计等。

6. 其他因素造成的病害

暴雨、地震之后可能对坝体、排洪构筑物造成的病害如下:

(1)由于矿石性质或选矿工艺流程变更,引起尾矿性质的改变,而这种改变如果对坝体稳定和防洪不利时,自然会成为隐患。

(2)因工农关系未协调好而产生的干扰常常形成尾矿库隐患,如农民在库区上游甚至在库区以内乱采、滥挖等。

第四节 尾矿坝的安全治理

尾矿坝大多远离矿区,易受自然的、社会的多种不利因素的影响,其管理工作较为复杂,且难度较大,必须予以特别关注。

在尾矿坝的维护管理中,首先要严格按设计要求及有关的技术规程、规范的规定进行管理,确保尾矿坝安全运行所必需的尾矿沉积滩长度、坝体安全超高,控制好浸润线,根据各种不同类型尾矿坝特点做好维护工作,防止环境因素的危害,及时处理好坝体出现的隐患,使尾矿坝在正常状态下运行。

一、尾矿坝裂缝的处理措施

裂缝是一种尾矿坝较为常见的病患,某些细小的横向裂缝有可能发展成为坝体的集中渗漏通道,有的纵向裂缝也可能是坝体发生滑坡的预兆,应予以充分重视。

(一)裂缝的种类与成因

土坝裂缝是较为常见的现象,有的裂缝在坝体表面就可以看到,有的隐藏在坝体内部,要开挖检查才能发现。裂缝宽度最窄的不到1mm,宽的可达数十厘米,甚至更大。裂缝长度短的不到1m,长的数十米,甚至更长。裂缝的深度有的不到1m,有的深达坝基。裂缝的走向有的是平行坝轴线的纵缝,有的是垂直坝轴线的横缝,有的是大致水平的水平缝,还有的是倾斜的裂缝。

裂缝的成因,主要是由于坝基承载能力不均衡、坝体施工质量差、坝身结构及断面尺寸设计不当或其他因素等所引起。有的裂缝是由于单一因素所造成,有的则是多种因素所形成。

(二)裂缝的检查与判断

裂缝检查需特别注意坝体与两岸山坡接合处及附近部位、坝基地质条件有变化及地基条件不好的坝段、坝高变化较大处、坝体分期分段施工接合处及合拢部位、坝体施工质量较差的坝段、坝体与其他刚性建筑物接合的部位。

当坝的沉陷、位移量有剧烈变化,坝面有隆起、塌陷,坝体浸润线不正常,坝基渗漏量显著增大或出现渗透变形,坝基为湿陷性黄土的尾矿库开始放矿后或经长期干燥或冰冻期后以及发生地震或其他强烈振动后应加强检查。

检查前应先整理分析坝体沉陷、位移、测压管、渗流量等有关观测资料。对没条件进行钻探试验的土坝,要进行调查访问,了解施工及管理情况,检查施工记录,了解坝料上坝速度及填土质量是否符合设计要求;采用开挖或钻探检查时,对裂缝部位及没发现裂缝的坝段,应分别取土样进行物理力学性质试验,以便进行对比,分析裂缝原因;因土基问题造成的裂缝,应对土基钻探取土,进行物理力学性质试验,了解筑坝后坝基压缩、重度、含水量等变化,以便分析裂缝与坝基变形的关系。

裂缝的种类很多,如果不了解裂缝的性质,就不能正确地处理,特别是滑动性裂缝和非滑动性裂缝,一定要认真予以辨别,应根据裂缝的特征进行判断。滑坡裂缝与沉陷裂缝的发展过程不同,滑坡裂缝初期发展较慢而后期突然加快,而沉陷裂缝的发展过程则是缓慢的,并到一定程度而停止。只有通过系统的检查观测和分析研究才能正确判断裂缝的性质。

内部裂缝一般可结合坝基、坝体情况进行分析判断。当库水位升到某一高程时,在无外界影响的情况下,渗漏量突然增加的,个别坝段沉陷、位移量比较大的,个别测压管水位比同断面的其他测压管水位低很多,浸润线呈现反常情况的,注水试验测定其渗透系数大大超过坝体其他部位的;当库水位升到某一高程时,测压管水位突然升高的,钻探时孔口无回水或钻杆突然掉落,相邻坝段沉陷率(单位坝高的沉陷量)相差悬殊等现象都可能预示产生内部裂缝。

(三)裂缝的处理

发现裂缝后都应采取临时防护措施,以防止雨水或冰冻加剧裂缝的发展。对于滑动性裂缝的处理,应结合坝坡稳定性分析统一考虑,对于非滑动性裂缝,采用开挖回填是处理裂缝比较彻底的方法,适用于不太深的表层裂缝及防渗部位的裂缝。对坝内裂缝、非滑动性很深的表面裂缝,由于开挖回填处理工程量过大,可采取灌浆处理。一般采用重力灌浆或压力灌浆方法。灌浆的浆液通常为黏土泥浆。在浸润线以下部位,可掺入一部分水泥,制成黏土水泥浆,以促其硬化。对于中等深度的裂缝,因库水位较高,不宜全部采用开挖回填办法处理的部位或开挖困难的部位,可采用开挖回填与灌浆相结合的方法进行处理。裂缝的上部采用开挖回填法,下部采用灌浆法处理。先沿裂缝开挖至一定深度(一般为2m左右)即进行回填,在回填时按上述布孔原则预埋灌浆管,然后对下部裂缝进行灌浆处理。

二、尾矿坝渗漏的处理

尾矿坝坝体及坝基的渗漏有正常渗流和异常渗漏之分。正常渗流有利于尾矿坝坝体及坝前干滩的固结,从而有利于提高坝的整体稳定性。异常渗漏则是有害的。由于设计考虑不周、施工不当以及后期管理不善等原因而产生非正常渗流,导致渗流出口处坝体产生流土、冲刷及管涌多种形式的破坏,严重的可导致垮坝事故。因此,对尾矿坝的渗漏必须认真对待,根据情况及时采取措施。

(一)坝体渗漏

1. 设计方面原因

土坝坝体单薄,边坡太陡,渗水从滤水体以上溢出;复式断面土坝的黏土防渗体设计断面不足或与下游坝体缺乏良好的过渡层,使防渗体破坏而漏水;埋设于坝体内的压力管道强度不够或管道置于不同性质的地基,地基处理不当,管身断裂;有压水流通过裂缝沿管壁或坝体薄弱部位流出,管身未设截流环;坝后滤水体排水效果不良;对于下游可能出现的洪水倒灌防护不足,在泄洪时滤水体被淤塞失效,迫使坝体下游浸润线升高,渗水从坡面溢出等。

2. 施工方面的原因

土坝分层填筑时,分层太厚,碾压不透,致使每层填土上部密实,下部疏松,库内放矿后形成水平渗水带;土料含砂砾太多,渗透系数大;没有严格按要求控制及调整填筑土料的含水量,致使碾压达不到设计要求的密实度;在分段进行填筑时,由于土层厚薄不同,上升速度不一,相邻两段的接合部位可能出现少压或漏压的松土带;料场土料的取土与坝体填筑的部位分布不合理,致使浸润线与设计不符,渗水从坝坡溢出;冬季施工中,对碾压后的冻土层未彻底处理,或把大量冻土块填在坝内;坝后滤水体施工时,砂石料质量不好,级配不合理,或滤层材料铺设混乱,致使滤水体失效,坝体浸润线升高等。

3. 其他原因

如白蚁、獾、蛇、鼠等动物在坝身打洞营巢;地震引起坝体或防渗体发生贯穿性的横向裂缝等。

(二)坝基渗漏

1. 设计方面的原因

对坝址的地质勘探工作做得不够;设计时未能采取有效的防渗措施,如坝前水平铺盖的长度或厚度不足,垂直防渗墙深度不够;黏土铺盖与透水砂砾石地基之间并没有效的滤层,铺盖在渗水压力作用下破坏;对天然铺盖了解不够,薄弱部位未做处理等。

2.施工方面的原因

水平铺盖或垂直防渗设施施工质量差;施工管理不善,在库内任意挖坑取土,天然铺盖被破坏;岩基的强风化层及破碎带未处理或截水墙未按设计要求施工;岩基上部的冲积层未按设计要求清理等。

3.管理运用方面的原因

坝前干滩裸露暴晒而开裂,尾矿库放水等从裂缝渗透;对防渗设施养护维修不善,下游逐渐出现沼泽化,甚至形成管涌;在坝后任意取土,影响地基的渗透稳定等。

(三)接触渗漏

造成接触渗漏的主要原因有:基础清理不好,未做接合槽或做得不彻底;土坝两端与山坡接合部分的坡面过陡,而且清基不彻底或未做防渗漏墙;涵管等构筑物与坝体接触处,因施工条件不好,回填夯实质量差,或未设截流环(墙)及其他止水措施,造成渗流等。

(四)绕坝渗漏

造成绕坝渗漏的主要原因有:与土坝两端连接的岸坡属条形山或覆盖层单薄的山坡而且有透水层;山坡的岩石破碎,节理发育,或有断层通过;因施工取土或库内存水后由于风浪的淘刷,岸坡的天然铺盖被破坏;溶洞以及生物洞穴或植物根茎腐烂后形成的孔洞等。

三、尾矿坝滑坡的处理

尾矿坝滑坡往往导致尾矿库溃决事故,因此,即使是较小的滑坡也不能掉以轻心。有些滑坡是突然发生的,有些是先由裂缝开始的,如不及时处理,任其逐步扩大和蔓延,就可能造成重大的垮坝事故。

(一)滑坡的种类及成因

滑坡的种类按滑坡的性质可分为剪切性滑坡、溯流性滑坡和液化性滑坡;按滑坡的形状可分为圆弧滑坡、折线滑坡和混合滑坡。造成滑坡的原因有以下几种。

1.勘探设计方面的原因

在勘探时没有查明基础有淤泥层或其他高压缩性软土层,设计时未能采取相应的措施;选择坝址时,没有避开位于坝脚附近的渊潭或水塘,筑坝后由于坝脚处沉陷过大而引起滑坡;坝端岩石破碎、节理发育,设计时未采取适当的防渗措施,产生绕坝渗流,使局部坝体饱和,引起滑坡;设计中坝坡稳定分析所选择的计算指标偏高,或对地震因素注意不够以及排水设施设计不当等。

2.施工方面的原因

在碾压土坝施工中,由于铺土太厚,碾压不实,或含水量不合要求,干重度没有达到设计标准;抢筑临时拦洪断面和合拢断面,边坡过陡,填筑质量差;冬季施工时没有采取适当措施,以致形成冻土层,在解冻或蓄水后,库水入渗形成软弱夹层;采用风化程度不同的残积土筑坝时,将黏性土填在土坝下部,而上部又填了透水性较大的土料,放矿后背水坡上部湿润饱和;尾矿堆积坝与初期坝二者之间或各期堆积坝坝体之间没有结合好,在渗水饱和后造成滑坡等。

3.其他原因

强烈地震引起土坝滑坡;持续的特大暴雨使坝坡土体饱和,或风浪淘刷使护坡遭破坏,致使坝坡形成陡坡；在土坝附近爆破或者在坝体上部堆载物料等。

(二)滑坡的检查与判断

滑坡检查应在高水位时期、发生强烈地震后、持续特大暴雨和台风袭击时以及回春解冻之际进行。从裂缝的形状、裂缝的发展规律、位移观测资料、浸润线观测分析和孔隙水压力观测成果等方面进行滑坡的判断。

(三)滑坡的预防及处理

防止滑坡的发生应尽可能消除促成滑坡的因素。注意做好经常性的维护工作，防止或减轻外界因素对坝坡稳定的影响。当发现有滑坡征兆或有滑动趋势但尚未坍塌时，应及时采取有效措施进行抢护，防止险情恶化。一旦发生滑坡，则应采取可靠的处理措施，恢复并补强坝坡，提高抗滑能力。抢护中应特别注意安全问题。

滑坡抢护的基本原则是：上部减载，下部压重，即在主裂缝部位进行削坡，而在坝脚部位进行压坡。尽可能降低库水位、沿滑动体和附近的坡面上开沟导渗，使渗透水能够很快排出。若滑动裂缝达到坝脚，应该首先采取压重固脚的措施。因土坝渗漏而引起的背水坡滑坡，应同时在迎水坡进行抛土防渗。

因坝身填土碾压不实，浸润线过高而造成的背水坡滑坡，一般应以上游防渗为主，辅以下游压坡、导渗和放缓坝坡，以达到稳定坝坡的目的。在压坡体的底部一般可设双向水平滤层，并与原坝脚滤水体相连接，其厚度一般为80~150cm。滤层上部的压坡体一般用砂、石料填筑，在缺少砂石料时，亦可用土料分层回填压实。

对于滑坡体上部已松动的土体，应彻底挖除，然后按坝坡线分层回填夯实，并做好护坡。

坝体有软弱夹层或抗剪强度较低且背水坡较陡而造成的滑坡，首先应降低库水位，如清除夹层有困难时，则以放缓坝坡为主，辅以在坝脚排水压重的方法处理。地基存在淤泥层、湿陷性黄土层或液化等不良地质条件，施工时没有清除或清除不彻底而引起的滑坡，处理的重点是清除不良地基，并进行固脚防滑。因排水设施堵塞而引起的背水坡滑坡，主要是恢复排水设施效能，筑压重台固脚。

处理滑坡时应注意，开挖回填工作应分段进行，并保持允许的开挖边坡。开挖中，对于松土与稀泥都必须彻底清除。填土应严格掌握施工质量，土料的含水量和干重度必须符合设计要求，新旧土体的结合面应刨毛，以利结合。对于水中填土坝，在处理滑坡阶段进行填土时，最好不要采用碾压施工，以免因原坝体固结沉陷而开裂。滑坡主裂缝一般不宜采取灌浆方法处理。

滑坡处理前，应严格防止雨水渗入裂缝内。可用塑性薄膜、沥青油毡或油布等加以覆盖。同时还应在裂缝上方修截水沟，以拦截和引走坝面的积水。

四、尾矿坝管涌的处理

管涌是尾矿坝坝基在较大渗透压力作用下而产生的险情，可采用降低内外水头差、减少渗透压力或用滤料导渗等措施进行处理。

(一)滤水围井

在地基好、管涌影响范围不大的情况下可抢筑滤水围井。在管涌口砂环的外围，用土袋围一个不太高的围井，然后用滤料分层铺压，其顺序是自下而上分别填0.2~0.3m厚的粗砂、砾石、碎石、块石,一般情况可用三级分配。滤料最好要清洗,不含杂质,级配应符合要求,或用土工织物代替砂石滤层,上部直接堆放块石或砾石。围井内的涌水在上部用管引出。如险处水势太猛,第一层粗砂被喷出,可先以碎石或小块石削弱水势,然后再按级配填筑;或铺设土工织物,如遇填料下沉,可以继续填砂石料,直至稳定。若发现井壁渗水,应在原井壁外侧再包以土袋,中间填土夯实。

(二)蓄水减渗

险情面积较大,地形适合而附近又有土料时,可在其周围填筑土埂或用土工织物包裹,以形成水池,蓄存渗水,利用池内水位升高,减少内外水头差,控制险情发展。

(三)塘内压渗

若坝后渊塘、积水坑、渠道、河床内积水水位较低,且发现水中有不断翻花或间断翻花等管涌现象时,不要任意降低积水位,可用芦苇秆和竹子做成竹帘、竹箔、苇箔(或荆篱)围在险处周围,然后在围圈内填放滤料,以控制险情的发展。如需要处理的管涌范围较大,而砂、石、土料又可解决时,可先向水内抛铺粗砂或砾石一层,厚15~30cm,然后再铺压卵石或块石,做成透水压渗台。或用柳枝秸料等做成15~30cm厚的柴排(尺寸可根据材料的情况而定),柴排上铺草垫厚5~10cm,然后再在上面压砂袋或块石,使柴排潜埋在水内(或用土工布直接铺放),亦可控制险情的发展。

(四)堤坝后渗水

如堤坝后严重渗水,采用一些临时防护措施尚不能改善险情时,宜降低库内的水位,以减少渗透压力,使险情不致迅速恶化,但应控制水位的下降速度。

五、尾矿坝的抢险

尾矿坝的险情常在汛期发生,而重大险情又多在暴雨时发生。汛期尾矿库处于高水位工作状态,调洪库容有所减少,遇特大暴雨极易造成洪水漫顶。同时,浸润线的位置处于高位,坝体饱和区扩大,使坝的稳定性降低。此外,风浪冲击也易造成坝顶决口溃坝。因此,做好汛期尾矿坝抢险工作对于确保尾矿库的安全运行至关重要。

首先,应根据气象预报和库情,制定出各种抢险措施及下游群众安全转移措施和预案,从思想、组织、物质、交通、联络、报警信号等各个方面做好抢险准备工作。其次,加强汛期巡检,及早发现险情,及时采取抢护措施。

(一)防漫顶措施

尾矿坝多为散粒结构,如果洪水漫顶就会迅速冲出决口,造成溃坝事故。当排水设施已全部使用,水位仍继续上升,根据水情预报可能出现险情时,应抢筑子堤,增加挡水高度。

在堤顶不宽、土质较差的情况下,可用土袋抢筑子堤。在铺第一层土袋前,要清理堤坝顶的杂物并耙松表土。用草袋、编织袋、麻袋或蒲包等装土七成左右,将袋口缝紧,铺于子堤的迎水面。铺砌时,袋口应向背水侧互相搭接,用脚踩实,要求上下层袋缝必须错开。待铺叠至预计水位以上时,再在土袋背水面填土夯实。填土的背水坡度不得陡于1:1。

在缺土、浪大、堤顶较窄的场合下,可采用单层木板或埽捆子堤。其具体做法是先在堤顶距上游边缘0.5~1.0m处打一排小木桩,木桩长1.5~2.0m,入土0.5~1.0m,桩距1.0m。再在木桩的背水侧用钉子、铅丝将单层木板或顶制埽捆(长2~3m,直径约0.3m)钉牢,然后在后面填土加筑。

当出现超过设计标准的特大洪水时,应在抢筑子堤的同时报请上级批准,采取非常措施加强排洪,降低库水位。如选定单薄山脊或基岩较好的副坝炸出缺口排洪,开放上游河道预先选定的分洪口分洪或打开排水井正常水位以下的多层窗口加大排水能力(这样做可能会排出库内部分悬浮矿泥),以确保主坝坝体的安全。严禁任意在主坝坝顶上开沟泄洪。

(二)防风浪冲击

对尾矿坝坝顶受风浪冲击而决口的抢护,除参照前面有关办法进行处理外,还可采取防浪措施处理。用草袋或麻袋装土(或砂)约70%,放置在波浪上下波动的部位,袋口用绳缝合,并互相叠压成鱼鳞状。当风浪较小时,还可采用柴排防浪。用柳枝、芦苇或其他秸秆扎成直径为0.5~0.8m,长10~30m的柴枕,枕的中心卷入两根5~7m的竹缆做芯子,枕的纵向每0.6~1.0m用铅丝捆扎。在堤顶或背水坡钉木桩,用麻绳或竹缆把柴枕连在桩上,然后推放到迎水坡波浪拍击的地段。可根据水位的涨落松紧绳缆,使柴排浮在水面上。

挂树防浪是砍下枝叶繁茂的灌木,使树梢向下放入水中,并用块石或砂袋压住;其树干用铅丝、麻绳或竹缆连接于堤坝顶的桩上。木桩直径0.1~0.15m,长1.0~1.5m,布置形式可为单置形式,可为单桩、双桩或梅花桩等。

六、尾矿库的巡检

尾矿库的任何事故都不是突然爆发的,而是由隐患逐渐发展扩大,最终导致事故的形成。巡检工作就是从不正常现象的蛛丝马迹上及时发现隐患,以便采取措施消除。因此,尾矿库的巡检工作非常重要。应建立巡检制度,规定巡检工作的内容、办法和时间等。

尾矿库的巡检应检查尾矿堆积坝顶高程是否一致,坝上放矿是否均匀,尾矿沉积滩是否平整,沉积滩长度、坡度是否符合要求,水边线是否与坝轴线大致平行,库内水位是否符合规定,子坝堆筑是否符合要求,尾矿排放是否冲刷坝体、坝坡,坝体有无裂缝、滑坡、塌陷、表面冲刷、兽蚁洞穴等危及坝体安全的现象,坝面护坡、排水系统是否完好,有无淤堵、沉降、积水等不良现象,坝体下游坡面、坝脚、坝下埋管出坝处、坝肩等部位有无散浸、渗水、漏水、管涌、流土等现象,渗流水量是否稳定,水质是否有变化,观测设施(测压管、测点、水尺、警示设备、孔隙水压力计、测压盒、量水堰等)是否完好等。

第五节 尾矿库的安全管理

一、尾矿库的安全管理

(一)尾矿排放与筑坝

(1)尾矿坝滩顶高程必须满足生产、防汛、冬季冰下放矿和回水的要求。

(2)尾矿筑坝必须有足够的安全超高、沉积干滩长度和下游坝面坡度。

(3)每一期筑坝充填作业之前,必须进行岸坡处理。岸坡处理应做隐蔽工程记录,如遇泉眼、水井、地道或洞穴等,要采取有效措施进行处理,经主管技术人员检查合格后方可充填筑坝。

(4)上游式尾矿筑坝法,应于坝前均匀分散放矿,修子坝或移动放矿管时除外,不得任意从库后或库侧放矿。同时满足以下要求:①粗颗粒尾矿沉积于坝前,细颗粒排至库内,在沉积滩范围内不允许有大面积矿泥沉积;②沉积滩顶应均匀平整;③沉积滩坡度及长度等应符合设计的要求;④严禁矿浆沿子坝内坡趾横向流动冲刷坝体;⑤放矿矿浆不得冲刷坝坡;⑥放矿应有专人管理。

(5)坝体较长时应采用分段交替放矿作业,使坝体均匀上升,应避免滩面出现侧坡、扇形坡或细颗粒尾矿大量集中沉积于一端或一侧。

(6)放矿口的间距、位置、同时开放的数量、放矿时间以及水力旋流器使用台数、移动周期与距离,应按设计要求或作业计划进行操作。分散放矿支管、导流槽伸入库内的长度和距滩面的高度应符合设计要求。

(7)为保护初期坝的反滤层免受尾矿水冲刷,应采用多管小流量的放矿方式,以利尽快形成滩面,并采用导流槽或软管将矿浆引至远离坝顶处排放。

(8)冰冻期、事故期或由某种原因确需长期集中放矿时,不得出现影响后续堆积坝体稳定的不利因素。

(9)岩溶发育地区的尾矿库应加强周边放矿,以加速形成防渗层,减少渗漏和落水洞漏水事故。

(10)每期子坝堆筑完毕,应进行质量检查,检查记录需经主管技术人员签字后存档备查。主要检查内容包括子坝剖面尺寸、长度、轴线位置及边坡坡比,新筑子坝的坝顶及内坡趾滩面高程、库内水面高程,尾矿筑坝质量。

(11)尾矿滩面及下游坝坡面上不得有积水坑。

(12)坝外坡面维护工作可视具体情况选用以下措施:坝面修筑人字沟或网状排水沟;坡面植草或灌木类植物;采用碎石、废石或山坡土覆盖坝坡。

(二)尾矿库水位控制与防汛

(1)控制尾矿库水位应遵循的原则是在满足回水水质和水量要求的前提下,尽量降低库水位;当回水与坝体安全对滩长和超高的要求有矛盾时,应确保坝体安全;水边线应与坝轴线基本保持平行。

尾矿库实际情况与设计要求不符时,应在汛期前进行调洪演算。

(2)汛期前应采取下列措施做好防汛工作:①明确防汛安全生产责任制,建立值班、巡查和下游居民撤离方案等各项制度,组建防洪抢险队伍;②疏浚库内截洪沟、坝面排水沟及下游排洪河(渠)道;③详细检查排洪系统及坝体的安全情况,要根据实际条件确定排洪口底坎高程,将排洪口底坎以上1.5倍调洪高度内的堵板全部打开,清除排洪口前水面漂浮物,确保排洪设施畅通;④库内设清晰醒目的水位观测标尺,标明正常运行水位和警戒水位;⑤备足抗洪抢险所需物资,落实应急救援措施;⑥及时了解和掌握汛期水情和气象预报情况,确保上坝道路、通讯、供电及照明线路可靠和畅通。

(3)排除库内蓄水或大幅度降低库水位时,应注意控制流量,非紧急情况不宜骤降。

(4)岩溶或裂隙发育地区的尾矿库,应控制库内水深,防止落水洞漏水事故。

(5)未经技术论证,不得用常规子坝拦洪。

(6)洪水过后应对坝体和排洪构筑物进行全面认真的检查与清理,发现问题应及时修复,同时,采取措施降低库水位,防止连续暴雨后发生垮坝事故。

(7)不得在尾矿滩面或坝肩设置泄洪口。地形条件允许的尾矿库,可设置非常排洪通道。

(8)尾矿库排水构筑物停用后的封堵,必须严格按设计要求施工,并确保施工质量。一般情况下,必须在井内井座顶部封堵或在隧洞支洞处封堵,严禁在排水井井筒上部封堵。

(三)排渗设施管理与渗流控制

(1)尾矿坝的排渗设施包括排渗棱体、排渗褥垫、排渗盲沟和各种排渗井等。在尾矿坝运行过程中如需增设或更新排渗设施,应经技术论证,并经企业安全管理部门批准。

(2)排渗设施属隐蔽工程,必须按设计要求精心选料、精心施工,详细填写隐蔽工程施工验收记录,并绘制竣工图。排渗设施的施工可参照《碾压式土石坝施工技术规范》执行。

(3)坝肩、盲沟等应严格按设计要求施工,防止发生集中渗流。

(4)尾矿库运行期间应加强观测,注意坝体浸润线逸出点的变化情况和分布状态,严格按设计要求控制。

(5)当发现坝面局部隆起、塌陷、流土、管涌、渗水量增大或渗水变浑等异常情况时,应立即采取措施进行处理并加强观察,同时报告企业安全管理部门,情况严重的,应报当地安全生产监督部门。

(四)尾矿库防震与抗震

(1)处于地震区的尾矿库,应制定相应的防震和抗震的应急计划,内容包括:抢险组织与职责;尾矿库防震和抗震措施;防震和抗震的物资保障;尾矿坝下游居民的防震应急避险预案;震前值班、巡坝制度等。

(2)尾矿库原设计抗震标准低于现行标准时,必须进行加固处理。

(3)严格控制库水位,确保抗震设计要求的安全滩长满足地震条件下坝体稳定的要求。

(4)上游建有尾矿库、排土场、水库等工程设施的,应了解上游所建设施的稳定情况,必要时应采取防范措施。

(5)地震后,必须对尾矿库进行巡查和检测,及时修复和加固破坏部分,确保尾矿库运行安全。

二、尾矿库的安全检查

(一)尾矿库防洪安全检查

(1)尾矿库防洪安全检查内容包括设计防洪标准、尾矿沉积滩的干滩长度和尾矿坝的安全超高等。

(2)检查设计采用的防洪标准是否符合现行尾矿设施设计规范的要求。当设计采用的防洪标准高于或等于现行设计规范的要求时,可按原设计的洪水参数进行检查;当设计采用的防洪标准低于现行设计规范的要求时,应重新进行洪水计算及调洪演算。

(3)尾矿库水位标高的检测,其测量误差应小于 20mm。

(4)尾矿库滩顶标高的检测,应沿坝(滩)顶方向布置测点进行实测,其测量误差应小于 20mm。

当滩顶一端高一端低时,应在低标高段选较低处检测 1~3 个点;当滩顶高低相间时,应选较低处不少于 3 个点;其他情况,每 100m 坝长选较低处检测 1~2 个点,但总数不少于 3 个点。各测点中的最低点作为尾矿库滩顶标高。

(5)尾矿库干滩长度的测定视坝长及水边线弯曲情况,选干滩长度较短处布置1～3个断面。测量断面应垂直于坝轴线布置,在几个量测结果中,选最小者作为该尾矿库的沉积滩干滩长度。

(6)检查尾矿库沉积干滩的平均坡度时,应视沉积干滩的平整情况,每100m坝长布置不少于1～3个断面。测量断面应垂直于坝轴线布置,测点应尽量在各边坡点处进行布置,且测点间距不大于10～20m(干滩长者取大值),测点高程测量误差应小于5mm。尾矿库沉积干滩平均坡度应按各测量断面的尾矿沉积干滩平均坡度加权平均计算,尾矿库沉积干滩平均坡度与设计平均坡度的偏差应不大于10%。

(7)根据检测的滩顶标高、库水位和计算出的沉积干滩平均坡度,检查尾矿库最高洪水位时的最小干滩长度是否满足表7-3、表7-4要求。

(8)根据检测出的滩顶标高、库水位和计算沉积干滩平均坡度,检查尾矿库在最高洪水位时坝的安全超高是否满足表7-5、表7-6要求。

表7-3 上游式尾矿坝的最小干滩长度

尾矿库等级	一	二	三	四	五
最小干滩长度(m)	150	100	70	50	40

表7-4 下游式、中线式尾矿坝的最小干滩长度

尾矿库等级	一	二	三	四	五
最小干滩长度(m)	100	70	50	35	25

表7-5 尾矿库的等级

等级	全库容(万 m³)	坝高(m)
一	二等库具备提高等级条件者	
二	不小于10 000	不小于100
三	不小于1 000、小于10 000	不小于60、小于100
四	不小于100、小于1 000	不小于30、小于60
五	小于100	小于30

表7-6 尾矿坝的最小安全超高

尾矿库等级	一	二	三	四	五
最小安全超高(m)	1.5	1.0	0.7	0.5	0.4

(二)排水构筑物安全检查

(1)排水构筑物安全检查的主要内容。包括构筑物有无变形、移位、损毁、淤堵,排水能力

是否满足要求等。

(2)排水井安全检查的内容。包括井的内径、窗口尺寸及位置,井壁剥蚀、脱落、渗漏,最大裂缝开展宽度,井身倾斜度和变位,井、管连结部位,进水口水面漂浮物,停用井的封盖方法等。

排水井最大裂缝开展宽度应符合表7-7的规定。

(3)排水料槽检查内容。包括斜槽断面尺寸,槽身变形、损毁或坍塌,盖板放置、断裂,最大裂缝开展宽度,盖板之间以及盖板与槽壁之间的防漏填充物,漏砂,斜槽内淤堵等。

(4)排水涵管检查内容。包括涵管断面尺寸,变形、破损、断裂和磨蚀,最大裂缝开展宽度,管间止水及填充物,涵管内淤堵等。

(5)排水隧洞检查内容。包括隧洞断面尺寸,洞内塌方,衬砌变形、破损、断裂、剥落和磨蚀,最大裂缝的开展宽度,伸缩缝、止水及填充物,洞内淤堵等。

(6)溢洪道检查内容。包括溢洪道断面尺寸,沿线山坡滑坡、塌方,护砌变形、破损、断裂和磨蚀,沟内淤堵,溢流口底部高程,消力池及消力坎等。

(7)截洪沟断面检查内容。包括截洪沟断面尺寸,沿线山坡滑坡、塌方,护砌变形、破损、断裂和磨蚀,沟内物淤堵等。

(8)截水沟检查内容。包括截水沟断面尺寸,截水沟沿线山坡稳定性,护砌变形、破损、断裂和磨蚀,沟内淤堵等。

表7-7 钢筋混凝土结构构件最大裂缝宽度的允许值

结构构件所处的条件			最大裂缝宽度(mm)
水下结构	水质无侵蚀性	水利坡度①不大于20	0.3
		水利坡度大于20	0.2
	水质有侵蚀性	水利坡度不大于20	0.25
		水利坡度大于20	0.15
水位变动区	水质无侵蚀性	年冻融循环次数不大于50	0.25
		年冻融循环次数大于50	0.15
	水质有侵蚀性或海水		0.15
水上结构			0.3

注:①水利坡度为沿渗水路径的水头差与渗径距离之比。

(三)尾矿坝安全检查

(1)尾矿坝安全检查内容。包括坝的轮廓尺寸,变形、裂缝、滑坡和渗漏等。

(2)检测坝的外坡坡比。每100m坝长不少于两处,应选在最大坝高断面或坝坡较陡断面。水平距离和标高的测量误差不大于10mm;实测的坝外坡坡比不应陡于设计坡比减1。

(3)检查坝体位移。要求坝的位移量变化应均衡,无突变现象,且应逐年减小。当位移量变化出现突变或有增大趋势时,应查明原因,妥善处理。

(4)检查坝体有无纵、横向裂缝。坝体出现裂缝时,应查明裂缝的长度、宽度、深度、走向、形态和成因,判定危害程度。

(5)检查坝体滑坡。坝体出现滑坡时,应查明滑坡位置、范围和形态以及滑坡的动态趋势。

(6)检测坝体浸润线的位置。应查明坝面浸润线出逸位置、范围和形态。

(7)检查坝体渗漏。应查明有无渗漏逸出点,逸出点的位置、形态、流量及含砂量等。

(四)尾矿库库区安全检查

(1)尾矿库库区安全检查的主要内容包括周边山体稳定性,违章建筑、违章施工和违章民办采选活动等情况。

(2)检查周边山体滑坡、塌方和泥石流等情况时,要详细观察周边山体有无异常和急变,并根据工程地质勘察报告分析周边山体发生滑坡的可能性。

(3)检查库区范围内危及尾矿库安全的主要内容包括违章爆破、采石和建筑,违章取尾矿再选、取水,外来尾矿、废石、废水和废弃物排入,放牧和开垦等。

三、尾矿库安全评价和管理

主要根据尾矿库的防洪能力和尾矿坝坝体的稳定性确定。安全度分为危库、险库、病库和正常库。

1.危库

尾矿库有下列工况之一的为危库:尾矿库的最小安全超高和尾矿库的最小干滩长度达不到设计规范的要求,不能确保坝体的安全;排水系统严重堵塞或坍塌,不能排水或排水能力急剧降低;坝体出现深层滑动迹象;其他危及尾矿库的情况。

2.险库

尾矿库有下列工况之一的为险库:尾矿库的最小安全超高和尾矿库的最小干滩长度达不到设计规范的要求,但平时对坝体的安全影响不大;排水系统部分堵塞或坍塌,排水能力有所降低,达不到设计要求;坝体出现浅层滑动迹象;坝体出现贯穿性的横向裂缝,且出现较大的管涌,水质浑浊挟带泥砂或坝体渗流在堆积坝坡有较大范围逸出,且出现流土变形;其他影响尾矿库安全运行的情况。

3.病库

尾矿库有下列工况之一的为病库:尾矿库的最小安全超高和尾矿库的最小干滩长度达不到设计规范的要求;排水系统出现裂缝、变形腐蚀或磨损,排水管接头漏砂;坝体稳定安全系数小于设计规范规定值;浸润线位置过高,渗透水自高位逸出;坝体出现较多的局部纵向或横向裂缝等。

4.正常库

同时满足下列工况的为正常库:尾矿坝的最小安全超高和尾矿库的最小干滩长度均符合设计要求;排水系统各构筑物符合设计要求,工况正常;尾矿坝的轮廓尺寸符合设计要求,稳定安全系数及坝体渗流控制满足要求,工况正常。

5.安全管理

企业必须把尾矿库安全评价工作纳入安全管理工作计划,由有资质条件的终结技术服务机构每5年对尾矿库进行一次安全评价。尾矿库的安全评价报告必须报省级安全生产监督管理部门备案。

6. 危库治理

对于危库,企业必须停产抢险,并采取以下应急措施:立即降低库水位,确保坝的安全和满足汛期最小安全超高和最小干滩长度的要求,必要时可按最小干滩长度为坝顶宽度,用渠槽法抢筑子坝,以形成所需的安全超高和干滩长度;疏通、加固或修复排水构筑物,必要时可另开挖临时排洪通道;处理滑坡,加固坝体。

7. 险库治理

对于险库,企业应采取以下措施在限定的时间前消除险情:降低库水位,确保满足汛期最小安全超高和最小干滩长度的要求;疏通、加固或修复排水构筑物;处理滑坡,加固坝体,消除管涌和流土。

8. 病库治理

对于病库,企业应采取以下措施尽快消除事故隐患:抓紧进行防洪治理工程,确保汛前彻底完成治理工程量;加固、修复排水构筑物;加固坝体或适当削坡,处理局部裂缝;实施降水措施降低浸润线,消除管涌和流土;修整坝坡,开挖坝肩截水沟。

9. 检查周期

企业对非正常级尾矿库的检查周期:对"危"级尾矿库每周不少于1次;"险"级尾矿库每月不少于1次;对"病"级尾矿库每季不少于1次。

在暴雨和汛期期间,应根据实际情况对尾矿库增加检查次数。检查中如发现重大隐患,必须立即采取措施进行整改,并向安全生产监督部门报告。

四、案例

牛角垅尾矿库溃坝事故及教训:该库于1971年1月建成投产。初期坝采用有黏土防渗斜墙的干砌石坝,属不透水坝,初期坝高为16m;该矿尾矿平均粒径为0.08mm,后期坝为尾矿堆坝,设计堆高41.5m,总库容215万m^3,有效库容为150万m^3,等级为3级。垮坝前已堆尾矿量110万m^3。库区汇水面积为3km^2,调洪高度1.6m。尾矿水所需澄清距离为60m。排水沟及坝底涵洞全长570m,断面为1.2m×1.9m。1979年该涵洞压裂漏砂,后用钢材支护,水泥喷抹处理。尾矿库尾端建有一截洪沟,长222.7m,断面为4m×2.9m。

1985年8月24~25日连降暴雨,25日凌晨3点40分左右,山洪暴发,坡陡水急,洪水夹带大量泥砂石、杂草,排洪涵洞和截洪沟已无法承担,洪水直接冲入尾矿库,加之离尾矿坝基100m处发生1#和2#泥石流直冲库内,仅几分钟,洪水漫顶冲垮牛角垅尾矿库。事后测算,库内尾矿约被冲走110万吨。

损失情况:冲毁房屋39栋,造成危房22栋,还淹没房屋27栋;冲毁设备25台,冲走钢材200多吨、水泥1 200多吨,各种原材料84.7万元;冲毁输电线路3.5km、通讯线路4.38km、矿区自备公路4.3km、国家公路3km、桥梁3座,致使通讯、供电、交通全部中断。矿区直接经济损失1 300万元。在下游地区,倒塌部分大型临时工程,一些房屋进水,污染东河两岸农田15 454亩、生活水井29个,还造成东河河堤决口39处、冲垮拦河坝17座、涵洞15个、渠道11条,河床淤塞泥石量达201万m^3,水系污染相当严重。

垮坝原因有:

(1)经多方面综合分析及现场勘察,认定为不可抗拒的自然灾害冲垮了尾矿坝。

(2)设计时收集的日最大降雨量为180mm,设计考虑的最大日降雨量为195mm,而实际达429.6mm,因此排洪设施无法满足要求。

(3)设计部门只按最大日降雨量和最大小时降雨量进行设计,也是不合适的。

经验教训:

(1)设计前的汇水面积、降雨量、降雨频率、排洪能力大小等主要因素应反复调查论证。

(2)山谷型尾矿库的排洪系统要建立防堵塞措施,还要解决泥石流对尾矿库侵害的可行措施。

(3)尾矿库的汇水面积不能只计算地表面积,还应考虑地下水的流量。

(4)尾矿库的供电及通讯线路要选择可靠的线路,绝不能从坝基向上输送。

(5)值班室不能建在坝下,要建在安全可靠的地点;坝下游已建好的生活、生产设施应组织撤退演习,要有明确的撤退通道。

(6)尾矿库绝对禁止超期服役。

第八章 露天矿边坡事故预防

随着露天开采技术的不断发展,对露天矿进行有效、合理的开采,开采深度、边坡暴露的高度、面积及维持的时间也不断增加。由于边坡不稳定因素的影响和边坡安全管理的不善,可能会导致露天矿边坡岩体滑动或崩落坍塌,给矿山人员安全、国家财产和矿产资源带来严重的危害和损失。据不完全统计,在我国露天矿山中,不稳定边坡或具有滑坡危险的潜在不稳定的边坡占边坡总长度的15%~20%。因此,进行露天矿边坡的稳定性研究和定期检测对于保证矿山安全生产具有重要意义。

第一节 边坡稳定的基本概念

露天开采时,通常是把矿岩划成一定厚度的水平层,自上而下逐层开采。这样会使露天矿场的周边形成阶梯状的台阶,多个台阶组成的斜坡称为露天矿边帮,即露天矿边坡。

所谓露天矿边坡的稳定性,系指露天矿边坡在开挖和投产过程中,边坡岩体在多大的高度和多大的边坡角情况下不出现显著变形和破坏。当发生了这样的变形和破坏,就称之为边坡岩体失稳。应当指出,露天矿边坡在开挖和投产过程中也允许变形,甚至在加以控制的情况下,也允许其破坏或次数不多、规模不大的滑坡。

一、边坡的结构及特点

(一)边坡的组成要素

露天矿边坡按其在采场所处的位置不同可分为:①底帮边坡,指位于矿体底盘一侧的边坡;②顶帮边坡,指位于矿体顶盘一侧的边坡;③端帮边坡,指位于矿体两端部的边坡。

台阶的命名一般以平盘的标高来表示,如100m水平。台阶根据其用途可分为工作平台、安全平台、清扫平台、运输平台等。

最终边坡是指已开采结束到达最终界面而留下的台阶所组成的边坡,其位置一般是固定的,其深度是随着开采深度的增加而不断延伸。

最终边坡角是指最终边坡面与水平面之间的夹角。

(二)边坡的结构

一般来说边坡结构中的基本单元是台阶。不同用途的台阶进行组合形成了边坡的结构。各台阶参数的组合决定了最终边坡角的大小,而最终边坡又受到岩体的工程地质条件和开采深度的限制。

最终边坡角、台阶各项参数、开采深度等一般在开采前由设计来确定。当这些参数确定后,边坡的基本结构也就确定了。最终边坡的一般结构是:在非运输帮边坡上由几个安全平台加上一个清扫平台组成；在运输帮边坡上由安全平台、清扫平台、运输平台组成，运输平台是根据线路而布置的。由于运输平台往往较安全平台或清扫平台宽，所以有运输线一帮的边坡角比无运输线一帮的边坡角要缓些。

需要指出的是，在一些采石场尤其是乡镇采石场，往往是不分层的高台阶开采，作业环境极不安全，容易发生高处坠落、坍塌、物体打击与爆破飞石等事故。因此，控制开采高度与坡度，选取合理的边坡形式与几何形状等，对边坡的稳定性有很大影响。

（三）边坡的特点

露天矿边坡与其他一些工程边坡，如铁路、公路、水库、水坝等形成的边坡相比，有以下特点：

(1)露天矿边坡一般比较高，从几十米到几百米都有，走向长从几百米到数千米，因而边坡暴露的岩层多，边坡各部分地质条件差异大，变化复杂。

(2)露天矿最终边坡是由上而下逐步形成的，上部边坡服务年限可达几十年，下部边坡服务年限则较短，底部边坡在采矿时即可废止，因此上下部边坡的稳定性要求也不相同。

(3)露天矿由于每天频繁地穿孔、爆破作业和车辆行进，使边坡岩体经常受到振动影响。

(4)露天矿边坡是用爆破、机械开挖等手段形成的，坡度是人为的强制控制，暴露岩体一般不加维护，因此边坡岩体较破碎，并易受风化影响而产生次生裂隙，破坏岩体的完整性，降低岩体强度。

(5)露天矿边坡的稳定性随着开采作业的进行不断发生变化。

露天矿边坡的主要特点是岩体开挖与边坡形成贯穿于生产过程的始终，开采的过程就是边坡形成的过程，它是一个动态过程。

二、边坡的破坏类型

（一）边坡岩体的破坏类型

露天矿开采会破坏岩体的稳定状态，使边坡岩体发生变形破坏。边坡破坏的形式主要有崩落、散落、倾倒坍塌和滑动等。边坡岩体的破坏类型按破坏机理可分为四类，如图8-1所示。

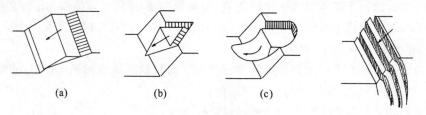

图 8-1 边坡的破坏类型
(a)平面破坏；(b)楔体破坏；(c)圆弧形破坏；(d)倾倒破坏

1.平面破坏[图 8-1(a)]

边坡沿某一主要结构面如层面、节理或断层面发生滑动，其滑动线为直线。边坡中如有一结构面倾向与边坡倾向相近或一致，且倾角小于边坡角，又大于弱面间的内摩擦角时，容易发生这类滑动破坏，当结构面下端在边坡上出露，岩层的抗剪强度又不能抵抗滑动岩体向下滑动的力时,即沿层面发生破坏。

2. 楔体破坏[8-1(b)]

在边坡岩体中有两组或两组以上结构面与边坡相交,将岩体相互交切成楔形体而发生破坏。当两组或两组以上结构面组合交线的倾向与边坡相近,倾角小于坡面角而大于结构面上的内摩擦角时,容易发生这类滑动。这种滑动有时是发生在单个台阶上,也可能发生在几个台阶上甚至整个边坡体上。

3. 圆弧形破坏[图 8-1(c)]

边坡岩体在破坏时其滑动面呈圆弧状下滑破坏。这种破坏一般发生在土体中。散装结构的破碎岩体或软弱和沉积岩中的边坡也常以此种形态破坏,在破碎前被破坏的坡顶往往出现明显裂隙。

4. 倾倒破坏[图 8-1(d)]

当岩体中结构面或层面很陡时,每个单层弱面在重力形成的力矩作用下向自由空间变形。当层状岩体的结构面与边坡平行,其结构面的倾向与边坡倾向相反,且倾角在 70°~80°时,由于边坡脚的岩体受压破坏,或者由于上覆岩层的挤压,层状岩体发生弯曲、折断和倾倒破坏。当边坡底脚岩体为软岩时或底脚被掏时,更易发生这种破坏。

(二) 边坡岩体的滑动速度和破坏规模

当边坡岩体发生滑动破坏时,由于受各种因素和条件的影响,其滑动的速度各不相同。有的滑动破坏是瞬间发生的,而有的滑动破坏是缓慢的,在一段时间内完成整个破坏过程。

分析边坡岩体破坏时的滑动速度大小,对预防矿山事故是非常重要的。按照边坡岩体的滑动速度,边坡岩体的滑动破坏可分为以下四种类型:

(1) 蠕动滑动。边坡岩体平均滑动速度小于 10^{-5} m/s。

(2) 慢速滑动。滑动速度在 10^{-5} m/s ~ 10^{-2} m/s 之间。

(3) 快速滑动。滑动速度为 0.01 m/s ~ 1.0 m/s。

(4) 高速滑动。滑动速度大于 1.0 m/s。

露天矿边坡岩体发生破坏时所产生的后果不但取决于其破坏的类型、破坏的速度,还取决于破坏的规模,即下滑岩体体积的大小和滑动岩体的范围。边坡岩体的破坏规模可分为以下四种类型:

(1) 小型滑落。一般指发生在单台阶局部上小块岩体沿一个或多个节理面产生局部的滑动,其滑落的垂直距离往往小于台阶的高度,滑落的岩体体积在 1 万 m^3 以下。

(2) 中型滑落。一般指多台阶边坡岩体沿结构面产生的大规模整体滑落。滑落的岩体体积一般在 1~10 万 m^3 之间。

(3) 大型破坏。一般指多台阶边坡岩体沿结构面产生的大规模整体滑落。岩体的破坏类型多为平面破坏和圆弧形破坏,滑落的岩体体积一般在 10 万~100 万 m^3 之间。

(4) 巨型滑落。一般指露天矿边坡岩体产生大规模破坏,其滑动的范围、体积都很大,滑落的岩体体积一般在 100 万 m^3 以上。

边坡岩体的破坏类型、滑动速度、破坏规模三个要素在每次边坡破坏过程中都能反映出来。三个要素的综合作用决定了一次边坡破坏过程可能造成的危害。如果事故发生前能较正确地预测这三个要素,就能提前采取有效的措施,制止边坡破坏的发生或使边坡破坏所造成的危害降到最低限度。

三、边坡安全管理

确保露天矿边坡安全是一项综合性工作，包括确定合理的边坡参数，选择适当的开采技术和制定严格的边坡安全管理制度。

1. 确定合理的台阶高度和平台宽度

合理的台阶高度对露天开采的技术经济指标和作业安全情况都具有重要的意义。确定台阶高度要考虑矿岩的埋藏条件和力学性质、穿爆作业的要求、采掘工作的要求，一般不超过15m。平台宽度不但影响边坡角的大小，也影响边坡的稳定。工作平台宽度取决于所采用的采掘运输设备的要求和爆堆的宽度。

2. 正确选择台阶坡面角和最终边坡角

台阶坡面角的大小与矿岩性质、穿爆方式、推进方向、矿岩层理方向和节理发育情况等因素有关。

工作台阶坡面角的大小在各类矿山安全规程中都作了详细的规定。在一般情况下，其大小取决于矿岩的性质：松软矿岩，工作台阶坡面角不大于所开采矿岩的自然安息角；较稳定的矿岩，工作台阶坡面角不大于55°；坚硬稳固的矿岩，工作台阶坡面角不大于75°。

最终边坡角与岩石的性质、地质构造、水文地质条件、开采深度、边坡存在期限等因素有关。由于这些因素十分复杂，因此通常参照类似矿山的实际数据来选择矿上最终边坡角。

3. 选用合理的开采顺序和推进方向

在生产过程中要坚持从上到下的开采顺序，坚持打下向孔或倾斜炮孔，杜绝在作业台阶底部进行掏底开采，避免边坡形成伞檐状和空洞。一般情况下应选用从上盘向下盘的采剥推进方向，做到有计划、有条理地开采。

4. 合理进行爆破作业，减少爆破震动对边坡的影响

由于爆破作业产生的地震可以使岩体的节理张开，因此在接近边坡地段尽量不采用大规模的齐发爆破，可以采用微差爆破、预裂爆破、减震爆破等控制爆破技术，并严格控制同时爆破的炸药量。在采场内尽量不用抛掷爆破，应采用松动爆破，以防止飞石伤人，减少对边坡的破坏。

5. 建立健全边坡检查和管理制度

当发现边坡上有裂陷可能滑落或有大块浮石及伞檐悬在上部时，必须迅速进行处理。处理时要有可靠的安全措施，受到威胁的作业人员和设备要撤到安全地点。

6. 选派专人管理

矿山应选派技术人员或有经验的工人专门负责边坡的管理工作，及时清除隐患，发现边坡有塌滑征兆时有权制止采剥作业，并向矿上负责人报告。

7. 其他措施

对于有边坡滑动倾向的矿山，必须采取有效的安全措施。露天矿有变形和滑动迹象的矿山，必须设立专门观测点，定期观测记录变化情况。

第二节　影响边坡稳定性的因素

引起露天边坡破坏的原因是多方面的,包括自然因素和人为因素。自然因素主要有边坡所处范围的地质构造、岩性、地下水及地表地形、地震等;人为因素主要有边坡的形态、周围的爆破震动、地表植被破坏及水库、排土场等人为构筑物等。一般是几种因素共同作用造成边坡破坏。了解和掌握引起边坡破坏的因素和影响程度,对确定边坡的稳定性和预防管理方法非常重要。

分析滑坡事故产生的原因,归纳起来大体有以下几个方面。

一、确定的边坡角不合理

实践证明,提高边坡稳定性的重要手段之一是减缓露天矿边坡角。但是,减缓边坡角必然影响露天开采的经济效果。据有关资料分析,一个倒锥形的凹陷露天矿,边坡角每减缓10°,剥离量几乎增加一倍。当设计边坡角时,既要考虑边坡的稳定性,也应该考虑长远的经济效益。单纯只考虑边坡的稳定性,不讲经济效益,把边坡角设计过缓,这显然是不对的;但只追求眼前的产量,只顾眼前的经济利益,将边坡角设计大了同样不好,很可能会带来人身和设备的不安全,经济上也会造成巨大的损失。

从以上可知,增大边坡角固然可以减少剥离量和剥离成本,但却增加了滑坡危险,使边坡维护费增加;减小边坡角就增加了剥离费,但可减少边坡维护费。露天矿边坡角与剥离费、边坡维护费之间存在着如图8-2所示的关系。图中的虚线为总费用,从图中可以看出,随着边坡角的增大,剥离费将下降,维护费将增加;设计的边坡角不仅要求边坡要稳定,而且还应要求用于边坡的剥离费和维护费之和应最小,如图中C所示之值。

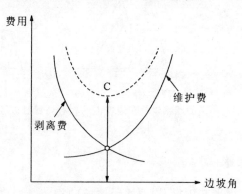

图8-2　露天矿边坡角与剥离费、维护费的关系

二、地质因素对边坡的影响

岩体是由多种岩石所组成的,各种岩石又多是由不同的矿物所组成的,而且这些岩体中往往存在着各种弱面(即结构面)。矿物组成不一样,则其强度也不同;弱面在岩体中的多寡和分布也同样会影响到边坡岩体的稳定性。边坡滑动的多数实例都是受着弱面的影响,如弱面强度、弱面在空间的分布及其与边坡的关系。

岩体弱面强度也会受到其间黏结物的种类、黏结力的大小、结构面的粗糙程度、受载的大小和方向影响。

要分清弱面的空间分布和边坡关系,首先就要对岩体中的各种弱面进行必要的工程地质调查,弄清弱面和边坡面的产状(走向、倾向和倾角)、弱面的密度、连续性、延展性等,这些都对边坡的稳定性有影响。弱面的产状以及在边坡上的相对位置对边坡的影响如图8-3所示。

图8-3(a)表示弱面的走向、倾向与倾角均与边坡的坡面相关,此时的边坡处于临界状态,它可能发生剥落,也可能稳定。图8-3(b)是边坡的走向、倾向均与边坡相同,但边坡角 α 小于弱面倾角 β,边坡则处于稳定。图8-3(c)是弱面倾角 β 小于边坡角 α,弱面的下方在边坡面上出现,于是边坡上部的岩层图8-3(d)有可能沿弱面发生滑动。表示弱面呈水平,此时的边坡比较稳定。图8-3(e)所示边坡的倾向和弱面倾向相反,而且边坡角 α 小于 β,此时的边坡也是稳定的。图8-3(f)所示弱面并未成平面而是曲面,实线、虚线各表示一种曲弱面,实线弱面一般较虚线所示弱面稳定。

以上所述弱面都是互相平行的情况,但边坡上有不相平行,而且彼此相交,如果相交的组合交线的下端不在边坡面上出现,也可能使边坡不出现失稳的情况;反之,则有可能出现失稳的情况。

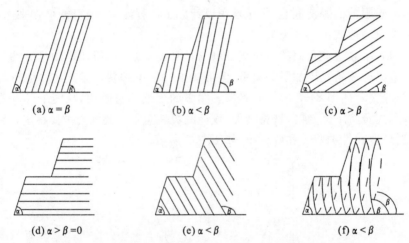

图8-3 弱面的产状以及在边坡上的相对位置对边坡的影响

三、岩体中的地下水

露天矿边坡的滑坡多出现在雨后,说明水对边坡的稳定是非常有害的,归纳起来,水对边坡有以下三个方面的作用。

(一)它能改变岩石的物理力学性质

水在这方面起到了巨大的作用。如酸性水极易溶解碳酸盐类的岩石,像盐酸就能溶解石灰岩;另一方面,黏土遇着水,由于黏土系一些鳞片状结构,水浸入后,由于鳞片间水的表面张力而使黏土膨胀。此外,水还能软化岩石(如凝灰岩),又能降低弱面间的粘结力,导致弱面的抗剪强度大大降低。在某种程度上水还是一种润滑剂,这方面的例子也很多,黏土页岩遇水后的抗压强度将降至干燥时的 $1/4 \sim 1/20$。在表土层中,在饱和水以后,其凝聚可降到零,内摩

擦角也将降至 $5°\sim6°$。

(二)水在岩体的裂隙中将产生静水压力和浮力作用

地表水进入到岩体的裂隙中将产生静水压力和浮力作用,当裂隙充填有水,水对裂隙壁将产生静水压力,其压强将随深度而变化,静水压力将有利于产生滑坡。而浮力的作用方向是垂直于滑动面向上的。因此抵消了作用于滑动面的正应力,最终导致滑动面上的摩擦阻力减小,这是不利于边坡稳定的。故当有浮力出现时,沿滑动面的抗剪强度将降低。如果潜水面上升到坡顶时,作用于滑动面上的法向力将下降 35%。换句话说,将边坡内的水进行疏干时,可使其安全系数增大 35%。

对于大多数坚硬岩石和许多砂性土及砾石来说,其凝聚力、内摩擦角并不因有水的存在而有显著改变。因此,其抗剪强度的降低完全是由于水的浮力作用而使滑动面上的正应力减小了。而在软的岩石中,如泥质页岩和黏土,凝聚力和摩擦力则可能随含水量的变化而有明显的变化。例如,破碎的泥质页岩和黏土,在天然含水状态下,内摩擦角 $\Psi=30°$,凝聚力 $C=0.068MPa$,但在长期地下水作用下,$\Psi<20°$,$C=0.009MPa$。前者降低 33%,后者降低 87%。由于 Ψ 及 C 降低,也必然会导致岩体强度的降低。

边坡中的地下水,主要是裂隙水、溶洞水,岩体中的破碎带、各种结构弱面和某些缺陷是地下水储存的场所,是补给水源、排泄地下水的主要通道。因此,它们的规模、性质、产状和在空间的分布控制着地下水的赋存状态和运动规律。由于岩体本身的各向异性、非均质性、不连续性,也会使地下水具有这样的特征。

另外,在寒冷的北方,边坡岩体中的裂隙水由于气温下降而冻结,体积膨胀,产生楔胀作用,至使边坡岩体进一步破坏、滑落。

(三)水的动水压力作用

地下水在破碎岩体中的裂隙内流动时,作用于岩石颗粒上的压力称为动水压力。压力的方向为水流的切线方向,此时,动水压力为推动岩体向下滑动的力。

动水压力是推动边坡向下滑动的,一般能使下滑力增加 24%,因此它对边坡的稳定性是极为不利的。动水压大时,岩石颗粒会被地下水带走,或将岩石的可溶解成分溶解带走,即产生所谓的潜蚀作用,它能破坏岩体的稳定。尤其是当地下水和岩体结构弱面联通,如当地下水流经断层带时,断层带中的破碎岩粒或可溶性物质就可能被地下水流带走,使边坡岩体失去平衡而产生滑坡。

为使水不加速边坡的破坏,可在裂隙中用黏土和不透水材料充填,也可采取一些疏干措施。不得已时,可以往裂隙中灌水,促使边坡在人为控制下产生滑坡。

四、边坡的几何形状

在边坡角相同的条件下,边坡越高稳定性越差,这是由于边坡自重力加大使边坡滑动的剪切力也相应增加。增加量与滑体体积的增加成正比,而抗滑动剪切的内聚力的增长与滑动面积成正比,增长量较小。当边坡高度一定时,边坡角越大,边坡越不稳定。露天矿边坡有一个极限高度和极限边坡角。

从边坡水平断面看,边坡弯折愈多愈不稳定,这是因为凡突向采场的边坡易受拉而破坏,不利于边坡的稳定。

从边坡的垂直断面来看,可以将其归纳为三类,即直线平面形边坡、凹面形边坡和上缓下陡的凸形边坡(图8-4)。图8-4(a)为直线平面形边坡,设计时计算简便,一般把它看成均质体。如果组成边坡的岩石有强有弱,那么这种把岩石看成均质体计算的边坡,即使在稳定性系数很大的情况下也难免发生岩层的破坏而导致滑坡。另外,直线平面形边坡的倾角上下一致。没有考虑到露天矿边坡是逐渐形成的,上部边坡服务的时间最长,岩体受各种因素的影响和造成的损害比深部边坡的岩体重,因而这种直线平面形边坡的倾角往往是上部边坡显得过陡,而下部边坡又显得过缓。故这种形状的边坡仅适用于中等深度的露天矿,而不适用于深部露天矿。

凹面形边坡是根据松散介质力学计算出来的一种理论边坡。图8-4(b)表示边坡具有上陡下缓的外形,它完全和露天矿边坡的特点相违背。因此,它尽管有较充分的理论依据,但却与实际的边坡形成不相符合。这种边坡比直线平面形边坡在相同条件下要多挖许多岩石,故这种边坡只适用于深度不大的露天矿,特别适用于在边坡上保留矿柱的情况。因为它可以多采矿石,减少矿柱所占用的矿量损失。

凸形边坡[图8-4(c)]具有上缓下陡的外形,符合露天矿边坡形成的时间特点,可以消除以上两种边坡的缺点。在相同稳定条件下,可以少剥岩石,多采矿石。故它是露天矿边坡最好的形状。当然凸形边坡在计算上是比较复杂的。

至于台阶边坡、临时性边坡以及某些边坡由于维护时间短,则不一定采用凸形边坡。

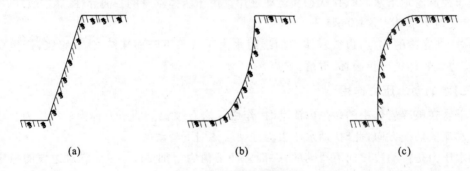

图8-4 边坡的几何形状
(a)直线平面形边坡;(b)凹面形边坡;(c)凸形边坡

五、爆破震动

露天矿必须经常进行爆破作业,这时爆破的规模往往又比地下采矿时的规模大得多,因此,爆破作业对边坡稳定性的影响是显而易见的,特别是靠近边坡的炮孔爆破时更可能严重地影响到边坡的稳定。攀枝花钢铁公司石灰石矿 H_1 滑体,在滑坡区前缘采用硐室外爆破,约5小时后,岩体滑动而形成大滑坡。

由于爆破产生的地震可以使岩体的节理张开,甚至还有可能使其附近的岩体破碎。实际上,当爆破地震波通过岩体时,给潜在破坏面上的岩体以额外的动力,促使边坡破坏。在确定边坡时必须考虑此附加外力。

为了确保边坡的稳定,在生产实践中可以采取以下措施:

(1)尽量不采用大规模的齐发爆破,因为齐发爆破将使振动波相迭加,振动大,对边坡影响更大。因此,建议采用微差爆破,特别是孔内的微差爆破。这是因为微差爆破可以减轻地震效应,又能减小对边坡岩体的龟裂程度。在进行微差爆破时,其采用的微差间歇时间为9ms、17ms、25ms、35ms,…,100ms;而矿山工程中则多采用17ms、25ms、35ms;软岩则多用100ms;究竟采用多大的间歇时间,每个矿山都必须做实验进行标定。

(2)在生产中严格控制一次起爆的炸药量

根据C.O.Brawner的经验,一般情况下,采用齐发爆破,若一次起爆的总药量为10t,距边坡50m的地方会发生破坏;采用微差爆破,若每一段起爆3个孔,药量为1t,距边坡18m处也将发生破坏。

(3)垂直炮孔爆破时,将有很大一部分爆破能指向岩体内部,因而破坏了下一台阶的岩体和本台阶的边坡(这些都是要保护的)。倾斜炮孔则改变了这一状况,减少了对边坡和下台阶岩体的破坏。从岩石力学的观点看,在模型试验中,钻孔的最好倾角为45°,但采矿工程人员反对打这样小或更小的倾角,这是由于炸药的能力有很大一部分消耗在把被破坏岩体的举高上。因此,比较合理的炮孔倾角为70°~80°。

(4)选择合理的爆破方法。比如,尽可能不采用抛掷爆破或少采用,即使采用抛掷爆破,其爆破指向可以是向下指向采场内部,或采用水平指向采场。在选择爆破作用指数时,可以选择较小一些的值。在生产中多采用松动爆破,这样能使爆堆比较集中,同时又可以减少对边坡的破坏。

(5)要大力推广控制爆破技术,如子裂爆破、缓冲爆破、光面爆破等。判定光面爆破效果,可观察壁上是否半数孔留有半个孔壁,如果没有,则认为是多用了药量。在采用控制爆破时,其余裂孔都应1s内爆完。振动时间愈长,影响也愈大。如延续时间为20s,爆破振动则成了地震。

(6)无论采用哪一种爆破方法,都要对炮孔的起爆顺序予以极大的重视。

六、影响边坡稳定的其他因素

边坡稳定性的影响因素很复杂,除了以上几种主要因素外,还有以下一些因素必须考虑。

(一)边坡上部构筑物的影响

在边坡上部建筑水库、尾矿库、车间、选矿厂等构筑物,会增加边坡岩体的下滑力,引起边坡下滑位移。同时,边坡岩体发生滑动,也影响到上部构筑物的安全。如图8-5所示,建在边坡上部的尾矿库不仅增加了边坡岩体的下滑力,而且还提高了边坡岩体的地下水位线,从而降低了边坡的稳定性,如边坡发生滑坡,破坏了尾矿坝,则又造成"跑砂"事故。因此,边坡上部的

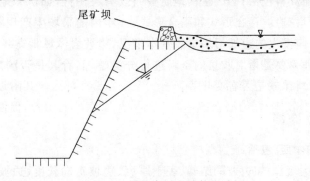

图8-5 尾矿库对边坡的影响

构筑物应建在边坡岩体位移影响范围以外的安全地点,否则需采取特殊的加固措施,以保证边坡稳定和建筑的安全。

(二)人为因素的影响

有些矿山人为破坏边坡合理状态,开采中不坚持"采剥并举、剥离先行"的原则,不保持合理的边坡角及"自上而下"的开采顺序,而采用挖坡脚、放振动炮震落上部岩体或在坡面下部矿体掏挖等严重违章的方法开采,破坏了岩体的稳定性,造成坍塌事故。

(三)风化作用及其影响

风化作用是指风吹日晒、雨水冲刷、生物破坏、温度变化等对边坡岩体的破坏作用,它能造成岩体原生结构面和构造结构面的规模增大、条件恶化,并可产生风化裂隙等次生结构面。长时间的风化作用还会使岩石自身强度降低,尤其对一些抗风化性能较差的软岩,降低得更多。因此,长时间的风化作用势必对边坡稳定性产生不利影响。风化作用是随着开采深度增加而逐渐衰减的:一般靠近地表为极剧烈风化的残积土,向下为剧烈风化带、强风化带、弱风化带、微风化带,再往下即为未风化岩体。每个带内的岩石则具有各自的特点及不同的工程地质性质,在地表面形成了风化壳。边坡岩体从上至下的分带性也符合上述规律。

岩石的风化速度和风化程度与边坡稳定性密切相关。岩石的风化受本身的成分、结构构造和后期蚀变及构造作用等影响。通常强度较弱的和破碎的岩石风化速度较快,大气湿度、温度、降雨量、地下水和爆破振动等作用也会加快风化速度。如同样的岩性,在寒带地区的风化速度比热带地区要缓慢一些;温差大、降雨多的地区,岩石风化速度会加快。开采年限长的矿区风化破坏程度比年限短的严重。在同一个露天矿,同样岩性,则上部边坡比深部边坡风化程度要大。我国东北和西北高原的严寒地区,以及南方的酷热、多雨地带,岩石风化破坏作用较为强烈。在冻土地带,要注意岩体开挖后因风化作用引起冻土融化而造成的滑坡。

第三节 边坡稳定性检测

边坡稳定性检测应遵循一定程序:收集、整理基础资料,边坡现场检测,边坡检测资料的分析,边坡稳定性评定。

一、收集、整理基础资料

主要收集的基础资料包括:矿区工程地质资料及有关图件,如矿床地质勘探报告、水文地质资料、工程地质资料;边坡存在形式和组合形式,一年内的采场生产现状图及有关矿图等生产现状资料;矿山以前发生的边坡坍塌事故基本情况,边坡岩体观测资料等。

基础资料的整理主要是指对收集的资料进行分类整理,看其是否满足本次检测工作的需要,与以往掌握的资料比较是否有变化等。

二、边坡现场检测

边坡现场检测的内容包括:

(1)边坡的各项参数。如边坡的结构、表土厚度、边坡走向长度、边坡高度、各类平台的宽度、各种边坡角度等。

(2)边坡岩体构造和边坡移动的观测。岩体构造主要指断层、较大的节理等结构面。要求绘制结构面在边坡的位置,并记录有关参数。边坡移动的观测是指用仪器或简易设备探测边坡岩体的位移规律或其不稳定性。

(3)边坡的整体观测检查。主要检查在生产边坡上是否存在违章开采的情况,如伞檐、阴山坎、空洞等。违章开采的位置、范围及严重程度等要草绘成图。

三、边坡检测资料的分析

指对现场检测的数据、资料进行综合分析,包括以下三个方面的内容:

(1)根据工程地质资料和现场对边坡揭露岩体及结构面的调查观测等资料,采用岩体结构分析法、数学模型分析法和工程参数类比法等进行综合计算和分析。

(2)根据现场实测边坡各项参数对照国家有关规定,确定其是否符合要求。

(3)确定影响边坡稳定性的主要因素:边坡各项参数对边坡稳定的影响,主要结构面对边坡稳定的影响,采掘工作面上违章开采对边坡稳定的影响等。

四、边坡稳定性评定

根据检测资料和分析结果得出被检测边坡属于稳定型边坡或不稳定型边坡的结论。根据检测结果提出矿山边坡存在的问题,尤其是对不稳定型边坡,要指出问题所在和不稳定的原因,并提出相应的治理措施和整改要求。

第四节 不稳定边坡的治理措施

一、边坡治理措施的分类

不稳定边坡会给露天矿的生产带来极大的危害,因此矿山生产应十分重视不稳定边坡的监控,并及时采取合理的工程技术措施,防止滑坡的发生,从而确保生产人员和设备的安全。

我国自20世纪50年代末期开始研究不稳定边坡的治理,特别是从20世纪80年代以来,各种新的工程技术治理方法得到了有力的推广,获得了良好的效益。不稳定边坡的治理措施大体可分为以下四类。

(1)对地表水和地下水的治理。生产实践和现场研究表明,对那些确因地表水大量渗入和地下水运动影响而不稳定的边坡,采用疏干的方法治理效果较好。对地表水和地下水治理的一般措施有:地表排水、水平疏干孔、垂直疏干井、地下疏干巷道。

(2)采取减小滑体下滑力和增大抗滑力措施。具体方法有缓坡清理法与减重压脚法。

(3)采用增大边坡岩体强度和人工加固露天边坡工程技术。普遍使用的方法有:挡土墙、抗滑桩、金属锚杆、钢绳锚索以及压力灌浆、喷射混凝土护坡和注浆防渗加固等。

(4)周边爆破。爆破振动可能损坏距爆源一定距离的采场边坡和建筑物。对采场边坡和台阶比较普遍的爆破破坏形式是后冲爆破、顶部龟裂、坡面岩石松动。周边爆破技术就是通过降低炸药能量在采场周边的集中和控制爆破的能量在边坡上的集中,从而达到限制爆破对最终采场边坡和台阶破坏的目的。具体的周边爆破技术有减振爆破、缓冲爆破、预裂爆破等。

二、边坡治理的注意事项

滑坡应立足于防,而治次之。要防止露天矿场边坡滑坡,必须抓好以下三个环节。

(1)露天矿的地质勘探阶段的工程地质、水文地质资料的收集和整理,是露天矿场边坡设计工程的基础工作。在资料不足或不确切的情况下设计的边坡在稳定性上是没有依据的,这会给露天矿的生产阶段带来滑坡的隐患。实践证明,在露天矿的勘探阶段进行有关的工程地质、水文地质的勘探工作,是研究露天矿边坡稳定性的基础。因此,要求地质说明书论及边坡稳定问题,并应提出地质部门的意见。在审议地质报告时,应有专门从事边坡稳定性的人员参加。

(2)露天矿的设计阶段应对边坡稳定性做出恰当估计。设计部门应配备从事边坡设计的人员,与采矿设计人员合作,分析地质资料,科学地选用岩体力学指标。用各种稳定计算方法对边坡的各重要区段做出稳定性评价。经过经济比较后,确定是否进行边坡加固。在设计中还应根据具体情况考虑疏干排水、爆破减振等措施。为验证边坡稳定设计,在设计中还应考虑设计长期观测网以及其他监测手段,以预防滑坡的产生。

(3)露天矿进入生产阶段后,要求对边坡稳定性问题进行一系列研究和管理工作。在生产阶段,岩层逐渐被揭露,因此,进一步进行工程地质、水文地质勘探工作十分重要。在此基础上对各区段边坡稳定性做重新评估,对那些滑坡危险区段及时采取防治措施。

三、治理顺序

不稳定边坡的治理工作应按一定程序进行,它反映了各治理措施的轻重缓急次序。不稳定边坡治理工程的顺序如下:

(1)截住并排出流入不稳定边坡区的地表水。
(2)尽量采取疏干措施降低地下水位。
(3)采取削坡减载措施。
(4)采取人工加固工程。

四、边坡治理的措施

(一)疏干排水法

1. 地表排水

一般是在边坡岩体外面修筑排水沟,防止地表水流进边坡岩体表面裂隙中。排水沟要求有一定的坡度,一般为5‰;断面大小应满足最大雨水时的排水需要;沟底不能漏水;要经常维护好水沟,防止水沟堵塞。

边坡顶面也应有一定的坡度,使边坡顶部不致积水。在具有较大张开裂隙的边坡,该地降雨量又多,在这种情况下,除了开沟引水外,还必须对裂隙进行必要的堵塞,深部宜用砾石或碎石充填,裂隙口宜用黏土密封。

2. 地下水疏干

地下水是指潜水面以下即饱和带中的水。对于地下水可采取疏干或降低水位,减少地下水的危害,这样既可提高现有边坡的稳定性,又可使边坡在保持同样稳定程度的情况下加大边坡角。地下水的疏干应在边坡不稳定变化之前进行,必须详细收集有关边坡岩体的地下水特性及其分布规律的资料。

防治地表水和地下水的原则是:防止地表水进入边坡的裂隙中;采取各种有效的排水疏干措施,将地下水面降到滑动面以下;排水疏干工程的布置,一般只限于待疏干边坡附近的地下水,没有必要疏干更大范围的地下水。

地下水的疏干有天然疏干和人工疏干两种。当露天开采切穿天然地下水面时,地下水便向采场渗流。这样,采场就要排水,边坡内的水位降低造成天然疏干。由于岩体中的裂隙不通达边坡表面,因而仅依赖于天然疏干是不够的,还必须配合人工疏干,才能达到预期的目的。疏干系统的规模与欲疏干边坡的规模有关,其效率与它穿过的岩体不连续面的数量有关。具体的疏干方法要依据总体边坡高度、边坡岩体的渗透性以及经济条件、作业情况等因素确定。

(1)水平疏干孔。从边坡打入水平或接近水平的疏干孔,对于降低裂隙底部或潜在破坏面附近的水压是有效的。水平疏干孔的位置和间距取决于边坡的几何形状和岩体中结构面的分布情况。在坚硬岩石边坡中,水一般沿节理流动,如果水平孔能穿过这些节理,则疏干效果会很好。

水平疏干孔的主要优点是施工比较迅速,安装简便,靠重力疏干,几乎不需要维护,布设灵活,能适应地质条件的变化。缺点是疏干影响范围有限,而且只有在边坡形成后才能安装。

(2)垂直疏干孔。在边坡顶部钻凿竖直小井,井中配装深井泵或潜水泵,排除边坡岩体裂隙中的地下水,是边坡疏干的有效方法之一。在岩质边坡中疏干井必须垂直于有水的结构面,以利于提高疏干效果。在坚硬岩体中,大部分水是通过构造断裂流动的。

垂直疏干井与水平疏干孔相比,其主要优点是它们可以在边坡开挖前安装并开始疏干。而且,不论何时安装,这种装置均不与采矿作业相互干扰。采矿前疏干有较大好处,因为在某些情况下,疏干井抽水费用可能由于爆破及运输费用的降低而得到弥补。抽出的水常常是清洁的,可用于选矿厂或其他方面。

(3)地下疏干巷道。在坡面之后的岩石中开挖疏干水源巷道作为大型边坡的疏干措施,往往在经济上是合理的。对于大型边坡,由于钻孔的疏干能力有限,很可能需要打大量的孔洞。一个给定的边坡,通常只需要一个或两个水源疏干巷道。

(二)机械加固法

机械加固边坡是通过增大岩石强度来改善边坡的稳定性。采用任何加固方法都要进行工程与经济分析,以论证加固的可行性和经济性。只有当稳固边坡的其他方法,如放缓边坡角或排水等都不可行或代价更高时,才考虑机械加固法。

1. 采用锚杆(索)加固边坡

用锚杆(索)加固边坡是一种比较理想的加固方法,可用于具有明显弱面的加固。锚杆是一种高强度的钢杆,锚索则是一种高强度的钢索或钢绳。锚杆(索)的长度从几米到几百米。

锚杆(索)一般由锚头、拉伸段及锚固段三部分组成。锚头在锚杆(索)的外面,它的作用是给锚杆(索)施加作用力。拉伸段在孔内,其作用是将锚杆(索)获得的预应力(拉应力)均匀地传给锚杆孔的围岩,增大弱面上的法向应力(正应力),从而提高抗滑力。对于坚硬而又较破碎的岩石,锚杆的预应力可使锚杆孔围岩产生压应力,从而增大破碎岩块间的摩擦阻力,提高围岩的抗剪强度。对于非预应力锚杆,只在安装完后锚杆受拉时,将应力均匀地传给围岩。锚固段在锚杆(索)孔的孔底,它的作用是提供锚固力。

锚杆在安装时,由于孔与弱面之间的夹角不同,锚杆所起的作用也不同,因此应该寻求一个最合理的位置,让锚杆发挥最大的作用。锚杆与弱面间的关系如图 8-6 所示。它有三种不同的锚固方向,从图 8-6(a)中可看出,当锚杆垂直于弱面时,锚杆仅给弱面提供一个摩擦阻力 p。如图 8-6(b)、(c)所示,$\beta<90°$,此时锚杆的锚固力不仅给弱面提供一个摩擦阻力 p_v,而且还提供向上抗滑力 p_h,图 8-6(c)所提供的抗滑力较图 8-6(b)所提供的抗滑力更大。按照极限平衡理论,γ 应为一负角,即锚杆向上与水平面间的夹角为 $5°\sim10°$ 最理想。图 8-6(d)中,$\beta>90°$,此时锚杆的锚固力不仅产生一个有利于边坡稳定的摩擦阻力 p_v,还将产生一个助滑力 p_h。综上所述,图 8-6(a)、(b)、(d)的锚固方向不可取。

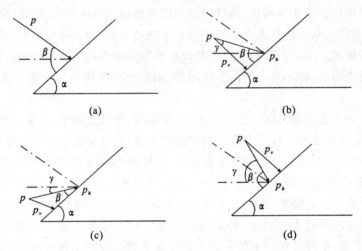

图 8-6 锚杆的几种锚固方向

α.弱面倾角;β.锚杆与弱面间的夹角;γ.锚杆与水平面间的夹角;p.锚固力;
p_v.法向分力;p_h.平行于弱面的分力

锚杆的长度应穿过滑动面,在有弱面存在的稳定岩层中,普通锚杆的长度为 $1.0\sim1.5m$,预应力锚杆长为 $2.5\sim3m$。预应力锚索的长度可达到数十米乃至近百米,因而适用于加固大型边坡。

为保证锚杆(索)加固边坡的效果,在每两根锚杆(索)之间布设钢筋混凝土横梁,并在锚头和横梁上挂设钢丝网,然后在钢丝网上喷上水泥浆,以防止边坡碎石滚落和风化,并使边坡岩石构成一个与锚杆(索)加固的完整系统,加强边坡的稳定性。

2. 采用喷射混凝土加固边坡

喷射混凝土是作为边坡的表面处理。它可以及时封闭边坡表层的岩石,免受风化、潮解和剥落,同时又可以加固岩石,提高岩石的强度。喷射混凝土可单独用来加固边坡,也可以和锚杆配合使用。对边坡喷射混凝土时,其回弹量的大小主要取决于喷射手的技术和是否加速凝剂。喷层的厚度一般约为 $10cm$。为了提高喷射混凝土的强度,特别是提高抗拉强度和可塑性,可加设钢筋网。有时也可以在喷射混凝土干料中加入钢丝或玻璃纤维以提高其抗拉强度,这种混凝土叫钢丝纤维补强混凝土。

如果因为边坡有了喷层而将地下水封闭在边坡岩体内,此时地下水的静水压力会导致有裂隙的边坡更加不稳定,为此,应该自喷混凝土的表面打入排水管,接通到有裂隙水的弱面或含水层,以便排除地下水,减轻边坡的失稳程度。

喷混凝土前必须注意以下几点:

(1)边坡面上松动岩石应该事先消除,以保证其加固效果。

(2)为了保证喷混凝土能与边坡岩层紧密黏结在一起,喷射前应在边坡表面洒一层水。

(3)为了提高喷混凝土的抗弯和抗拉性能,必须在喷射前铺钢丝网时,应使钢丝网离开边坡表面一段距离,尽量使钢丝网接近混凝土的表层。

(4)喷混凝土仍需用水养护。

3. 采用抗滑桩加固边坡

用抗滑桩加固边坡的方法已在国内外广泛应用。抗滑桩的种类很多,按其刚度的大小可分为弹性桩和刚性桩;按其材料不同可分为木材、钢材和钢筋混凝土,钢材可采用钢轨或钢管。一般多用钢筋混凝土桩加固边坡,其中又分为大断面混凝土桩和小断面混凝土桩。前者一般用于破碎、散体结构边坡的加固,而后者一般用于块状、层状结构边坡的加固。露天矿边坡加固是在边坡平台上钻孔,在孔中放入钢轨、钢管或钢筋等,然后浇灌混凝土将钻孔的空隙填满或用压力灌浆。桩径、桩的间距和插入滑动面的深度,大多按照经验进行选取。

用抗滑桩加固边坡时,抗滑桩的位置至关重要,当桩位选得不好时,就会使抗滑起不了多大的作用。当桩位设于滑坡体的前缘,即桩位偏低,滑体有可能从桩顶滑下,当桩位设在滑体的后缘,即桩位偏高,桩下则可能出现新的裂隙,桩下部岩体仍有可能发生滑动。以上两种情况下的抗滑桩均未能起到应有的作用。最合理的桩位应是在滑体几何中心稍偏下,如图8-7中"3"所示位置。

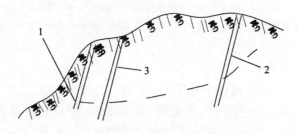

图8-7 桩位示意图
1.桩位偏低;2.桩位偏高;3.最合理的桩位

抗滑桩加固边坡的优点较多,如布置灵活、施工不影响滑体的稳定性、施工工艺简单、速度快、工效高、可与其他治理的加固措施联合使用、承载力较大等。因此,该方法在国内外露天矿边坡加固工程中被广泛的应用。

4. 采用挡土墙加固边坡

挡土墙是一种阻止松散材料的人工构筑物,它既可单一地用作小型滑坡的阻挡物,又可作为治理大型滑坡的综合措施之一。挡土墙的作用原理是依靠本身的重量及其结构的强度来抵抗坡体的下滑力和倾倒。因此,为了确保其抗滑的效果,应注意挡土墙的位置,一般情况下,挡土墙多设在不稳定边坡的前缘或坡脚部位。在设计与施工中,必须将墙的基础深入到稳固的基岩内,使其深度保持有足够的抗滑力,确保滑体移动时挡土墙不致产生侧向移动和倾覆。有时,开挖挡土墙基础要破坏部分滑体,因而会造成滑体的滑动,这就要求边挖边砌,分段挖砌,加快施工速度。

用挡土墙防止滑坡的优点是可就地取材,施工方便,有一定的抗滑能力;但挡土墙本身重量大,对于滑体下部台阶又增加了附加的载荷,这对下部边坡的稳定不利,再加上可能破坏滑体的前缘,挖砌挡土墙的工作量大等因素,在露天矿的防滑治理中不常采用。

常用的挡土墙可用混凝土、钢筋混凝土、砌片石及木支架做成,图8-8列举了三种类型的挡土墙。

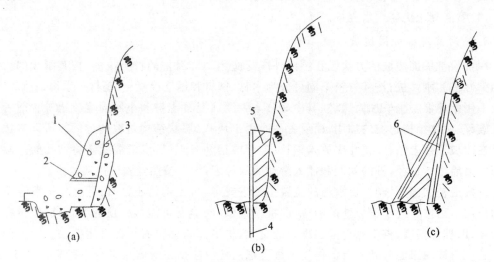

图8-8 挡土墙的几种类型
(a)钢筋混凝土;(b)钢板桩加回填料;(c)木支架
1.钢筋混凝土挡土墙;2.排水管;3.粒状回填料;4.钢板桩;5.回填料;6.木支架

5.采用注浆法加固边坡

它是在一定的压力作用下通过注浆管使浆液进入边坡岩体裂隙中。一方面用浆液使裂隙和破碎岩体固结,将破碎岩石粘结为一个整体,成为破碎岩石中的稳定固架,提高了围岩的强度;另一方面堵塞了地下水的通道,减小了水对边坡的危害。要使注浆能达到预期效果,注浆前必须准确了解边坡变形破坏的主滑面的深度及形状,以便使注浆管下到滑面以下有利的位置。注浆管可安装在注浆钻孔中,也可直接打入。注浆压力可根据孔的深度和岩体发育程度等因素确定。

(三)周边爆破法

目前矿山广泛采用高台阶、大直径炮孔和高威力炸药进行爆破,有效地降低了采矿成本。但这些措施也造成了爆破区能量集中,以致出现最终边坡的严重后冲破裂问题。如果对后冲破裂不加以控制,最终势必会降低采场边坡角,造成剥采比增加的不良经济效果。此外,还将产生更多的坡面松动岩石,使设计的安全平台变窄、失效或并段,使工作条件恶化。虽然可以采取一些补救措施,如大面积地撬浮石,使用钢丝网或其他人工加固措施,但价格昂贵,且难以实现。应当考虑大型爆破节省的资金与维护边坡质量花费的资金之间的平衡,最好的解决方法是控制爆破的影响即采用控制爆破技术,以达到不损坏边坡岩石的固有强度的目的。

露天矿山通常采用的控制爆破方法有减振爆破、缓冲爆破、预裂爆破和线状排孔。这些方法的设计目的是使露天矿周边边坡每平方米面积上产生低的爆炸能集中,同时控制生产爆破的能量集中,以便不破坏最终边坡。通过采用低威力炸药、不耦合装药与间隔装药、减小炮孔直径、改变抵抗线和孔距等方法,可以实现最终边坡上的低能量集中。

1. 减振爆破

减振爆破是一种最简单的控制爆破方法。这种方法通常与其他控制爆破技术联合使用,如预裂爆破等。减振爆破是控制爆破中最经济的一种,因为它缩小了爆破孔距。减振孔排的抵抗线应当为邻近的生产爆破孔排的 0.5～0.8 倍。减振爆破服从的一般法则是抵抗线不超过孔距,通常采用抵抗线与孔距之比为 0.8。如果比值过大,就可能产生爆破大块,并在爆破孔周围形成爆破漏斗。如果药包受到过分的约束,就不能破碎到自由面。如果孔距过大,每对爆破孔之间可能保留凸状岩块在坡面上。

减振爆破只有在岩层相当坚硬时才单独使用。它可能产生较小的顶部龟裂或后冲破裂,但其破坏程度较之根本不采用控制爆破的主生产爆破产生的破坏要低。

2. 缓冲爆破

缓冲爆破是沿着预先设计的挖掘界限爆裂,但在主生产爆破孔爆破之后起爆这些缓冲爆破孔。缓冲爆破的目的是从边帮上削平或修整多余的岩石,以提高边坡的稳定性。

为了取得最佳的缓冲效果,全部缓冲爆破孔应该同时起爆。在坚硬岩石中,抵抗线与孔距之比应为 0.8～1.25;在非常破碎或软弱的岩石中,该比值应为 0.5～0.8。沿预先设计的挖掘线呈线状穿,少量装药并起爆,削掉多余的岩石。爆破孔直径一般为 10～18cm,孔距为 1.6～2.4m,可以通过低密度散装药达到装药量的降低,从而相应地改善了这种方法的经济效果。缓冲爆破得到与预裂爆破相类似的结果。在坚硬岩石中,爆破后暴露的边坡面平滑整洁,且残留孔痕明显可见。

3. 预裂爆破

预裂爆破是最成功、应用最广泛的一种控制爆破方法。在生产爆破之前起爆一排少量装药的密间距的爆破孔,使之沿设计挖掘界限形成一条连续的张开裂缝,以便散逸生产爆破所产生的膨胀气体。减振爆破孔排可用来使预裂线免受生产爆破的影响。预裂爆破的目的是对特定岩石和孔距,通过特殊的方式装药,使孔壁压力能爆裂岩石,但仍不超过它们原位的动态抗压强度,以及使爆破孔周围岩石不发生压碎。因为大多数岩石的爆压均大于 6.8×10^8 Pa。而大多数岩石的抗压强度都不大于 4.1×10^8 Pa,所以必须降低爆压。降低爆压可通过采用不耦合装药、间隔装药或低密度炸药来实现。

第九章 矿山职业危害及其预防

第一节 职业危害及职业病

一、职业危害因素

职业危害因素是指在生产劳动过程中存在的对职工的健康和劳动能力产生有害作用并导致疾病的因素,生产过程的职业危害因素按其性质可分为以下三种类型。

(1)化学因素。生产性毒物,如铅、汞、一氧化碳、硫化氢等;生产性粉尘,如矿尘、煤尘、金属粉尘、有机尘等。

(2)物理因素。包括不良气候条件,如高温、高湿、高气压、低温、低气压;生产性噪声、振动;电离辐射,如 X 射线;非电离辐射,如紫外线、红外线、高频电磁场、微波、激光。

(3)生物因素。主要指病原微生物和致病寄生虫,如炭疽杆菌、森林脑炎、病毒等。

二、职业病

职业病是指劳动者在生产劳动过程及其他职业活动中,接触职业危害因素而引起的疾病。《中华人民共和国职业病防治法》对职业病的诊断、确诊、报告等作了明确的规定。根据 1987 年 11 月卫生部、劳动人事部、财政部、全国总工会公布的《职业病范围和职业病患者处理方法的规定》,我国法定职业病分为 9 大类 99 种。卫生部卫监发 2002 第 108 号《职业病目录》规定的职业病为 10 大类 115 种。

具体为:①尘肺(13 种);②职业放射性疾病(11 种);③职业中毒(56 种);④物理因素所致职业病(5 种);⑤生物因素所致职业病(3 种);⑥职业性皮肤病(8 种);⑦职业性眼病(3 种);⑧职业性耳鼻喉口腔疾病(3 种);⑨职业性肿瘤(8 种);⑩其他职业病(5 种)。

与其他生产事故造成的职业伤害相比,职业病有以下特点。

(1)它的起因是由于劳动者在职业性活动过程中或长期受到来自化学、物理或生物的职业性危害因素的侵蚀或长期受不良作业方法、恶劣作业条件的影响。

(2)它不同于突发事故或疾病,而是要经过较长的逐渐形成期或潜伏期后才能显现,属缓发性伤残。

(3)它属于不可逆损伤,很少有痊愈的可能,换句话说,除了促使患者远离致病源自然痊愈之外,没有更积极的治疗方法。

为了掌握职业病发病情况及其原因,必须对职业病进行全面的调查和研究,以便及时发现问题,并采取相应的措施。职业病调查分为急性职业病调查和慢性职业病调查。急性职业病调查是当发生急性职业病(为急性中毒)时,在积极抢救的同时,深入现场,查明事故原因,提出防治对策,防止类似事件再发生。慢性职业病调查又可分为普查和专题调查。通过普查,可以了解厂矿企业(或地区)职工的基本健康状况及劳动卫生问题。普查后应建立职工健康档案,作为临床诊断和动态观察的基本资料。专题调查主要是根据作业特点对接触有害因素的职工进行全面体检,或为解决职业病诊断、治疗和预防而进行的调查研究。

三、职业性有害因素与职业危害预防

为防止上述职业危害因素对生产劳动过程中的职工的安全健康造成危害,预防职业病发生,企业应当采取以下预防措施：

(1)有效地控制或尽量消除粉尘、有毒有害物质,即消除或减少职业危害源。
(2)降低生产过程中粉尘、有毒有害物质的浓度。
(3)采用低毒或无毒物质代替有毒物质。
(4)建立健全符合卫生标准的生产卫生设施。
(5)做好卫生健康检查统计和作业环境监测工作。
(6)开展经常性的安全卫生教育,提高职工职业安全卫生意识和自我保护能力。
(7)严格执行安全操作规程和职业卫生制度。
(8)加强个体防护。

第二节 矿尘的危害及预防

一、矿尘的危害

矿尘是指在矿山生产过程中产生的并能长时间悬浮于空气中的矿石与岩石的细微颗粒,也称粉尘。常把悬浮于井巷空间空气中的矿尘称为浮尘,把沉积于器物表面或井巷四壁之上的矿尘称为落尘。落尘和浮尘在不同风流环境下可以相互转化。粉尘可依其产生的矿岩种类而定名,如硅尘、铁矿尘、铀矿尘、石棉尘、煤尘等。

(一)粉尘的基本性质

1.粉尘分散度

粉尘颗粒大小的组成情况可以用分散度(即粒度分布)来表示。生产环境中空气动力学直径小于 $7.1\mu m$ 的尘粒,尤其是直径小于 $2\mu m$ 的尘粒是引起尘肺的主要有害粉尘。

粉尘分散度有如下两种表示方法：
(1)数量分散度。它以某一粒级范围的颗粒数占所计测颗粒总数的百分数表示。
(2)质量分散度。它以某一粒级范围的尘粒质量占所计测尘粒总质量的百分比表示。

对同一粉尘,其数量分散度与质量分散度相差很大,必须注明。我国现行的《作业场所空气中粉尘测定方法》(GB 5748—85)中规定采用数量分散度。

2.粉尘的吸附性

粉尘的吸附能力与粉尘颗粒的表面积有密切关系,分散度越大,表面积也越大,其吸附能力也增强。主要指标有吸湿性、吸毒性等。

3. 粉尘的荷电性

粉尘粒子可以带有电荷,其来源是煤岩在粉碎中因摩擦而带电,或与空气中的离子碰撞而带电,尘粒的电荷量取决于尘粒的大小并与温度、湿度有关。温度升高时荷电量增多,湿度增高时荷电量降低。

4. 粉尘的密度

单位体积粉尘的质量称为粉尘的密度。这里所指的粉尘体积不包括尘粒之间的空隙,该密度称为粉尘的真密度。

5. 粉尘的安息角

粉尘的安息角是评价粉尘流动性的重要指标。

6. 煤尘的爆炸性

煤被破碎成细小的煤尘后,比表面积大大增加,系统的自由表面能也相应增加,提高了煤尘的化学活性,特别是提高了氧化产热的能力。

(二)矿尘的产生

1. 凿岩时产生粉尘

钻井、凿岩机和电钻在钻眼作业中产尘量最大,约占总产生量的40%左右。实测表明,干式凿岩粉尘浓度在每立方米数十到数百毫克的范围内,湿式凿岩粉尘浓度虽然大幅度下降,但如果不进行通风排尘,工作面粉尘浓度仍然超过国家卫生标准数倍。

凿岩产尘量的大小除与矿岩的物理力学性质(硬度、破碎性、湿度)及炮孔方向(水平、向上、向下)和深度有关外,也同时随着工作的钻机台数、凿岩速度、炮孔的横断面积增大而增加。

凿岩产尘时空气污染的特点是随凿岩时间的延长,空气中的粉尘不断积累,浓度越来越高。

2. 爆破时产生粉尘

由于爆破作用将矿岩粉碎,在冲击波的作用下将矿尘抛掷并悬浮于空气中。爆破产尘的特点是在爆破的瞬间产尘量可达每立方米数千至数万毫克,以后随着时间的延长逐渐下降。放炮后粉尘的浓度通常在每立方米数十毫克的范围内。爆破产尘量约占生产过程产尘量的40%左右。

爆破产尘量的大小取决于爆破方法、炸药耗量的多少、炮眼深度、爆破地点落尘量的多少、工作面矿岩和空气潮湿情况以及矿岩的物理力学性质。

3. 装运时产生粉尘

矿岩在装载、运输和卸载的过程中,由于矿岩相互的碰撞、冲击、摩擦以及矿岩与铲斗、车箱的相互碰撞、摩擦产生粉尘。据统计,装运时的产尘量约占生产过程产尘量的5%~10%,煤矿约为20%。其粉尘浓度在$10\sim90\text{mg/m}^3$的范围内波动,而煤矿在下溜子装车、转载等地点其粉尘浓度高达$1\,300\text{mg/m}^3$,掘进出煤翻车时高达$1\,880\text{mg/m}^3$。

装运作业产尘量的大小与矿岩的湿润程度、装岩方式(人工或机械)以及矿岩的物理力学性质等因素有关。随着装运作业机械化程度的提高,其产尘量将越来越大。

4. 井下破碎硐室产生粉尘

破碎硐室是井下产尘最集中的地方。因为在此要大量地、连续地进行矿石破碎工作,以满足箕斗提升设备对矿石块度的要求。其产尘量每立方米可达数百至上千毫克,小于 $5\mu m$ 的粉尘约占 90%。

破碎硐室往往靠近提升主井,主井又常作为进风井,特别是采用抽出式通风的矿山,主井形成负压,使矿尘更有利于混入新鲜风流中,影响风流质量。

5. 溜矿井装、放矿时产生粉尘

溜矿井是金属矿井下主要产尘区之一,特别是多中段开采时尤为突出。由于溜井多设于进风巷道中,所以其产生的粉尘不但污染溜井作业区,而且随进风风流进入其他工作面。溜井放矿时由于矿石与矿石、矿石与格筛、矿石与井壁间互相冲撞、摩擦而产生大量粉尘。据资料统计,溜井产尘量在每立方米数毫克到数十毫克之间,有的可达每立方米数百毫克。其产尘量的大小取决于矿车容积(矿石量)、连续作业的矿车数、溜井高度、面积、矿岩的湿度及矿岩物理力学性质。

溜井产尘的特点是在卸矿时,由于矿石加速下落,空气受到压缩,此受压空气带着大量粉尘经下部中段出矿口向外泄出而污染矿井空气。当矿石经涌井下落时,在矿石的后方又产生负压。此时,在卸矿口将产生瞬间入风流,造成风流短路,当主溜井多中段作业时,很可能造成风流反向。

6. 其他作业产生粉尘

其他作业产生粉尘,如工作面放顶、挑顶刷帮、喷锚作用、干式充填等。

(三)矿尘的危害

生产环境中粉尘的存在会导致生产环境恶化,加剧机械设备磨损,缩短机械设备的使用寿命。人体长期吸入粉尘,轻者引起呼吸道炎症,重者会引起尘肺病。

根据致病粉尘的不同,尘肺病分为矽肺病、石棉肺病、铁矽肺病、煤肺病、煤矽肺病等。粉尘还可以直接刺激皮肤,引起皮肤炎症;刺激眼睛,引起角膜炎;进入耳内使听觉减弱,有时也会导致炎症。

游离二氧化硅普遍存在于矿岩中,其含量对尘肺病的发生和发展起着重要作用。一般来说。矿尘中游离二氧化硅的含量越高,危害性越大。若进入肺部的是矽尘,即含有游离二氧化硅的矿尘,一部分被排出体外,余下的由于其毒性作用,破坏了吞噬细胞的正常机能而残留于肺组织内,形成纤维性病变和矽结节,逐步发展,肺组织将部分地失去弹性而硬化,成为尘肺病。尘肺病是指在生产活动中吸入粉尘而发生的肺组织纤维化为主的疾病。尘肺病是我国发病范围最广、危害最为严重的职业病,我国的尘肺病人约 80% 发生在矿山。

尘肺病发病分为三期:一期重体力劳动时感到呼吸困难,胸痛,轻度咳嗽;二期在中体力劳动或一般工作中感到呼吸困难,胸痛,干咳或咳嗽带痰;三期即使休息或静止不动也感到呼吸困难,胸痛,咳嗽带痰。

二、粉尘的防治

粉尘对人体健康和生产危害极大。尘肺病,如矽肺病、煤肺病等是矿山生产卫生的最大威胁,矿山必须采取综合防尘措施。作业场所粉尘浓度对尘肺病的发生和发展起着决定性的作用,《工业企业设计卫生标准》(GBZ1—2010)规定了作业场所粉尘最高允许浓度值,如表 9-1 所示。《金属非金属地下矿山安全规程》要求,入风井巷和采掘工作面的风源含尘量不得超过

0.5mg/m³。

表 9-1 作业场所粉尘最高允许浓度

物质名称	最高允许浓度[①](mg/m³)
含有10%以上游离二氧化硅的粉尘[②]	2
石棉粉尘及含有10%以上石棉的粉尘	2
含有10%以下游离二氧化硅的滑石粉尘	4
含有10%以下游离二氧化硅的水泥粉尘	6
含有10%以下游离二氧化硅的煤尘	10
铝、氧化铝、铝合金粉尘	4
玻璃棉和矿渣棉粉尘	5
烟草及茶叶粉尘	3
其他粉尘[③]	10

注：① 作业场所粉尘浓度；② 含有80%以上游离二氧化硅的生产性粉尘，宜不超过1mg/m³；③ 其他粉尘系指游离二氧化硅含量在10%以下，不含有毒有害的矿物性和动植物性粉尘。

(一)矿山综合防尘措施

多年来，我国矿山因地制宜，坚持技术与管理相结合的综合防尘措施，取得了良好的防尘效果。基本内容可概括为八个字：风、水、密、护、革、管、教、查。即通风除尘、湿式作业、密闭尘源与净化、个体防护、改革工艺与设备的产尘量、科学管理、加强宣传教育、定期测定检查。

(二)露天矿山防尘

露天矿山防尘的主要措施是采用湿式作业和洒水降尘。

1. 穿孔、铲装作业防尘

穿孔作业主要采取湿式作业。大型凿岩机还可采用捕尘装置除尘。对铲装矿岩产生的粉尘，可采取洒水降尘的方式除尘。

2. 破碎机除尘

破碎机可采取密闭尘源-通风除尘的方法进行除尘。由于流程简单，机械化程度高，可采用远距离控制，从而进一步减少和杜绝作业人员接触粉尘的机会。

3. 运输除尘

露天矿山运输过程中车辆扬尘是露天矿场的主要尘源。运输防尘措施主要有以下几点：

(1)装车前向矿岩洒水，在卸矿处设喷雾装置。

(2)加强道路路面维护，减少车辆运输过程中撒矿。

(3)主要运输道路应采用沥青或混凝土路面。

(4)用机械化洒水车向路面经常洒水，或向水中添加湿润剂以提高防尘效果。还可用洒水车喷洒抑尘剂降尘，抑尘剂的主要成分为吸潮剂和高分子黏接剂，既可吸潮形成防尘层，还可改善路面质量。

4. 司机室的防尘

大型凿岩机、挖掘机、矿用汽车的司机室可装净化装置,采取密闭除尘措施来加强防护。

5. 个体防护

在采取了各种防尘措施后,大多数情况下,粉尘浓度可达到卫生标准,但仍有少量细微粉尘悬浮在空气中,所以井下人员必须佩戴防尘口罩。这是综合防尘措施中不可缺少的措施。

(三)地下矿山

1. 通风除尘

通风除尘的作用是稀释和排出进入矿内空气中的粉尘。许多先进矿山的经验表明,在全面采取综合防尘措施时,搞好和加强通风工作,有效地发挥通风的防尘作用,是取得良好防尘效果的重要一环。

(1)最低排尘风速。能使对人体最有危害的微细粉尘($5\mu m$ 以下)保持悬浮状态并随风流运动的最低风速称为最低排尘风速。

排尘风速增大时,粒径稍大的尘粒也能悬浮并被排走,同时增强了稀释作用,在产尘量一定条件下,矿尘浓度将随之降低。当风速增加到一定数值(一般在 1.5~2m/s 范围)时,作业地点粉尘浓度将降到最小值,这一风速叫最优排尘风速。风速再增高时,因能吹扬起已沉降的粉尘,将使粉尘浓度再度增高。

(2)防止粉尘二次飞扬。沉积于巷道底板、周壁以及矿岩堆等处的粉尘,当受到较高风速作用时,能再次被吹扬而污染风流。能使粉尘二次飞扬的风速大小受到粉尘粒径、密度、形状、湿润程度、附着情况等许多因素的影响。根据实验观测资料,一般情况下,风速大于 1.5~2m/s 时,就有吹扬粉尘的作用,风速越高,吹扬粉尘的作用越强。

粉尘二次飞扬能严重污染矿内空气,除控制风速外,增加粉尘的湿润程度是常采用的有效防治方法。矿内安全规程规定,采场和采准巷道中最高允许风速为 4m/s。

2. 喷雾洒水

湿式作业是矿山普遍采用的一项重要防尘技术措施。其设备简单,使用方便,费用小,效果较好,在有条件的地方应尽量采用。按其除尘作用可分为用水湿润沉积的粉尘和用水捕捉悬浮于空气中的粉尘。

(1)用水湿润沉积的粉尘。用水湿润沉积于矿岩堆、巷道壁等处的粉尘,或凿岩产生的尚未扩散进入空气中的粉尘,是很有效的防尘措施。粉尘被水湿润后,尘粒间互相附着凝集成较大的颗粒。同时,因粉尘湿润后增加了附着性,黏结在巷道周壁或矿岩表面上,这样在矿岩装运等生产过程或受到高速风流作用时,粉尘不易飞扬起来。

1)洒水。在矿岩的装载、运输和卸落等生产过程和地点,以及其他产尘设备和场所,都应进行喷雾洒水,可明显减少粉尘飞扬。

2)湿式凿岩。在凿岩过程中,将压力水通过凿岩机送入并充满孔底,以湿润冲洗粉尘,形成泥浆或潮湿粉团排出。湿式凿岩有中心供水和旁侧供水两种供水方式。

根据水对粉尘的湿润作用,应注意以下几个问题,以提高湿式凿岩的捕尘效果。

1)供水量。要有足够的供水量,使之充满孔底。同时,要使钎头出水孔尽量靠近钎刃,这样,矿尘生成后能立即被水包围和湿润,防止它与空气接触,因而在表面形成吸附气膜而影响湿润效果。钻孔中水充满程度越好,矿尘向外排出过程与水接触的时间越长,效果越好。

2) 避免压气或空气混入清洗水中。压气或空气混入清洗水中并进入孔底,一方面矿尘表面可能形成吸附气膜,另一方面气体在水中形成气泡,微粒粉尘能附于气泡而逸出孔外,从而严重影响除尘效果。出现的原因主要是,中心供水凿岩机的水针磨损得过短或断裂,或者各种活动部件间隙增大。因此,必须提高水针质量,加强设备维修。

3) 水压。水压直接影响供水量的大小,从防尘效果看水压高些好,尤其是上向凿岩,水压高能保证孔底的冲洗作用。但中心供水凿岩机对水压有一定限制,要求水压比风压低 0.5～1.0 个大气压,因为水压高,则有可能进入机膛,冲刷润滑油,而影响凿岩效率。供水量减少也会影响除尘效率。水压过低,则供水量不足,且易使压气进入水中,一般要求不低于 3 个大气压。

4) 使用湿润剂。为提高对疏水性矿尘和微粒矿尘的湿润效果,可使用表面张力较小的液体作湿润剂加入水中,降低水的表面张力。

5) 减少微粒粉尘产生量。保持钎头尖锐,保证足够风压(大于 5 个大气压),有效冲洗孔底等,都可减少微粒矿尘的产生量。

(2) 用水捕捉悬浮于空气中的粉尘。用水捕捉悬浮于空气中的粉尘,是把水化成雾状的微粒水滴喷射于空气中,使与尘粒碰撞接触,则尘粒被水捕捉而附于水滴上或者被湿润的尘粒互相凝聚成大颗粒,从而加快其沉降速度。

1) 影响水滴捕尘效率的因素。水滴的粒度是影响捕尘效率的主要因素。水滴越小,在空气中的分布密度就越大,与粉尘的接触机会就越多。过小,则蒸发较快。一般来说,对于不同粒度的粉尘,捕获它的最优水滴直径也不同,尘粒越小,要求的水滴直径也小。实验认为,水滴直径为尘粒直径的 100～150 倍时,捕尘效率较高。

水滴喷射速度高则动能大,与尘粒碰撞时有利于克服水的表面张力而将尘粒滋润捕捉。含尘风流的速度越低,与喷射水滴的接触时间越长,互相接触碰撞的机会就越多。粉尘的浓度、粒度、带电性等对捕尘效果也有影响。

2) 喷雾器。喷雾器是把水化成微细水滴的工具,也叫喷嘴。矿山应用较多的是涡流冲击式喷雾器和风水喷雾器。涡流冲击式喷雾器是当压力水通过喷雾器时产生旋转和冲击等作用,形成雾状水滴喷射出去,适于向各尘源喷雾洒水和组成水幕。风水喷雾器是借压气的作用,使压力水分散成雾状水滴。其特点是射程远、水雾细、速度高、扩张角小,但消耗压气,且耗水量大。风水喷雾器多用于掘进巷道、电耙巷道爆破后降尘。

另外,近几年来还出现了诸如预荷电喷雾器及超声雾化喷雾器。其中预荷电喷雾器是利用粉尘带电的原理,在水雾喷出之前使水雾带上相反极性的电荷,增加捕尘效率。超声雾化喷雾器则利用超声波原理形成极度细的水雾,增加水雾的比表面积,加强与粉尘接触的机会,提高凝聚粉尘的效率。

(3) 防尘供水。防尘供水应采用集中供水方式。贮水池容量不应小于每班的耗水量。水质要符合要求,水中固体悬浮物不大于 100mg/L,pH 值为 6.5～8.5。

3. 个体防护

坚持个体防护,正确使用和佩戴防尘口罩,是防止井下粉尘对人体危害的重要措施。众所周知,由于井下环境的特殊性和防尘技术上、管理上的缺陷,不可避免地总会有粉尘进入作业空间,甚至高浓度地混入作业场所,对井下职工造成危害。

个体防护的主要措施是佩戴防尘口罩。目前矿山有三种类型的防尘口罩,第一类是自吸式口罩,它靠人体的肺部吸气使空气通过口罩中的滤料,将粉尘滤下后进入肺部。自吸式口罩可分为简易口罩和带换气阀口罩两种。常用的简易防尘口罩有纱布口罩、泡沫塑料口罩、武安-3型口罩等,如图9-1所示。带换气阀口罩装有吸气阀和呼气活瓣,滤料装在专门的滤料盒内,用脏后可以更换新滤料。吸入的空气经过吸气阀由滤料过滤后进入肺部,呼出的气体则由呼气活瓣直接排出口罩。因此这种口罩的呼吸阻力较低而阻尘效果较好,是我国矿山广泛使用的个体防护用具,常用的有上劳-3型和武安-1型防尘口罩等。第二类是动力式口罩,它借助微型风机使空气通过滤料净化后送到口罩内或口罩的面罩内供呼吸用。我国试制的有送风口罩和AFM型安全防尘帽。第三类是压风呼吸器,它使井下风管中的压缩空气经过滤、消毒、减压后通过导管送入口罩内供呼吸用。这是一种隔绝式的动力个体防护用具,可用于具备压风管路的掘进工作面。

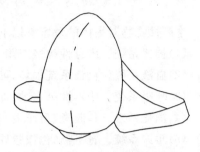

图9-1 武安-3型防尘口罩

第三节 生产性毒物及预防

一、生产性毒物

在生产过程中产生或使用的有毒物质称为生产性毒物。矿山大量产生的生产性有毒物质主要有爆破产生的氮氧化物、一氧化碳、硫铁矿氧化自然产生的二氧化硫,某些硫铁矿会产生硫化氢、甲烷等,人员呼吸和木料腐烂产生的二氧化碳,铅、锰等重金属及其化合物,汞、砷等有毒矿石,柴油设备大量使用产生的废气等。

二、生产性毒物侵入人体的途径

生产性毒物侵入人体的途径有以下几种:
(1)呼吸道。它是毒物侵入人体的主要途径,凡气体、蒸汽、气溶胶形态的毒物都可经呼吸道进入人体,经过肺、肝脏进入血液循环,分布于全身。
(2)消化道。经过消化道的毒物大部分经过肝脏转化、解毒后,才进入血液循环。
(3)皮肤。有毒物质可通过皮肤进入人体。

三、职业中毒

职业中毒指人体接触生产性毒物而引起的中毒。职业中毒按其发病程度可分为以下两种:
(1)急性中毒。毒物一次或短期的大量进入人体所致的中毒。
(2)慢性中毒。毒物少量长期进入人体所致的中毒,绝大多数是由于积蓄作用的毒物引起的。

四、生产性毒物对人体的危害

生产性毒物对人体的危害有以下几种：
(1) 神经系统。中毒性神经衰弱、多发性脑膜炎、脑病变、精神症状等。
(2) 血液系统。血液系统损坏，可以出现细胞减少、贫血、出血等。
(3) 呼吸系统。中毒性肺水肿、支气管炎、哮喘、肺炎等。
(4) 消化系统。口腔炎、胃肠炎。
(5) 泌尿系统。肾脏损害、尿频尿痛等。
(6) 皮肤。皮炎、湿疹等。

五、矿山常见的职业中毒

1. 一氧化碳

一氧化碳是无色、无味、无刺激性的气体，易燃易爆，是一种最常见的窒息性气体。矿山爆破会产生一氧化碳，内燃机也会产生一氧化碳，井下发生火灾时往往因为不能完全燃烧而产生大量的一氧化碳。

一氧化碳浓度对人体的影响程度如表9-2所示。轻度中毒者可出现剧烈头痛、眩晕、心悸、胸闷、耳鸣、恶心呕吐、乏力等症状，长期接触低浓度的一氧化碳，可引起神经衰弱综合症及自主神经功能紊乱、心电图改变等。

表9-2 一氧化碳浓度对人体的影响程度

空气中一氧化碳含量(%)	对人体的影响程度
0.01	数小时对人体影响不大
0.05	1h内对人体影响不大
0.1	1h后头痛，不舒服，呕吐
0.5	引起剧烈头晕，经20~30min有死亡危险
1.0	呼吸数次失去知觉，经1~2min即可能死亡

2. 二氧化碳

二氧化碳是无色、无味的弱酸性气体，密度比空气大，在不通风的井巷中容易聚集。二氧化碳常为急性中毒，接触后几秒钟内即迅速昏迷倒下，若不能及时救出可致死亡。

3. 硫化氢

硫化氢是一种无色、具有腐蚀性臭鸡蛋气味的气体。有机物腐烂、硫化矿物水解、爆破及导火线燃烧都可能产生硫化氢。

硫化氢轻度中毒症状主要为眼及上呼吸道刺激、头晕直至神志不清、窒息等症状，接触高浓度的硫化氢可立即昏迷、死亡。

4. 二氧化氮

二氧化氮是棕红色、有刺激性气味的气体,爆破后会产生大量的二氧化氮。二氧化氮对眼睛、呼吸道及肺等组织有强烈的腐蚀作用,遇水能生成硝酸,能破坏肺及全部呼吸系统,使血液中毒,经 6～24h 后,肺水肿发展,严重咳嗽,并吐黄色的痰,还会出现剧烈的头痛、呕吐,以至很快死亡。

二氧化氮的浓度达 0.004% 时,即会出现喉咙受刺激、咳嗽、胸部发疼现象;达 0.01% 时,短时间内会出现严重咳嗽,声带痉挛、恶心、呕吐、腹痛、腹泻等症状;达 0.025% 时,短时间内会致人死亡。

5. 二氧化硫

二氧化硫是无色、有强烈硫磺味及酸味的气体。溶于水,当二氧化硫同呼吸道的潮湿表皮接触时产生硫酸。硫酸能刺激并麻痹上呼吸道的细胞组织,使肺及支气管发炎。当空气中二氧化硫的浓度为 0.000 2% 时,能引起眼睛红肿、流泪、咳嗽、头痛;达 0.05% 时,能引起急性支气管炎、肺水肿,短时间内有致命的危险。

六、职业性危害预防措施

(1)通风排毒,特别是爆破以后要加强通风,15min 以后才能进入爆破现场。进入长期无人进入的井巷时,一定要检查巷道中氧气及有毒气体的浓度,采取安全措施才能进入。

(2)当发现有人员中毒时,一定要先报告矿领导,派救护人员进矿抢救;或者报告领导后,采取通风排毒措施,带防毒面具以后才能进入抢救。

(3)建立健全合适的卫生设施。

(4)做好健康检查与环境监测。

(5)要教育职工严格遵守安全操作规程和卫生制度。

第四节 噪声与振动控制

一、噪声的危害

噪声是指人们不需要或感觉厌烦,甚至难以忍受的声音。噪声一般用声强或声压大小的变化程度来衡量,单位为分贝(dB)。噪声是污染矿山环境的危害之一。近年来,不少大型、高效、大功率设备的使用,在降低劳动强度、提高生产效率的同时,随之带来的噪声污染也越来越严重。特别是井下设备具有声源多、连续噪声多、声级高及噪声谱特性多呈高、中频等特点,加之井下工作面狭窄、反射面大形成混声场,且噪声只能沿巷道延长方向传播,对作业人员危害更大。

噪声的危害主要有:

(1)损伤听力,危害健康。长期在高噪声场所工作,会发生耳痛或耳鸣,还可能发生噪声性耳聋或听力丧失,还引发头痛、头晕、耳鸣、多梦、失眠、乏力、记忆力减退、心悸、恶心等症状及心血管病及胃肠功能紊乱等。

(2)影响生产中的语言交流。强噪声影响对声音报警及其他信号的感觉和鉴别,掩蔽设备异常事故苗头阶段的声响信号,干扰人员之间的语言交流,从而影响安全生产。

(3)人员在强噪声下工作,会对人的心理造成强烈的刺激,易烦躁,情绪波动,注意力分散,容易引发安全事故。

二、振动的危害

生产设备、工具产生的振动称为生产性振动,如矿山手持式凿岩机等作业时产生的振动。由于振动作用于人体的传导方式不同,生产性振动可划分为局部振动和全身振动。

(1)局部振动的危害。典型表现为发作性手指发白,患者多为神经衰弱和手部症状。手麻、手痛,以及手冷感,遇冷后手指发白为主,其次为手胀、手僵、手无力、手持物易掉、手腕关节、肘关节和肩关节的酸痛也较常见。

(2)全身振动的危害。全身振动多为大振幅、低频率的振动。振动的加速度可使前庭功能减迟,并引起植物神经症状,如面色苍白、恶心、呕吐、出冷汗、唾液分泌增加等。

三、噪声和振动的控制措施

(1)消除或降低声源噪声。应逐步淘汰噪声、振动超标的工艺设备;严格控制制造和安装质量,防止振动;保持静态和动态平衡;加强润滑,降低摩擦噪声。

(2)降低传递途径中的噪声。可以采取隔声、吸声、消声等措施,如建隔音操作室,将噪声源密闭,采用吸声材料等。

(3)加强个体防护。在噪声超标的作业环境中应佩戴防声耳塞、耳罩和防声帽盔等防护用品。

第五节 矿井热害防治

随着矿山开采深度的增加,井下高温高湿危害问题越来越突出。职工在高温高湿条件下工作会出现体温调节功能失调、水盐代谢紊乱、血压下降,严重时可导致心肌损伤、肾脏功能下降等生理功能改变。高温高湿环境容易使人产生热疲劳、中暑、热衰竭、热虚脱、热痉挛、热疹,甚至死亡。高温高湿环境也是导致工伤事故的重要诱因之一。

一、矿井热源

造成矿井井下气温升高的主要热源如表9-3所示。

表9-3 矿井主要热源

热源性质	主要热源	发生地点
物理因素热源	地势(包括井下热水)	井巷、硐室、热水疏排巷道
	压缩热	进风立井、斜井、上下巷道
	机电设备散热	机电设备工作地点
化学因素热源	氧化散热	煤、硫化物、坑木腐烂处、采空区漏风
生理因素热源	人体散热	作业人员作业地点

二、矿井气象条件预测内容及方法

对于新设计矿井,应预测移交生产期、达产期及热害严重期的采掘工作面和机电设备硐室的进出口的最高月平均气温和相对湿度。对于生产矿井或改扩建矿井,应预测出降温工程建成运行时及后期热害最严重时期的采掘工作面和机电设备硐室的进出口的最高月平均气温和相对湿度。同时应计算出各采掘工作面和机电设备硐室气象参数超过有关规程规范规定的月份或时间。

矿井气象条件预测方法主要有三类:数学分析法、实验室模型模拟法和实测统计法。三种方法各有优缺点,比较普遍采用的是数学分析与实测统计相结合的方法。

三、矿井热害防治措施

矿井热害防治措施很多,但归纳起来不外乎两大类,即采用非人工制冷降温和采取人工制冷降温。非人工制冷降温措施包括通风方面措施(加大通风强度、采用同流通风等)、开拓方面措施、开采方面措施(充填法管理顶板等)、其他措施(隔热源、进风井喷水等)和个体防护。当采用加大风量等非人工制冷降温措施后,矿内主要作业地点的气象条件仍达不到现行规程规定的要求时,或不经济时,应采取人工制冷降温措施,即采用矿井空调。

根据空调对象、制冷站位置、空气处理设备位置、载冷介质性质、冷量传输管数量和系统开闭情况等,矿井空调系统可分为四种基本类型:制冷站设在地面的矿井集中空调系统、制冷站设在井下的矿井集中空调系统、井上下同时设制冷站的联合集中空调系统和井下移动式矿井空调系统。矿井空调系统主要构成为:制冷站、空气冷却器、载冷剂管道、冷却水的冷却装置、冷却水管道和高压水的减压装置。

目前我国煤矿采取集中空调技术的矿井有15对,其中山东新汶矿业集团的孙村煤矿应用较好,存在的主要问题是前期需要投入大量的设备购置和配置设施费用。热害矿井一般进行综合治理。

第十章 矿山重大事故应急救援及救灾决策

事故是人们在进行有目的的活动中发生的、违背人们意愿的意外事件,它迫使人们有目的的活动暂时或永久停止。凡是能给矿山生产或人员生命安全、财产造成严重危害的事故统称为矿山重大灾害事故。矿山重大灾害事故影响范围大,伤亡人员多,中断生产时间长,损毁井巷工程或生产设备严重。

第一节 矿山重大灾害事故及其特点

矿山重大灾害包括矿井瓦斯(或煤尘)爆炸、矿井火灾、煤与瓦斯突出、矿井突水、冲击地压、尾矿库溃坝和大面积冒顶。虽然全矿井突然停电事故不属于灾害之列,但这类事故如不及时正确地处理,往往也会酿成重大灾害。

一、瓦斯爆炸事故

我国煤田大多富含瓦斯,且多数矿井具有瓦斯爆炸的危险。据统计,仅全国国有重点煤矿的矿井中,煤与瓦斯突出矿井占 49.5%;在年产 30kt 以上的地方煤矿中,高瓦斯矿井占 46.7%。2005 年 2 月 14 日 15 时 01 分,辽宁省阜新矿业(集团)有限责任公司孙家湾煤矿海州立井发生一起特大瓦斯爆炸事故,造成 214 人死亡、30 人受伤,直接经济损失达 4 968.9 万元。

瓦斯爆炸事故分局部瓦斯爆炸事故、大型瓦斯爆炸事故和瓦斯连续爆炸事故。局部瓦斯爆炸事故发生在局部地点,如采掘工作面、采空区、巷道的局部瓦斯积聚点等。大型瓦斯爆炸事故一般发生在有大量瓦斯积聚的采掘工作面、封闭的巷道和采空区。由于参与爆炸的瓦斯量大,爆炸产生的冲击波、爆炸火焰以及有害气体可影响一个采区、一个水平、矿井的一翼,甚至整个矿井。矿井发生瓦斯爆炸事故后,紧接着发生第二次、第三次,甚至数次、数十次或更多次的爆炸,称为瓦斯连续爆炸事故。瓦斯连续爆炸事故多发生在瓦斯涌出量较大或有瓦斯喷出、煤与瓦斯突出的煤层或矿井。

二、煤尘爆炸事故

我国国有大中型煤矿中,有煤尘爆炸危险的达 90.5%;在年产 30kt 以上的地方煤矿中,有煤尘爆炸危险的占 42%。煤尘爆炸具有以下特征:

(1)在巷道壁和支架上留有黏焦(皮碴与黏块)。煤尘爆炸时,只有部分煤尘完全燃烧,而其余大部分煤尘仅仅表面被烧焦,黏结在一起,附着在支架和巷道壁上,形成煤尘爆炸所特有的产物——"黏焦"(即形状不同的黏块或焦炭)。而单纯的瓦斯爆炸就不会出现这种现象。根据支架上出现黏焦的不同位置,可以判断煤尘爆炸的强弱程度。

(2) 煤尘的成分发生变化。煤尘爆炸后,其碳含量、挥发分、水分均减少,灰分增加。根据事故现场煤尘成分是否变化(特别是挥发分)及其变化程度,可以判断煤尘是否参与了爆炸。

(3) 煤尘爆炸时气体的碳氢比(C/H)明显高于瓦斯爆炸。煤尘爆炸时 C/H 是 3~16,瓦斯爆炸时 C/H 是 2.3~2.8,这与煤质等因素有关。取样分析爆炸区内气体的 C/H,即可确定爆炸物是瓦斯还是煤尘。

(4) 灾区空气中一氧化碳浓度很高。煤尘爆炸时能产生大量一氧化碳,灾区空气中一氧化碳浓度一般为 2%~3%,有时为 7%~8%,甚至 10% 以上。

(5) 爆炸后灾区瞬时气温骤升。爆炸后的瞬时气温为 2 300℃~2 500℃,灾区内的温度明显升高,分析爆炸后巷道中沉积的煤尘,可以发现其水分减少,挥发分降低,灰分增加。

(6) 发生连续爆炸反应。发生煤尘爆炸后,爆炸冲击波的速度最高可达 2 340m/s,冲击波将巷道中沉积的煤尘再次吹扬起来呈浮游状态。而爆炸后的火焰速度为 1 120~1 800m/s,火焰又将扬起的浮尘点燃,造成 2 次爆炸、3 次爆炸……如果井下煤尘普遍沉积又无隔爆措施,则能把整个矿井摧毁。

(7) 连续爆炸时间间隔短。瓦斯连续爆炸的时间间隔长,而煤尘连续爆炸的时间间隔短,人耳很难分辨出爆炸间隔。这是因瓦斯第 1 次爆炸后,需要一段时间积聚,才能达到爆炸浓度,它与瓦斯涌出量和风量大小有关。而井下到处有煤尘,其积累到爆炸浓度只需极短的时间。

(8) 煤尘的连续爆炸会出现多处爆炸点。如果其他爆炸点参与爆炸的煤尘量大,就会出现其他爆炸点附近巷道遭受破坏的程度高于最初爆炸点的情况。

(9) 连续爆炸时,离爆源越远其破坏力越大。在矿井条件下,煤尘爆炸的平均理论压力为 736 kPa,此压力在直线巷道且断面一致的情况下传播时,随着离爆源距离的延长而跳跃式增大。在爆炸过程中,如遇有障碍物、巷道的拐弯或断面的突变,爆炸压力将猛增。尤其是连续爆炸时,第 2 次爆炸的理论压力为第 1 次爆炸压力的 5~7 倍,第 3 次爆炸又为第 2 次爆炸的 5~7 倍,依此类推。所以在连续爆炸时,离爆源越远,其破坏力越大。或者说,往往破坏最严重处,不是第 1 次起爆源。

三、煤(岩)与瓦斯突出

煤(岩)与瓦斯突出产生的高速瓦斯流(含煤粉或岩粉)能够摧毁巷道设施,强大的冲击波破坏通风系统,甚至导致风流逆转,喷出的瓦斯量由几百立方米至几万立方米,能使井巷充满瓦斯,造成人员窒息,引起瓦斯燃烧或爆炸;喷出的煤、岩由几十吨到万吨以上,能够造成煤流埋人,猛烈的动力效应可能导致冒顶和火灾事故的发生,因此,煤(岩)与瓦斯突出危害极大。

我国发生的煤与瓦斯突出的情况是严重的。最大的一次煤与瓦斯突出发生在 1975 年 8 月,当时的四川天府三汇坝井,突出煤(岩)12 780t,瓦斯 140 万 m^3;2004 年河南大平煤矿煤与瓦斯突出,井下局部瓦斯浓度瞬间从 0.45% 上升为 50% 之多,并最终发生瓦斯爆炸,造成 146 人死亡的特别重大事故。

四、矿井火灾

火灾发生后产生大量的一氧化碳、二氧化碳等有毒有害气体,并随井下风流蔓延,造成人员窒息、中毒死亡。

井下火灾还会使风流发生逆流、逆转等,造成通风系统破坏、瓦斯积聚,引起瓦斯爆炸。外因火灾能造成设备毁坏、资源损失、人员伤亡和财产损失,破坏矿井正常生产。

矿井火灾时期,火源燃烧生成的高温烟流向下风侧蔓延,并可能因风流逆转进入进风区,致使烟流蔓延范围扩大。

五、矿井水灾

矿井在建设和生产过程中,地面水或地下水通过各种通道涌入矿井,当矿井涌水超过正常排水能力时,就造成矿井水灾,它不但影响矿井正常生产,而且有时还会造成人员伤亡,淹没矿井和采区,危害十分严重。

水灾主要有三大类型:一是华北晚二叠系型煤矿岩溶突水灾害;二是巨厚冲积层水灾;三是大气降水,特别是暴雨,洪水溃入矿井造成淹井灾害。统计资料表明,1956—1995年的40年中,我国国有重点煤矿平均每年发生淹井事故74起,死亡44人。所以,做好矿井防水工作,是保证矿井安全生产的重要内容之一。

六、大面积顶板事故

根据冒顶的规模,顶板事故可分为大冒顶和局部冒顶。顶板事故除因受岩块撞击、挤压、掩埋窒息等造成人员伤亡和设备受损外,还会堵塞风路、阻断风流,形成局部微风甚至无风,造成瓦斯积聚。局部冒顶部位如不及时维护,容易积聚瓦斯,甚至发生瓦斯事故。

七、矿井突然停电事故

虽然突然停电事故不属于矿井灾害,但是停电使主要通风机停转,井下无风造成瓦斯积聚,一旦送电,可能引起积聚的瓦斯爆炸;停电使水泵不能排水,时间长了可能造成淹井事故;压入式通风矿井,全矿井上下停电,主要通风机停转,可能从封闭的火区或采空区中泄出一氧化碳、氮气、甲烷气体,造成中毒或窒息等事故。

例如,1997年1月25日河南某矿瓦斯爆炸,死亡31人;1999年8月24日平顶山市某矿瓦斯爆炸,死亡55人;2000年12月3日山西某矿瓦斯爆炸,死亡46人。这些案例的起因均是因为全矿突然停电,主要通风机停风,处理措施不当引起的。

第二节 矿山事故应急救援预案

近年来,我国矿山安全生产事故频频发生,伤亡人数居高不下,给人民的生命财产造成了巨大损失。分析其原因,除法制不够健全、安全投入不足和综合管理水平较低等因素外,缺少应急救援预案而导致的应急救援不力,是造成我国重特大事故难以控制和损失后果严重的主要原因之一。《安全生产法》第六十八条明确规定,有关部门应制定特大安全事故应急救援预案,特别是矿山企业应当认真实施,并随时根据现场生产状况进行修改补充。应急救援是为预防、控制和消除事故与灾害对人民生命和财产造成的威胁所采取的反应行动。工业化国家的统计表明,有效的应急系统可将事故损失降到无应急系统的6%。

一、矿山事故应急救援预案

应急救援预案是针对可能发生的重大事故(件)或灾害,为保证迅速、有序、有效地开展应急与救援行动、降低事故损失而预先制定的有关计划或方案。它是在辨识和评估潜在的重大危险、事故类型、发生的可能性、发生过程、事故后果及影响严重程度的基础上,对应急机构与职责、人员、技术、装备、设施(备)、物资、救援行动及其指挥与协调等方面预先做出的具体安排。它明确了在突发事故发生之前、发生过程中以及刚刚结束之后,谁负责做什么,何时做,以及相应的策略和资源准备等。

应急救援预案的主要内容包括方针与原则、应急策划、应急准备、应急响应、现场恢复、预案管理与评审改进七大要素。

(一)应急救援预案的文件体系结构

(1)一级文件——总预案或基本预案。
(2)二级文件——是总预案中涉及的相关活动的具体工作程序。
(3)三级文件——说明书与应急活动的记录(程序中特定细节及行动的说明、责任及任务说明)。
(4)四级文件——对应急行动的记录。

(二)应急救援预案的内容

矿山重大灾害事故应急救援预案的内容包括文字说明、附图及消防材料设备和必需的工程规划三部分。

1. 附图及处理各种事故必备的技术资料

(1)矿井通风系统示意图、反风试验报告、反风设施位置完好状况。
(2)矿井供电系统图和井下通信系统图。
(3)防尘管路系统图、消防管路系统图、排水管路系统图、压风管路系统图。
(4)地面、井下消防材料库的位置及储备的材料、设备、工具品名和数量登记表。
(5)地面、井下对照图,图中标明井口位置和标高,地面铁路、公路、钻孔、水井、水管、储水池及其他存在可供处理事故用的材料、设备和工具的地点。
(6)井下采掘工程平面图。

2. 文字说明

(1)可能发生事故地点的自然条件、生产条件及事故发生的预兆等。
(2)出现各种事故时人员安全撤退的路线及措施。
(3)预防、处理各种事故和恢复生产的具体措施。
(4)预防、处理事故的单位及负责人。
(5)事故处理指挥部人员组成名单、分工、快速通知的方法。

3. 人员撤离措施

(1)通知灾区人员的方法,如电话、音响、特殊气味等。
(2)人员撤离路线应标明方向,现场应有路标、照明、自救设施、避难硐室的指示位置等。
(3)发生事故时井下人员的统计方法,一般应根据考勤记录、矿灯领牌、入井挂牌进行统计。

(4)向井下待救人员供气、供食、供水的方法。

(5)风流控制方法与实现步骤及其使用条件。

(三)应急救援预案的编制、审批及贯彻执行

1. 应急救援预案的编制方法

编制应急救援预案是一项复杂的系统工程,必须由矿总工程师组织采掘、通风、机电、地测等部门的负责人及工程技术人员编制,并有矿山救护队参加。年度应急救援预案应在每年开始15天内根据矿山采掘变化情况进行修改补充,以适应救灾现场的实际情况。

2. 应急救援预案的审批程序

应急救援预案编制好后,应报矿长或者总公司总工程师(总经理)审批。

3. 应急救援预案的贯彻实施

应急救援预案经批准后,全体职工(包括矿山救护队员)必须认真贯彻,并组织学习,熟悉救灾方法和避灾路线。

二、××煤业集团重特大事故应急救援综合预案

1. 目的(略)

2. 适用范围

本预案适用于集团公司所辖范围内的所有单位和部门发生的各类重特大事故。

3. 引用标准、文件和文献

(1) GB/T 28001—2001《职业健康安全管理体系规范》

(2)××矿业集团有限责任公司《质量—环境—职业健康安全一体化管理体系程序文件》。

4. 指导思想(略)

5. 优先原则

(1)受困人员和应急救援人员的安全优先。

(2)防止事故扩大优先。

(3)保护环境优先。

6. 危险源辨识基本情况

××煤业集团以煤炭生产和加工为主,辅以电力、建材、建筑、化工、冶炼等。根据职业健康安全管理体系的要求,该集团进行了危害辨识、风险评价,共辨识出不可容许危险7项、重大危险87项。将重特大冒顶事故、重特大水灾事故、重特大井下火灾事故、重特大瓦斯煤尘事故、重大滑坡事故等20项重大和不可容许危险纳入目标、指标管理方案进行重点控制,并制定了专项事故应急处理预案,其余重大和一般危险采用运行控制或培训方式进行日常管理、控制。

7. 应急救援预案文件体系

(1)综合预案。综合预案是总体、全面的预案,主要阐述集团公司应急救援的方针、政策、

应急组织机构及相应的职责、应急行动的总体思路和程序。作为集团应急救援工作的基础、"底线"和总纲,对那些没有预料到的紧急情况,也能起到一定的应急指导作用。

(2)专项预案。主要针对某种特有或具体的事故、事件或灾难风险出现时的紧急情况而制定的救援预案。

(3)现场预案。在专项预案的基础上,以某一具体现场设施或目标而制定的应急处理预案。

(4)抢救方案。现场抢救时,针对特定突发紧急情况所设计的具体抢救行动计划。

(5)支持保障预案。为保障综合预案、专项预案、现场预案或抢救方案的实现,在抢救队伍、物资设备、医疗救护、通讯联络等方面预先制定的支持性保障措施。

8. 应急救援组织及职责

(1)集团公司成立应急救援总指挥部。(组成、职责略)

(2)抢救办公室。办公室设在集团公司生产处调度室。(组成、职责略)

(3)指挥部下设10个专业组:抢救组、技术组、供电通讯保障组、物资供应组、医疗后勤保障组、交通保障组、治安保卫组、接待组、事故调查组、新闻发布组。(组成、职责略)

9. 事故应急救援程序

(1)接警。

(2)应急响应级别的确定。集团公司应急救援总指挥部接到汇报后,参照"XX煤业集团重特大安全事故应急救援低限标准",迅速做出判断,确定警报和响应级别。如果事故很小,不足以启动集团公司应急救援预案,则发出"预警"警报,密切关注事态的发展变化。如果事故较大,预计事故单位难以控制,则立即发出"现场应急"警报,下达启动集团公司应急救援预案的命令。

(3)应急启动

1)集团公司重特大事故抢救办公室接到总指挥命令后,立即按"重特大安全事故电话通知顺序",通知总指挥部成员和各专业组人员到调度室集中,通知有关抢救抢险队伍立即赶赴事故现场。

2)集团公司重特大事故抢救办公室同时根据总指挥的指示,按国家有关规定立即将所发生事故的基本情况报告给上级有关部门。

3)总指挥部全体成员接到通知后迅速赶到调度室,听取事故简单情况介绍,接受总指挥命令,分头开始行动。

4)应急启动后,要求尽快做到应急救援人员到位,开通信息与通讯网络,报警通知企业员工家属(可采用"紧急广播"与"警笛"相结合的方式),调配救援所需的应急资源,派出现场指挥协调人员和专家技术组赶赴事故现场。

(4)救援行动

1)集团公司有关人员到达事故现场后,事故单位行政正职或知情人员要立即向公司有关人员汇报详细的事故情况。

2)迅速成立现场抢救指挥部,现场一切抢救事宜统一由现场抢救指挥部指挥,现场抢救总指挥由事故单位的行政一把手担任。

3)抢救组和技术组根据现场情况协同现场抢救指挥部进行事故初始评估,划分现场工作区(危险区、缓冲区、安全区),研究制定抢救方案和安全措施。

4)矿山救护队或消防队、各专业组按照各自的职能和总指挥的命令及抢救方案进行现场抢救。

5)在执行应急救援优先原则的前提下,积极开展人员救助、工程抢险警戒与交通管制、医疗救护、人群疏散、环境保护、现场监测等工作。

(5)扩大应急

1)在事故抢救抢险过程中,若事态扩大,抢救力量不足,事故(事件)无法得到有效控制,抢救组和现场抢救指挥部要立即向集团公司总指挥部汇报。

2)由集团公司抢救总指挥部决定向上级机关求救,请求兄弟单位或政府部门进行增援,启动上一级事故应急救援预案,实施扩大的应急响应。

3)必要时集团公司总指挥部可决定组织事故现场周围人员进行紧急疏散或转移。

(6)应急恢复

1)抢险救援行动完成后,进入临时应急恢复阶段,现场指挥部要组织现场清理、人员清点和撤离。

2)抢救结束后,专家技术组要协助现场指挥部制定恢复生产、生活计划,由现场指挥部组织实施。

(7)应急结束。应急结束后,集团公司总指挥部宣布应急响应结束,应急人员撤回原单位,抢救办公室进行应急总结评审。

10.应急保障要求

(1)预案执行保障

1)各单位(矿、厂、处、子公司)在危害辨识、风险评价的基础上,对辨识出的难以控制的重大危险源,制定本单位的各类事故应急预案,报集团公司应急救援总指挥部办公室备案。集团公司通过评估,对难以控制或有可能造成严重后果的重大危险源,制定集团公司重特大安全事故应急预案,报××煤矿安全监察站、××市人民政府应急救援办公室、××煤矿安全监察局备案。

2)集团公司应急救援总指挥部成员及各单位、各部门都必须认真贯彻学习集团公司及本单位的事故应急预案,每年必须组织一次应急演练,演练可采用全面演练的方法,也可采用桌面演练或功能演练的方法,但必须保证演练质量,让所有员工知道在紧急情况下应当采取的应急措施。

3)各单位所有作业场所和必要地点都必须装有通往调度室的电话,并且要保证畅通无阻。任何人只要发现危险的异常情况(事端、事件或灾情),都有责任有义务立即向本单位调度室(或消防队)报告。

4)事故单位调度室值班人员在接到事故报告后,要立即向值班班长和单位行政正职报告,事故单位行政一把手在接到报告后,应迅速进行分析判断,若事故较大应立即启动本单位的事故应急救援预案,同时向集团公司调度室报告。

5)各单位启动事故预案后,行政一把手要立即召集本单位有关人员,迅速组成现场抢救指挥部,对事故情况进行认真的分析研究,制定抢救方案和安全措施。在集团公司总指挥部成员未到达之前,先按本单位安全事故应急处理预案和抢救方案积极行动,以防事态扩大。

(2)通信保障

1)通信公司要制定集团公司应急通讯支持保障措施,在各种应急情况下都能够保证通讯畅通,信息传递及时。

2)集团公司总指挥部成员要配备完好的通讯工具,并始终保持在工作状态,在接到通知后,要立即赶赴指定地点。

3)集团公司抢救办公室(生产处调度室)要公布应急汇报电话,并根据职务及任职人员的变动情况及时更新联系方式,同时将联系方式发放到集团公司所属各单位。

(3)物资装备保障

1)供应处、租赁站要制定应急物资装备保障预案,保证集团公司在各种重特大事故应急抢救抢险中有充足的材料和设备(包括通讯装备、运输工具、照明装置、防护装备及各种专用设备等)。

2)各单位(含供应处、租赁站仓库)的抢救物资、设备要按规定配齐配足,加强日常检查和管理,按规定进行更新,不得随意挪用。

3)各单位(含供应处、租赁站仓库)在接到援救电话后,要迅速召集本单位有关人员,按集团公司总指挥部要求,将所需的物资、设备等按指定时间送到指定地点。

(4)人力资源保障

1)救护队、消防队要加强应急训练和演习,保证在应急情况下能够及时赶到事故现场,组织抢救,出色地完成总指挥部交给的抢救任务。

2)武装部要加强训练,保证在各种应急情况下有足够的抢救抢险队伍,积极参与事故抢救。

3)总医院要制定应急医疗保障预案,保证集团公司在各种应急情况下能及时有效地救治各种受伤人员。

4)保卫处要制定治安管制和交通管制措施,对进入事故现场的人员和车辆实行管制(必要时抢救人员统一佩戴明显标志,抢险车辆张贴特殊证照),维持治安秩序。

5)安监局要对重特大事故抢救抢险过程进行监督,把好安全关。

6)各单位、各部门必须无条件地服从总指挥部的命令,所有参加抢救的人员必须积极主动,服从指挥,遵守纪律,不得推诿扯皮。对抢救中出现失误的部门或不服从指挥、推诿扯皮、临阵脱逃的人员要坚决给予严肃处理;情节严重、构成犯罪的,要移交司法机关,依法追究刑事责任。

7)各单位、各部门负责人如有变动,由接替人履行职责。

(5)应急经费保障

1)计划处要做好应急救援的专项费用计划,财务处要建立专项应急科目,保证应急管理运行和应急中各项活动的开支。

2)计划处、财务处必须保证在集团公司发生重特大事故时有足够的应急救援资金,必须保证集团公司能够配备必要的应急物资和装备。

11.应急预案管理

(1)集团公司抢救办公室(生产处调度室)负责集团公司各种应急预案的管理,各单位(矿、厂、处、子分公司)调度部门负责本单位应急预案的管理,每两年组织修订一次,必要时及时修订。

(2)集团公司和各单位(矿、厂、处、子分公司)应急总指挥部负责组织重特大事故应急预案的宣传、贯彻、学习、演练。集团公司各类事故应急预案每年必须组织一次应急演练,集团公司应急预案的演练由生产处调度室具体负责。

(3)集团公司范围内发生重特大事故、事件或灾情时,集团公司综合预案与该事故的专项预案一并执行,集团公司抢救办公室及各专业组负责做好相关应急记录。

(4)集团公司重特大事故应急行动或演练结束后,集团公司抢救办公室要对应急救援行动进行评审,并提出应急救援预案的修改意见,组织修订。

(5)安监局负责监督检查集团公司各处室、各单位贯彻执行应急预案情况,并将预案监督检查情况纳入安全考核之中。

(6)本预案从下发之日起执行,本预案解释权归集团公司抢险救援总指挥部。

12. 附件

(1)××煤业集团重特大安全事故应急救援低限标准(试行)

(2)××煤业集团重特大安全事故应急救援高限标准(试行)

(3)重特大安全事故汇报及抢救程序图

(4)重特大安全事故电话通知顺序图

(5)应急救援体系响应程序图

(6)应急通讯电话一览表

(7)抢救总指挥部成员通讯录

第三节 矿山事故应急处理原则

一、事故应急处理的组织领导及职责

(一)组织领导

矿山发生重大灾害事故后,应立即成立事故处理总指挥部,总指挥部由采掘、通风、机电、地质测量等部门的人员以及总工程师组成,总指挥长由矿业总公司总经理或矿长担任。事故现场还应成立现场指挥部。现场指挥部在总指挥部的领导下进行工作,并及时将现场情况向总指挥部汇报。现场指挥部的指挥应由熟悉现场情况的副矿长或救护队长担任。

(二)职责分工

(1)矿长或总公司总经理,是处理重大灾害事故的总指挥。职责是根据本矿的应急救援预案及现场实际情况,在总工程师的协助下制定营救遇险人员和处理事故的行动计划。

(2)矿总工程师,是矿长处理灾害事故的第一助手,在矿长领导下负责组织制定营救遇险人员和处理事故的行动计划。

(3)总公司总工程师,参加指挥部工作,协助总经理处理事故。负责调度事故矿以外的其他矿支持抢险救灾工作的人员及物资。

(4)各副矿长,根据营救遇险人员和处理事故行动计划,负责组织人员进行救援,及时调集救灾所必需的设备材料,并由指定的副矿长负责签发抢险救灾的入井许可证。

(5)矿副总工程师,根据矿长的命令,负责某一方面的救灾技术工作。

(6)救护队队长,根据总指挥和现场指挥的命令,负责实施救护队员的行动计划,完成对灾区遇险人员的援救和事故抢险。

(7)安全科长,对抢险救灾工作的安全进行监督,对入井人员实行监督。

(8)生产科长,按矿长的命令做好科室协调工作。

(9)机电科长,根据矿长的命令负责改变主要通风机工作制度,保证其正常运行,掌握矿井的停送电工作,及时抢救或安装机电设施,确保通讯畅通。

(10)通风段长,根据矿长的命令负责改变矿井通风工作制度。掌握通风机工况及井下风量情况,完成必要的抢险救灾通风工程,执行通风有关措施。

(11)地质测量科长,负责准备好必要的图纸和资料。

(12)供应科长,负责及时供给抢险救灾所需的物资、设备、材料。

(13)保卫科长,负责事故抢险中的保卫工作,维持矿山的正常秩序,设立警戒等。

(14)行政科长,负责对遇险人员及家属的妥善安置和救灾人员的食宿及其他生活事宜。

(15)医院院长,负责对受伤人员的急救治疗。

二、抢险救灾

(一)救灾步骤

(1)立即撤出灾区人员和停止灾区内供电。

(2)按《矿山灾害预防和应急救援预案》中的规定,立即通知矿长、总工程师等有关人员。

(3)立即报告矿业总公司。

(4)启动本矿的救援队伍或矿山救护队。

(5)成立抢险救灾指挥部。

(6)派救护队或其他救灾人员进入灾区救人。

(7)指挥部根据灾情制定救灾方案,侦察灾情。

(8)救灾人员根据应急救援预案立即开展现场救灾工作。根据现场情况及时修改方案直至救灾完成,恢复正常生产。

(二)矿山救护队

矿山救护队是处理矿井火灾、突水和大面积冒顶等重大灾害事故的军事化专业队伍,在重大矿山灾害处理中发挥着十分重要的作用。救护队侦察灾情时,应遵守以下原则:

(1)选择熟悉情况、有经验的人员负责侦察工作,侦察小队不得少于6人。

(2)井下救护基地应留有待机小队,并用灾区电话与侦察小队保持联系。

(3)进入灾区侦察时,必须携带探险绳等必要的装备,在行进中应注意盲井、溜井、淤泥和巷道情况;视线不清时,可用探测棍探测前进,队员与队员之间要用探险绳连结。

(4)侦察小队进入灾区时,要按规定的时间与基地保持联络。如未按时返回,或中断联络,待机小队应立即进行救援。

(5)进入灾区前应考虑如果退路被堵应采取的措施,返回时应按原路返回,如改变路线应经指挥员同意。

(6)在侦察中,经过巷道交叉口要设明显的标志,防止返回时走错路线,也便于待机小队寻找。

(7)在搜索遇险人员时,小队队形应与巷道中线斜交前进,在远距离或复杂巷道中侦察时,可组成几个小队波浪式前进或分区段进行侦察。侦察工作要仔细认真,做到有巷必查,在走过的巷道要签字留名,并给出侦察路线示意图。发现遇险人员的地点要检查气体,并做好标记。

抢救遇险人员是矿山救护队的首要任务,应千方百计创造条件,以最快的速度、最短的距离进入灾区,先将受伤人员运到新风流中进行急救,同时派人引导未受伤人员撤离灾区,然后陆续抬出已牺牲的人员。对于多人遇险待救时,应根据"先活后死,先重伤后轻伤,先易后难"的原则进行抢救。

在紧急情况下,应把救护队员派往遇险人员最多的地点。遇到有高温、塌冒、爆炸、水淹危险的灾区,只有在救人的情况下,指挥员才有权决定救护小队进入,但要采取有效措施,确保进入灾区人员的安全。

第四节 矿山灾变处理决策

大量案例证明,重大灾害事故发生后,及时停电撤人、向上级汇报、尽快召请救护队和成立抢救指挥部至关重要。

一、矿山火灾事故的处理

抢救处理矿井火灾比较复杂,特别是外因火灾,由于发生突然,在风流的作用下来势凶猛,往往使人们惊慌失措。矿领导在接到井下火灾报警后,应按以下程序进行抢救:

(1)迅速查明并组织撤出灾区和受威胁区域的人员,积极组织矿山救护队抢救遇险人员。同时,查明火灾性质、原因、发火地点、火势大小、火灾蔓延的方向和速度,遇险人员的分布及其伤亡情况,防止火灾向有人员的巷道蔓延。

(2)切断火区电源。

(3)正确选择通风方法。处理火灾常用的通风方法有正常通风、增减风量、反风、风流短路、停止主要通风机运转等。使用这些通风方法应根据已探明的火区地点和范围、灾区人员分布情况来决定。

一般来说,在进风井口、井筒内、井底车场发生火灾时,可采用反风或使火烟风流短路,使火焰不至于进入采、掘工作地点。若停止主扇运转,也能使风流逆转,可停止主扇的运行。

在采区进风道发生火灾时,有条件利用现有通风设施实现风流短路,将火烟风流直接引入总回风道时,应采取风流短路方法,以减少人员伤亡。在井下其他地点发生火灾时,应保持事故前的风流风箱,并控制火区风量。在入风下山巷道发生火灾时,必须有防止因"火风压"造成的主风流逆转措施。在有爆炸性气体涌出的采矿工作面发生火灾时,应保持正常通风,必要时可适当增加风量或采取局部区域性反风。在掘进巷道发生火灾,特别是存在爆炸性气体时,不得随意改变局扇的通风状态,需要进入巷道侦察或直接灭火时,必须有安全可靠的措施防止事故扩大。

无论是正常通风、增减风量、反风、风流短路、隔断风流还是停止主扇运转等,都必须做到以下几点:

(1)不致引起爆炸性气体积聚、爆炸性矿尘飞扬,造成爆炸事故。

(2)不致危及井下人员安全。

(3)有助于阻止火灾扩大,抑制火势,创造接近火源的条件。

(4)在火灾初期,火灾范围不大时,应积极组织人力物力控制火势,直接灭火。当直接灭火无效时,应采取隔绝灭火法封闭火区,并应规定密闭位置及封闭顺序。

(5)必要时可将排水、注浆、充填、压风管临时改为消防管路。

(6)火灾发生后,要积极采取措施防止因"火压风"引起风流逆转。

需注意的是,停止主要通风机运转的方法不能轻易采用,否则会扩大事故。停止主要通风机运转的适用条件是火灾发生在回风井筒内及其车场时,可停止主扇运转,同时打开井口防爆门,依靠"火风压"和自然风压排烟;火源发生在进风井筒内或进风井底,由于条件限制不能反风(无反风设备或反风设备失灵),又不能让火烟气体短路进入回风道时,一定要停止主扇运转,并打开回风井防爆门,使风流在"火风压"作用下自动反向。

二、矿井水灾事故的处理

(一)处理矿井水灾事故的基本程序

(1)撤出灾区人员,并按规定的安全撤离路线撤离人员。

(2)弄清突水地点、性质,估计突水的积水量、静止水位、突水后的涌水量、影响范围、补给水源及有影响的地表水体。

(3)根据水情规定关闭水闸的顺序和负责人,并及时关闭防水闸门。

(4)有流砂涌出时,应构筑滤水墙,并规定滤水墙的构筑位置和顺序。

(5)必须保持排水设备不被淹没。当水和砂威胁到泵房时,在下水平人员撤离后,应将水和砂引向下水平巷道。

(6)制定有害气体从水淹区涌出以及二次突水事故发生时的安全措施,在排水、侦察灾情时防止冒顶、掉底伤人的措施。

(二)抢救矿井水灾遇险人员应注意的问题

井下发生突水事故,常常有人被困在井下,指挥者应本着"积极抢救"的原则,首先应制定营救人员的措施,判断人员可能躲避的地点,并根据涌水量及矿井排水能力,估算排除积水的时间。争取时间,采取一切可能的措施使被困人员早日脱险。突水后,被困人员躲避地点有以下两种情况:

(1)躲避地点比外部水位高,遇险人员有基本生存的空气条件,应尽快排水救人。如果排水时间较长,应采取打钻或掘进一段巷道或救护人员潜水进入灾区送氧气和食品,以维持遇险人员起码的生存条件。

(2)当突水点下部巷道全断面被水淹没后,与该巷道相通的独头上山等上部巷道如不漏气,即使低于突水后的水位,也不会被水淹没,仍有空间及空气存在。这些地区躲避的人员具备生存的空间和空气条件。如果避难方法正确,是能够坚持一段时间的。

长期被困在井下的人员在抢救时,应注意以下几点:

(1)因被困人员的血压下降,脉搏慢,神志不清,必须轻慢搬运。

(2)不能用光照射遇险人员的眼睛,因其瞳孔已放大,将遇险人员运出井上以前,应用毛巾遮护眼睛。

(3)保持体温,用棉被盖好遇险人员。

(4)分段运送被困人员,以适应环境,不能一下子运出井口。
(5)短期内禁止亲属探视,避免兴奋造成血管破裂。

三、冒顶事故的处理

(1)抢救遇险人员时,首先应确定遇险人员的位置和人数,尽可能与遇险人员直接联络。
(2)应利用压风管道、水管或开掘巷道、打钻孔等方法向遇险人员输送新鲜空气和食物。
(3)在冒顶区工作时,要派专人观察周围顶板的变化,如果发现有再次冒顶的预兆时,首先应加强支护,找好安全退路。
(4)在消除冒落矸石时,要防止落石伤害遇险人员。可掏小洞和利用千斤顶支撑大块。

四、瓦斯爆炸事故的应急处理

瓦斯爆炸是在极短时间内大量瓦斯被氧化,造成热量积聚,在爆源处形成高温、高压然后急剧向外扩散,产生巨大的冲击波和声响。爆炸后产生大量一氧化碳,是造成大量人员伤亡的原因。

(一)瓦斯爆炸事故应急处理的要点

(1)以抢救遇险人员为主,必须做到有巷必入,本着"先活者后死者,先重伤后轻伤,先易后难"的原则进行。
(2)在进入灾区侦察时要带有干粉灭火器材,发现火源及时扑灭。确认灾区没有火源不会引起再次爆炸时,即可对灾区巷道进行通风。应尽快恢复原有的通风系统,加大风量,排除爆炸后产生的烟雾和有毒有害气体。迅速排除这些气体,既有利于抢救遇险人员,减轻遇险人员的中毒程度,又可以消除对井下其他人员的威胁。
(3)消除巷道堵塞物,以便于救人。
(4)寻找火源,扑灭爆炸引起的火灾。
(5)做好灾区侦察、寻找爆炸点、灾区封闭等工作。

(二)救护队在处理瓦斯爆炸事故时应注意的问题

(1)问清事故性质、原因、发生地点及出现的其他情况。
(2)切断通往灾区的电源。
(3)进入灾区时须首先认真检查各气体成分,待不再有爆炸危险时再进入灾区作业。
(4)侦察时发现明火或其他可燃物引燃时,应立即扑灭,以防二次爆炸。
(5)有明火存在时,救护队的行动要轻,以免扬起煤尘,发生煤尘爆炸。
(6)救护队员穿过支架破坏地区或冒落堵塞地区时,应架设临时支护,以保证队员在这些地点的往返安全。

五、煤尘爆炸事故的应急处理

发生煤尘爆炸事故时,首先由发现人利用附近电话向上级汇报,说明灾害地点、性质、范围及波及面。同时设法通知灾区回风侧人员,由基层干部带领,按规定的避灾路线退到新鲜风流地点待命或撤出矿井。所有人员都应带上自救器。如果在自救器的有效使用时间均撤不出灾区,应利用现场一切可用的材料构筑临时避难硐室,等待救护队抢救。为了避免冲击波的伤害,要背向冲击波方向,用湿毛巾保护面部和口鼻,躺在水沟的一侧。矿调度室接到事故报告后应按应急计划通知有关领导和矿山救护队,立即组织抢救。

应急指挥部应迅速查清灾害地点、性质、遇险人数、位置、通风设施等的破坏程度并制定出救灾实施方案,保持与救护队不间断的联系。救护队长应根据救灾方案安排行动计划。指挥部还应及时命令后勤部门准备灾区物资和设备,做好下井人数的统计工作,组织好医务、家属抚恤及治安等工作。

灾区救护人员的任务是,集中力量抢救遇险人员,应多带自救器或备用呼吸器以保证遇险者安全脱险;立即切断灾区电源,停电操作应由灾区以外配电点进行,以防断电火花引爆煤尘或瓦斯;对灾区进行全面侦察,发现火源立即扑灭,以防二次爆炸;恢复通风,清除堵塞物,迅速排除有害气体。

六、中毒窒息事故的处理

中毒窒息事故一旦发生,如果救护不当,往往增加人员伤亡,使伤亡事故扩大。特别是在矿山井下,有毒有害气体不容易散发,更容易发生重大中毒窒息死亡事故。一旦发现人员中毒窒息,应按照下列措施进行救护:

(1)救护人员应摸清有毒有害气体的种类、可能的范围、产生的原因、中毒窒息人员的位置。

(2)救护人员要采取防毒措施才能进行营救工作,如通风排毒,戴防毒面具等。

七、滑坡及坍塌事故的应急处理

(1)首先应撤出事故范围和受影响范围的工作人员,并设立警戒,防止无关人员进入危险区。

(2)积极组织人员抢救被滑落、坍塌埋压的遇险人员。抢救人员要先易后难,先重伤后轻伤。

(3)认真分析造成滑坡、坍塌的主要原因,并对已制定的坍塌事故应急救援预案进行修正。

(4)在抢险救灾前,首先检查采场架头顶部是否存在再次滑落的危险,如存在较大危险应进行处理。

(5)在整个抢险救灾过程中,在采场架头上、下都应选派有经验的人员观察架头情况,发现问题要立即停止抢险工作进行处理。

(6)应采取措施阻止滑落的矿岩继续向下滑动,并积极抢救遇险人员。

(7)在危险区范围内进行抢救工作,应尽可能地使用机械化装备和控制抢险工作人员的人数。

(8)抢险救灾工作应统一指挥,科学调度,协调工作,做到有条不紊,加快抢救速度。

八、尾矿库溃坝事故的处理

(1)尽快成立救灾指挥领导小组(由当地政府负责人和矿长为首组成),统一指挥抢险救灾工作。

(2)根据灾情及时对尾矿库溃坝事故应急预案进行修改补充,并认真贯彻实施。

(3)溃坝前,应尽快通知可能波及范围内的人员立即撤离到安全地点。

(4)划定危险区范围,设立警戒岗哨,防止无关人员进入危险区。

(5)应尽快解救被尾矿泥围困的人员,组织抢救遇险人员。

(6)尽快检查尾矿坝垮塌情况,采取有效措施防止二次溃坝。

(7)溃坝后,如果库内还有积水,应尽快打开泄水口将水排除。

(8)采取一切可能采取的措施,防止尾矿泥对农田、水面、河流、水源的污染或者尽量缩小污染范围。

第五节 现场急救

现场急救是在事故现场对遭受意外伤害的人员所进行的应急救治。其目的是控制伤害程度,减轻人员痛苦;防止伤情迅速恶化,抢救伤员生命;然后将其安全地护送到医院检查和治疗。矿山事故造成的伤害往往都比较急促,并且往往是严重伤害,危及人员的生命安全,所以必须立即进行现场急救。

人员伤害一旦发生,应该立即根据伤害的种类、严重程度,采取恰当的措施进行现场急救。特别是当伤员出现心跳、呼吸停止时,要及时进行心肺复苏;同时在转送医院途中,对有生命危险者要坚持进行人工呼吸,密切注意伤员的神经、瞳孔、呼吸、脉搏及血压情况。总之,现场急救措施要及时而稳妥、正确而迅速。

一、气体中毒及窒息的急救

(1)进入有毒有害气体场所进行救护的人员一定要佩戴可靠的防护装备,以防救护者中毒窒息使事故扩大。

(2)立即将中毒者抬离中毒环境,转移到支护完好的巷道的新鲜风流中,取平卧位。

(3)迅速将中毒者口鼻内妨碍呼吸的黏液、血块、泥土及碎矿等除去。使伤员仰头抬颌,解除舌下坠,使呼吸道通畅。

(4)解开伤员的上衣与腰带,脱掉胶鞋,但要注意保暖。

(5)立即检查中毒人员的呼吸、心跳、脉搏和瞳孔情况。

(6)如伤员呼吸微弱或已停止,有条件时可给予吸纯氧。对有毒气体中毒者应做人工呼吸。

(7)心脏停止跳动者,立即进行胸外心脏按压。

(8)呼吸恢复正常后,用担架将中毒者送往医院治疗。

二、触电急救

触电急救的要点是动作迅速,救护得法。发现有人触电,首先要尽快地使触电者脱离电源,然后根据触电者的具体情况进行相应的救治。

(一)脱离电源

迅速使触电者脱离电源是触电急救的关键。一旦发现有人触电,应立即采取措施使触电者脱离电源。触电时间越长,抢救难度越大,抢救好的可能性越小。使触电者迅速脱离电源是减轻伤害、赢得救护时间的关键。

1. 低压触电事故

如果离通电电源开关较近,要迅速断开开关;如果离电源开关较远,可用绝缘物使人与电线脱离,如用有绝缘柄的电工钳或有干燥木柄的斧头切断电线,或用干木板等绝缘物插触电者身下,以隔断电源。当电线搭落在触电者身上或被压在身上时,可以用干燥的衣服、手套、绳索、木板、木棒等绝缘物拉开或挑开电线,使触电者脱离电源。挑开的电线应妥善放置,以防别人再触电。如果触电者的衣服是干燥的,又没有紧缠在身上,可以用一只手抓住他的衣服,拉离电源,但不得触及触电者的皮肤和鞋。

2. 高压触电事故

发生高压触电事故时应立即通知有关部门断电。抢救者戴上绝缘手套,穿上绝缘靴,用相应电压等级的绝缘工具拉开开关,抛掷裸金属线使线路短路接地,迫使保护装置动作,断开电源。注意掷金属前,先将金属线的一端可靠接地,然后抛掷另一端。抛掷的一端不可触及触电者和其他人员。

3. 注意事项

救护者不可直接用手或其他金属或潮湿的物体作为救护工具,必须使用绝缘工具;最好使用一只手操作,以防自己触电。如事故发生在夜间,应迅速解决临时照明问题,以利于抢救。

(二) 现场急救

(1)对触电者应立即就地抢救,解开触电者的上衣纽扣和裤带,检查呼吸、心跳。

(2)如果触电者伤势不重,神志清醒,但有心慌、四肢发麻、全身无力等症状,或者触电者一度昏迷,似已清醒过来,应使触电者安静休息,严密观察,并请医生前来诊治或送往医院治疗。

(3)如果触电者伤势较重,已失去知觉,但呼吸、心跳存在者,应使触电者舒适、安静地平卧;周围不要围人,使空气流通;解开他的衣服,以利观察,如天气寒冷,要注意保暖。如果发现触电者呼吸困难、微弱或发生痉挛,立即进行口对口人工呼吸,并速请医生诊治或送往医院治疗。

(4)发现伤员心跳停止或心音微弱,立即进行胸外心脏按压,同时进行口对口人工呼吸,并速请医生诊治或送往医院急救。

(5)有条件的可给伤员吸氧气。

(6)进行各种合并伤的急救,如烧伤、止血、骨折固定等。

(7)局部电击伤的伤口应进行早期清创处理,创面宜暴露,不宜包扎,以防组织腐烂、感染。

急救及护理必须坚持到底,直到触电者经医生做出无法救活的诊断后方可停止。实施人工呼吸或胸外心脏挤压等抢救方法时,可以几个人轮流进行,不可轻易中断;在送往医院的途中仍必须坚持救护,直至交给医生。抢救中途,如触电者皮肤由紫变红、瞳孔由大变小,证明抢救有效;如触电者嘴唇微动并略有开合或眼皮微动,或喉内有咽东西的微小动作以至脚或手有抽动等,应注意触电者是否有可能恢复心脏自动跳动或自动呼吸,并边救护边细心观察。若触电者能自动呼吸时,即可停止人工呼吸;如果人工呼吸停止后,触电者仍不能自动呼吸,则应继续进行人工呼吸,直到触电者能自动呼吸并清醒过来。

触电者出现下列五个死亡现象,并经医院做出无法救治的死亡诊断后,方可停止抢救。

(1)心跳及呼吸停止。

(2)瞳孔散大,对强光无任何反应。

(3) 出现尸斑。
(4) 身体僵硬。
(5) 血管硬化或肛门松弛。

三、烧伤急救

(1) 使伤员尽快脱离火(热)源，缩短烧伤时间。注意避免助长火势的动作，如快跑会使衣服烧得更炽热，站立将使头发着火并吸入烟火，引起呼吸道烧伤等。被火烧者应立即躺平，用厚衣服包裹，湿的更好；若无此类物品，则躺着就地慢慢滚动。用水及非燃性液体浇灭火焰，但不要用砂子或不洁物品。

(2) 查心跳、呼吸情况，确定是否合并有其他外伤和有害气体中毒以及其他合并症状。对爆炸冲击烧伤人员，应检查有无颅胸损伤、胸腹腔内脏损伤和呼吸道烧伤。

(3) 防休克、防窒息、防创面感染。烧伤的伤员常常因疼痛或恐惧而发生休克，可用针灸止痛或用止痛药；若发生急性喉头梗阻或窒息时，请医务人员将气管切开，以保证通气；现场检查和搬运伤员时，注意保护创面，防止感染。

(4) 迅速脱去伤员被烧的衣服、鞋及袜等，为节省时间和减少对伤面的损伤，可用剪刀剪开。不要清理创面，避免其感染。为了减少外界空气刺激伤面引起疼痛，暂时用较干净的衣服把创面包裹起来。对创面一般不做处理，尽量不弄破水泡，保护表皮，不要涂一些效果不肯定的药物、油膏或油。

(6) 迅速离开现场，立即把严重烧伤人员送往医院。注意搬运时动作要轻柔，行进要平稳，随时观察伤情。

四、溺水急救

(1) 立即将溺水人员运送到空气新鲜又温暖的地点控水。

(2) 控水时救护者左腿跪下，把溺水者腹部放在其右侧腿上，头部向下，用手压背，使水从溺水者的鼻孔和口腔流出。或将溺水者仰卧，救护者双手重叠置于溺水者的肚脐上方，向前向下挤压数次，迫使其腹腔容积减少，水从口腔、鼻孔流出。

(3) 水排出后，进行人工呼吸或胸外心脏按压等使其心肺复苏，有条件时用苏生器苏生。

主要参考文献

陈国山. 地下采矿技术[M]. 北京:冶金工业出版社,2008.
陈国山. 露天采矿技术[M]. 北京:冶金工业出版社,2008.
陈卫红,邢景才,等. 粉尘的危害与控制[M]. 北京:化学工业出版社,2005.
陈炎光,等. 中国煤矿巷道围岩控制[M]. 徐州:中国矿业大学出版社,1994.
邓军、徐精彩、陈晓坤. 煤自燃机理及预测理论研究进展[J]. 辽宁工程技术大学学报,2003,22(4):455-458.
丁军明,等. 尾矿库危险源辨识及事故预防[J]. 矿业快报,2006,22(7):24-27.
窦林名,等. 煤矿开采冲击矿压灾害防治[M]. 徐州:中国矿业大学出版社,2006.
高广伟. 中国煤矿氮气防灭火的现状与未来[J]. 煤炭学报,1999,24(1):48-52.
国家安全生产监督管理总局,国家煤矿安全监察局. 煤矿安全规程[M]. 北京:煤炭工业出版社,2010.
国家安全生产监督管理总局,国家煤矿安全监察局. 煤矿防治水规定[M]. 北京:煤炭工业出版社,2009.
国家安全生产监督管理总局. 金属非金属矿山安全规程[M]. 北京:中国标准出版社,2006.
国家安全生产监督管理总局. 尾矿库安全技术规程[M]. 北京:煤炭工业出版社出版,2007.
何衍兴,梅甫定,申志兵. 我国尾矿库安全现状及管理措施探讨[J]. 安全与环境工程,2009,16(3):79-82.
虎维岳. 矿山水害防治理论与方法[M]. 北京:煤炭工业出版社,2005.
华道友. 煤矿重大事故处理与救灾技术[M]. 成都:西南交通大学出版社,2006.
劳动部矿山安全卫生监察局. 露天矿场边坡稳定检测[M]. 北京:中国劳动出版社,1992.
李作章,徐日升,等. 尾矿库安全技术[M]. 北京:航空工业出版社,1996.
梁运涛、罗海珠. 中国煤炭火灾防治技术现状与趋势[J]. 煤炭学报,2008,33(2):126-130.
刘小杰. 矿井火灾发生原因与防治技术[J]. 煤炭技术,2009,28(2):83-86.
马永德,梅甫定. 大平煤矿煤巷掘进突出敏感指标及其临界值的确定[J]. 安全与环境工程,2008,15(4):107-110.
梅甫定,陈宝安,等. 长沟峪煤矿炮采壁式工作面矿压规律研究[J]. 中国煤炭,2008,34(12):48-50.
梅甫定,等. 唐公沟煤矿煤层自燃防火实践[J]. 工业安全与环保,2009,35(7):36-38.
梅甫定. 高温矿井是否进行增风降温的判别[J]. 煤炭工程,1992,(4):9-12.
慕庆国. 对煤炭企业安全管理的思考[J]. 中国煤炭,2003,(3):53-55.
钱鸣高,刘听成. 矿山压力及其控制[M]. 北京:煤炭工业出版社,1984.
钱鸣高,石平五,许家林. 矿山压力与岩层控制[M]. 徐州:中国矿业大学出版社,2003.
邱平,张喜中. 露天采石场边坡稳定因素浅析[J]. 中国安全科学学报,2006,16(7):133-139.

宋录生.矿井惰性气体防灭火技术[M].北京:化学工业出版社,2008.
宋元文.煤矿灾害防治技术[M].甘肃:甘肃科学技术出版社,2007.
隋豪杰,高旭东,徐小兵.冲击矿压影响因素与发生条件分析[J].煤炭技术,2007,(1):61-62.
孙玉科,等.中国露天矿边坡稳定性研究[M].北京:中国科学技术出版社,1999.
汪理全,徐金海,等.矿业工程概论[M].徐州:中国矿业大学出版社,2004.
王省身,张国枢.矿井火灾防治[M].徐州:中国矿业大学出版社,1990.
肖德昌,庞玉霞.组合式多功能灭火装置的研制[J].煤矿安全,1995,26(12):12-14.
谢振华,金龙哲,任宝宏.煤炭自燃特性与指标气体的优选[J].煤矿安全,2004,35(2):10-12.
徐海云.谈煤矿重特大事故调查处理[J]劳动保护,2003,(9):40-42.
徐宏达.我国尾矿库病害事故统计分析[J].工业建筑,2001,(31):69-71.
徐学锋,窦林名,等.煤矿巷道底板冲击矿压发生的原因及控制研究[J].岩土力学,2010,(6):1977-1982.
闫建生.治理矿井水患的几种方案[J].山西焦煤科技,2003,(4):19-20.
杨富.矿山防水治水[J].劳动保护,1990,(12):38-40.
于不凡.煤矿瓦斯灾害防治及利用手册[M].北京:煤炭工业出版社,2005.
俞启香.矿井瓦斯防治[M].徐州:中国矿业大学出版社,1992.
张长喜.矿山安全技术[M].北京:煤炭工业出版社,2005.
张庆功,冯超.矿井突水综合治理技术的研究与应用[J].山东煤炭科技,2005,(3):69-70.
张铁岗,等.煤与瓦斯突出工作面预测指标可靠性评价方法[J].矿业安全与环保,1998,5(1):20-24.
张铁岗.矿井瓦斯综合防治理论技术[M].北京:煤炭工业出版社,2001.
张兴凯,等.金属非金属尾矿库安全现状及分析[J].中国安全生产科学技术,2006,(2):60-62.
赵日峰.煤矿顶板重特大事故分析及现场实用安全技术的研究[J].山东煤炭科技,2005,(1):56-58.
中国安全生产科学研究院编.矿山企业安全生产条件[M].北京:化学工业出版社,2006.
中国安全生产协会注册安全工程师工作委员会.安全生产技术[M].北京:中国大百科全书出版社,2008.
中国煤炭工业劳动保护科学技术学会编.矿山压力与岩层控制技术[M].北京:煤炭工业出版社,2007.
中华人民共和国卫生部.工业企业设计卫生标准[M].北京:人民卫生出版社,2010.
周昌达、陈绳武.矿山安全技术[M].成都:成都科技大学出版社,1987.
周凤增.CO_2灭火技术在开滦集团公司的应用实践[J].煤矿安全,2006,37(5):23-26.
周坤鹏.冲击矿压发生的机理分析[J].煤炭技术,2008,(5):79-81.
《金属非金属矿山安全》编委会编.金属非金属矿山安全[M].武汉:湖北科学技术出版社,2003.